麻辣鲜香
正宗川菜

甘智荣　主编

吉林科学技术出版社

图书在版编目（CIP）数据

麻辣鲜香正宗川菜 / 甘智荣主编. -- 长春 : 吉林科学技术出版社, 2015.2
ISBN 978-7-5384-8704-6

Ⅰ. ①麻… Ⅱ. ①甘… Ⅲ. ①川菜－菜谱 Ⅳ. ①TS972.182.71

中国版本图书馆CIP数据核字（2014）第302046号

麻辣鲜香正宗川菜

Mala Xianxiang Zhengzong Chuancai

主　　编　甘智荣
出 版 人　李　梁
责任编辑　李红梅
策划编辑　吴文琴
封面设计　闵智玺
版式设计　谢丹丹
开　　本　723mm×1020mm　1/16
字　　数　200千字
印　　张　15
印　　数　10000册
版　　次　2015年2月第1版
印　　次　2015年2月第1次印刷

出　　版　吉林科学技术出版社
发　　行　吉林科学技术出版社
地　　址　长春市人民大街4646号
邮　　编　130021
发行部电话/传真　0431-85635177　85651759　85651628
85677817　85600611　85670016
储运部电话　0431-84612872
编辑部电话　0431-86037576
网　　址　www.jlstp.net
印　　刷　深圳市雅佳图印刷有限公司

书　　号　ISBN　978-7-5384-8704-6
定　　价　29.80元

前言 PREFACE

中华美食享誉世界，其丰富的内涵令其他国度的美食望其项背。在当代，中华美食呈现出多层次、开放性的一个全新格局。这样的格局在地域上被划分得相当精准，比如说比较常见的“中华八大菜系”，就分为川菜、粤菜、鲁菜、湘菜等。而川菜，占有举足轻重的位置，扮演着无法替代的角色。

川菜又名蜀菜，起源于古代的巴、蜀两国，它是一个历史悠久的菜系。川菜作为川人每天必吃的菜肴，如今早已被更广范的人民所熟悉和喜爱。它之所以如此受欢迎，与它的四大特色——麻、辣、鲜、香密不可分，而川菜精细复杂的烹饪技艺更是居功至伟。要烹饪出地道的川菜，首先需要了解其精细的选材、刀工、调料常识，其次才是烹饪过程和最后的摆盘等步骤。

要了解川菜，首先要知道川菜的主要调味品和口味。干辣椒、胡椒、花椒、郫县豆瓣、泡椒等都是必不可少的调味品，将这些调味品进行不同的搭配、不同的配比，能够配出麻辣、香辣、酸辣、椒麻、麻酱、蒜泥、红油、鱼香、糖醋、怪味等多种口味，这便是川菜能够展现出“一菜一格”、“百菜百味”的独家法宝。

本书是一本多媒体川菜菜谱书，依托二维码，实现了经典川菜与烹饪视频的同步结合，不仅为读者奉上了地道川菜，还将其他川菜细致地以畜肉、禽蛋、水产、蔬菜的分类方式呈现出来，读者只需要轻轻动下手指，那一道道充满诱惑的川菜高清视频即刻呈现。当然，本书依然发挥了传统纸质书籍的阅读优势，在文字和排版上也更加人性化，读者翻开目录便可直接找到想要的川菜，相信那那麻辣鲜香的口感必定能赢得读者的青睐！

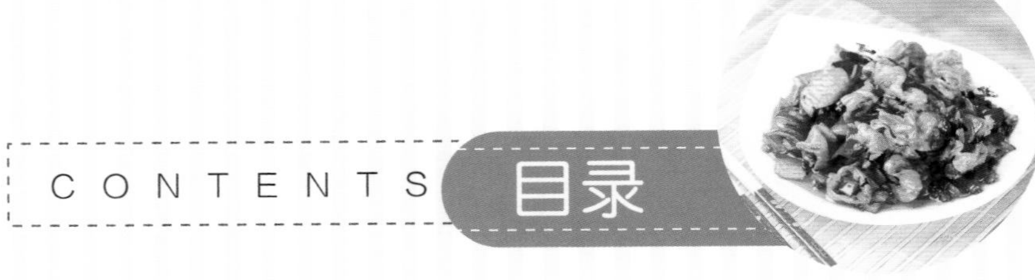

CONTENTS 目录

Part 1 正宗川菜知多少

Part 2 地道川菜

Part 3 美味畜肉

Part 4 喷香禽蛋

Part 5 鲜美水产

清新蔬菜

Part 1
正宗川菜知多少

川菜在口味上特别讲究色、香、味、形，兼有南北之长，以味的多、广、厚著称。历来有“七味”（甜、酸、麻、辣、苦、香、咸），八滋（干烧、酸、辣、鱼香、干煸、怪味、椒麻、红油）之说。本书介绍的川菜式花样繁多、风味各异，吸引着无数人的味蕾。下面就从历史、食材、调料等方面来带您了解正宗川菜。翻开这一页，各种经典又正宗的川菜尽收眼底，相信这本书能帮助你做出更美味的佳肴！

川菜的风味起源及趣闻

川菜风味包括重庆、成都和乐山、内江、自贡等地方菜的特色，主要特点在于味型多样，无不厚实醇浓，具有“一菜一格”、“百菜百味”的特殊风味。下面就来看看川菜的起源和一些趣闻吧！

〔川菜的风味起源〕

川菜系也是一个历史悠久的菜系，其发源地是古代的巴国和蜀国。川菜系形成于秦始皇统一中国到三国鼎立之间；唐宋时期略有发展；从元、明、清建都北京后，随着入川官吏增多，大批北京厨师前往成都落户，经营饮食业，因而川菜得到确立。川菜在中国封建时代的晚期颇受鲁菜各江浙菜的影响，其鲜明的风味还没有正式形成，大多是一些不含辣、麻味不强的菜。自明末以来，由北美洲一带所引进的各种辣椒，逐渐渗透到川菜的各种菜式里面，并凭着川蜀地区的盆地的地域特色和将近一百多年的发展，这才使得“麻”和“辣”真正融入到川菜的体系中，并也最终确立了今天川菜的风味。

〔东坡墨鱼的来源〕

“东坡墨鱼”是四川一道与北宋大文豪苏东坡有关的风味佳肴。墨鱼并非乌贼鱼，而是岷江中一种嘴小、身长、肉多的墨皮鱼，又叫“墨头鱼”。相传苏东坡去凌云寺读书时，常去凌云岩下洗砚，江中之鱼食其墨汁，皮色浓黑如墨，人们称之为“东坡墨鱼”。

〔夫妻肺片美味流传〕

相传在20世纪30年代，成都少城附近，有一男子名郭朝华，与其妻一道以制售凉拌肺片为业。他们所售的肺片不但精选材料，制作也很精细，加上调味精细，因而深受人们欢迎。久而久之，人们为区别于其他肺片，便称郭氏夫妇所售肺片为“夫妻肺片”。

川菜的三大派系

中国有八大菜系，而小菜系则更多，本部分就来说说川菜中的三大派系。

〔渝派川菜〕

渝派，以重庆和达州菜为主，其特点是以家常菜为主，比较麻辣，多创新。渝派川菜大方粗犷，以花样翻新迅速、用料大胆、不拘泥于材料著称，俗称“江湖菜”。其代表作有水煮肉片和以水煮鱼为代表的水煮系列，以辣子鸡和辣子肥肠为代表的辣子系列，以泡椒鸡杂、泡椒鱿鱼为代表的泡椒系列，以干锅排骨和香辣虾为代表的干锅系列等。

〔蓉派川菜〕

蓉派，以成都和乐山菜为主，其特点是以小吃和亲民为主，比较清淡，传统菜品较多。蓉派川菜讲求用料精细准确，严格以传统经典菜谱为准，其味温和，绵香悠长，通常颇具典故。其著名菜品有麻婆豆腐、回锅肉、宫保鸡丁、盐烧白、粉蒸肉、夫妻肺片、蚂蚁上树、灯影牛肉、蒜泥白肉、樟茶鸭子、鱼香肉丝、东坡墨鱼、清蒸江团等。

〔盐帮菜〕

盐帮菜，以自贡和内江菜为主，其主要特点是怪异。盐帮菜以味厚、味重、味丰为其鲜明的特色，善用椒姜，料广量重，选材精确，煎、煸、烧、炒，自成一格；煮、炖、炸、熘，各有章法。尤擅水煮与活渡，形成了区别于其他菜系的鲜明风味和品位。盐帮菜的代表性菜品有：水煮牛肉、牛佛烘肘、粉蒸牛肉、芙蓉乌鱼片、合浦还珠、火爆毛肚、谢家黄凉粉、郑抄手、酸辣冲菜、李家湾退鳅鱼等。

三派的具体烹制手法基本相似，所不同的在于蓉派沿袭传统，渝派、盐帮推陈出新。因此一般认为蓉派川菜是传统川菜，渝派、盐帮川菜是新式川菜。

川菜的经典口味

川菜自古讲究“五味调和”、“以味为本”。川菜的味型之多居各大菜系之首，下面向读者介绍几种常见的川菜味型。

〔红油味〕

为川菜冷菜复合调味之一。以川盐、红油（辣椒油）、白酱油、白糖、味精、香油、红酱油为原料。其方法是：先将川盐、白酱油、红酱油、白糖、味精和匀，待溶化，兑入红油、香油即成。

〔蒜泥味〕

为冷菜复合调味之一。以食盐、蒜泥、红白酱油、白糖、红油、味精、香油为原料，重用蒜泥，突出辣香味，使蒜香味浓郁，鲜、咸、香、辣、甜五味调和，清爽宜人，适合春夏拌凉菜用。

〔椒麻味〕

为川菜冷菜复合调味之一。以川盐、花椒、白酱油、葱花、白糖、味精、香油为原料。先将花椒研为细末，葱花剁碎，再与其他调味品调匀即成。此味重用花椒，突出椒麻味，并用香油辅助，使之麻辣清香，风味幽雅，适合四季拌凉菜用。

〔麻辣味〕

为川菜的基本调味之一。主要原料为川盐、白酱油、红油（或辣椒末）、花椒末、味精、白糖、香油、豆豉等。烹调热菜时，先将豆豉入锅，撒上花椒末即成。此味适合用于“麻婆豆腐”等菜肴。

〔鱼香味〕

为川菜的特殊风味。原料为川盐、泡鱼辣椒或泡红辣椒、姜、葱、蒜、白酱油、白糖、醋、味精。配合时，盐与原料码芡上味，使原料有一定的咸味基础；白酱油和味提鲜，泡鱼辣椒带鲜辣味，突出鱼香味；姜、葱、蒜增香、压异味，用量以香味突出为准。

〔酸辣味〕

酸辣味以川盐、醋、胡椒粉、味精、料酒等调制而成。调制酸辣味，须掌握以咸味为基础，酸味为主体，辣味助风味的原则。在制作冷菜的酸辣味的过程中，应注意不放胡椒，而用红油或豆瓣。

〔五香味〕

五香味型的“五香”通常有沙姜、八角、丁香、小茴香、甘草、沙头、老蔻、肉桂、草果、花椒，这种味型的特点是浓香咸鲜，冷、热菜式都能广泛使用。调制方法是将上述香料加盐、料酒、老姜、葱及水制成卤水，再用卤水来卤制菜肴。

〔煳辣味〕

煳辣味的调制方法：热锅下油烧热，放入干红辣椒、花椒爆香，调入川盐、酱油、醋、白糖、姜、葱、蒜、味精、料酒，用大火调匀即成。干辣椒节火候不到或火候过头都会影响煳辣香味的产生，因此要特别留心。

〔麻酱味〕

为冷拌菜肴复合调味之一。主要原料为食盐、白酱油、白糖、芝麻酱、味精、香油等。此味主要突出芝麻酱的香味。故盐与酱油用量要适当，味精用量宜大，以提高鲜味。特点风格是咸鲜可口，香味自然。主要用于四季拌佐酒冷菜。

〔芥末味〕

是拌冷菜复合调味之一。以食盐、白酱油、芥末糊、香油、味精、醋为原料。先将其他调料拌入，兑入芥末糊，最后淋以香油即成。此味咸、鲜、酸、香、冲兼而有之，爽口解腻，颇有风味，适合调下酒菜。

〔椒盐味〕

主要原料为花椒、食盐。制法：先将食盐炒熟，研细末，花椒焙熟研细末，以一成盐、二成花椒配比而成。咸而香麻，四季皆宜。适用于软炸和酥炸类菜肴。

〔怪味〕

又名“异味”，因诸味兼有、制法考究而得名。以川盐、酱油、味精、芝麻酱、白糖、醋、香油、红油、花椒末、熟芝麻为原料。先将盐、白糖在红白酱油内溶化，再与味精、香油、花椒末、芝麻酱、红油、熟芝麻充分调匀即成。

正宗川菜必备调料

想要做出味道正宗的川菜，怎么能少了味道正宗的调料，现在就带您看看，川菜中要用到哪些调料才能做出好味道！

〔胡椒〕

胡椒主要成分为α－蒎烯、β－蒎烯和胡椒醛、胡椒碱、胡椒脂碱等，辛辣中带有芳香，有特殊的辛辣刺激味和强烈的香气，有除腥解膻、解油腻、助消化、增添香味、防腐和抗氧化作用，能增进食欲，可解鱼虾蟹肉的毒素。胡椒分黑胡椒和白胡椒两种。黑胡椒辣味较重，香中带辣，散寒、健胃功能更强，多用于烹制内脏、海鲜类菜肴。

〔花椒〕

花椒果皮含辛辣挥发油等，辣味主要来自山椒素。花椒有温中气、减少膻腥气、助暖作用，且能去毒。烹肉时宜多放花椒，牛肉、羊肉、狗肉更应多放；清蒸鱼和干炸鱼，放点花椒可去腥味；腌榨菜、泡菜，放点花椒可以提高风味；煮五香豆腐干、花生、蚕豆和黄豆等，用些花椒，味更鲜美。 花椒在咸鲜味菜肴中运用比较多，一是用于原料的先期码味、腌渍，起去腥、去异味的作用；二是在烹调中加入花椒，起避腥、除异、和味的作用。 花椒调味时，常采用以下三种方式。

花椒水：多用于羊肉制馅、羊肉片（丝、条）的打水上浆和丸子的制作。花椒水有两种制作方法，以泡法为佳。将25克花椒装入容器中，用开水浇沏、浸泡，以出花椒香味为宜，至少浸泡15分钟。急用时可用煮制法，将花椒放在水锅中，用文火煮，待出花椒香味即可。

花椒盐：多用于炸菜的佐餐调味，用味碟盛装。加工方法是：将花椒与净芝麻同放在锅中，在火上焙至焦黄，取出擀碾成细末。另将炒锅上火，投入细盐炒至水分尽出，最后与花椒末拌匀即可。花椒与盐的比例为2：1，芝麻（或小茴香）适量。

花椒油：花椒油市场可以买到。

自制花椒油的方法是：炒锅烧热，加入猪油（或花生油）100克和香油50克，油热后投入花椒25克，将其炸糊，倒入容器中即可。

加料花椒油的制法是，在上述办法的基础上增加25克葱花，25克姜末，待葱花炸成金黄色时，把所有的料捞出，余油即为加料花椒油。

〔二荆条辣椒〕

二荆条辣椒以成都牧马山出产的最为出名，成都以及周围各县都有种植。二荆条辣椒形状细长，每年5～10月上市，有绿色和红色两种，绿色辣椒不采摘继续生长就会变为红色。二荆条辣椒香味浓郁、香辣回甜、色泽红艳，可以做菜，也可以制作干辣椒、泡菜、豆瓣酱、辣椒粉、辣椒油。

〔子弹头辣椒〕

子弹头辣椒是朝天椒的一种，因为形状短粗如子弹，所以得名“子弹头辣椒”，在四川很多地方都有种植。子弹头辣椒辣味比二荆条辣椒强烈，但是香味和色泽却比不过二荆条辣椒，可以制作干辣椒、泡菜、辣椒粉、辣椒油。

〔七星椒〕

星椒是朝天椒的一种，属于簇生椒，产于四川威远、内江、自贡等地。七星椒皮薄肉厚、辣味醇厚，比起子弹头辣椒来说更辣，可以制作泡菜、干辣椒、辣椒粉、糍粑辣椒、辣椒油等。

〔干辣椒〕

干辣椒是用新鲜辣椒晾晒而成的，外表呈鲜红色或棕红色，有光泽，内有籽。干辣椒气味特殊，辛辣如灼。

川菜调味使用干辣椒的原则是辣而不死，辣而不燥。成都及其附近所产的二荆条辣椒和威远的七星椒，皆属此类品种，为辣椒中的上品。

干辣椒可切节使用，也可磨粉使用。干辣椒节主要用于糊辣口味的菜肴，如炝莲白、炝黄瓜等菜肴。

使用辣椒粉的常用方法有两种，一是直接入菜，如宫保鸡丁就要用辣椒粉，起到增色的作用；二是制成红油辣椒，作红油、麻辣等口味的调味品，广泛用于冷热菜式，如红油笋片、红油皮扎丝、麻辣鸡、麻辣豆腐等菜肴的调味。

〔小米辣椒〕

小米辣椒产于云南、贵州，辣味是所介绍的几种辣椒中最辣的，但是香味不浓，可以制作泡菜、干辣椒、辣椒粉、辣椒油等。

〔泡椒〕

在川菜调味中起重要作用的泡辣椒，它是用新鲜的红辣椒泡制而成的。由于泡辣椒在泡制过程中产生了乳酸，所以用于烹制菜肴，就会使菜肴具有独特的香气和味道。

〔冬菜〕

冬菜是四川的著名特产之一，主产于南充、资中等市。冬菜是用青菜的嫩尖部分，加上盐、香料等调味品装坛密封，经数年腌制而成。

冬菜以南充生产的顺庆冬尖和资中生产的细嫩冬尖为上品，有色黑发亮、细嫩清香、味道鲜美的特点。

冬菜既是烹制川菜的重要辅料，也是重要的调味品。在菜肴中作辅料的有冬尖肉丝、冬菜肉末等，既作辅料又作调味品的有冬菜肉丝汤等菜肴，均为川菜中的佳品。

〔芥末〕

芥末即芥子研成的末。芥子干燥无味，研碎湿润后，发出强烈的刺激气味，冷菜、荤素原料皆可使用。如芥末嫩肚丝、芥末鸭掌、芥末白菜等，均是夏、秋季节的佐酒佳肴。目前，川菜也常用芥末的成品芥末酱、芥末膏，成品使用起来更方便。

〔豆瓣酱〕

川菜常用的是郫县豆瓣酱和金钩豆瓣两种豆瓣酱。

郫县豆瓣以鲜辣椒、上等蚕豆、面粉和调味料酿制而成，以四川郫县豆瓣厂生产的为佳。这种豆瓣色泽红褐、油润光亮、味鲜辣、瓣粒酥脆，并有浓烈的酱香和清香味，是烹制家常口味、麻辣口味的主要调味品。烹制时，一般都要将其剁细使用，如豆瓣鱼、回锅肉、干煸鳝鱼等所用的郫县豆瓣，都是先剁细的。

还有一种以蘸食为主的豆瓣，即以重庆酿造厂生产的金钩豆瓣酱为佳。它是以蚕豆为主，金钩（四川对干虾仁的称呼）、香油等为辅酿制的。这种豆瓣酱呈深棕褐色，光亮油润，味鲜回甜，咸淡适口，略带辣味，醇香浓郁。金钩豆瓣是清炖牛肉汤、清炖牛尾汤等的最佳蘸料。此外，烹制火锅也离不开豆瓣酱，调制酱料也要用豆瓣酱。

〔川盐〕

川盐能定味、提鲜、解腻、去腥，是川菜烹调的必需品之一。盐有海盐、池盐、岩盐、井盐之分。川菜常用的盐是井盐，其氯化钠含量高达99%以上，味醇正，无苦涩味，色白，结晶体小，疏松不结块。川盐以四川自贡所生产的井盐为盐中最理想的调味品。

〔陈皮〕

陈皮亦称“橘皮”，是用成熟了的橘子皮阴干或晒干制成。陈皮呈鲜橙红色、黄棕色或棕褐色，质脆，易折断，以皮薄而大，色红，香气浓郁者为佳。在川菜中，陈皮味型就是以陈皮为主要的调味品调制的，是川菜常用的味型之一。陈皮在冷菜中运用广泛，如陈皮兔丁、陈皮牛肉、陈皮鸡等。此外，由于陈皮和沙姜、八角、茴香、丁香、小茴香、桂皮、草果、老寇、沙仁等原料一样，都有各自独特的芳香气，所以，它们都是调制五香味型的调味品，多用于烹制动物性原料和豆制品原料的菜肴，如五香牛肉、五香鳝段、五香豆腐干等，四季皆宜，佐酒下饭均可。

〔豆豉〕

以黄豆为主要原料，是经选择、浸渍、蒸煮，用少量面粉拌和，并加米曲霉菌种酿制后，取出风干而成的。具有色泽黑褐，光滑油润，味鲜回甜，香气浓郁，松散化渣的特点。烹调上以永川豆豉和潼州豆豉为上品。豆豉可以加油、肉蒸后直接佐餐，也可作豆豉鱼、盐煎肉、毛肚火锅等菜肴的调味品。目前，不少民间流传的川菜也需要豆豉调味。

〔榨菜〕

榨菜在烹饪中可直接作咸菜上席，也可用作菜肴的辅料和调味品，对菜肴能起提味、增鲜的作用。榨菜以四川涪陵生产的涪陵榨菜最为有名。它是选用青菜头或者菱角菜（亦称羊角菜）的嫩茎部分，用盐、辣椒、酒等腌后，榨除汁液呈微干状态而成。以其色红质脆、块头均匀、味道鲜美、咸淡适口、香气浓郁的特点誉满全国，名扬海外。用它烹制菜肴，不仅营养丰富，而且还有爽口开胃、增进食欲的作用。

川菜的基本菜式和烹调特色

川菜的特色一部分来自于川菜的不同的烹饪方法，另外一部分来自于烹饪前的准备。下面，我们将详细介绍川菜的烹调方法及其特色。

〔基本菜式〕

川菜主要由高级宴会菜式、普通宴会菜式、大众便餐菜式和家常风味菜式四个部分组成。四类菜式既各具风格特色，又互相渗透和配合，形成一个完整的体系，对各地各阶层甚至对国外，都有广泛的适应性。在这里主要给大家介绍一下高级宴会菜式中的“三蒸九扣”。

“三蒸九扣”是川渝地区举办喜宴的宴席。

“三蒸”是指“锅蒸、笼蒸、碗蒸”，也有“粉蒸、清蒸、旱蒸”的说法，做法比较简单，一般是将食材码味后放入陶制的碗中，蒸熟后反扣在盘中，食用时揭掉碗即可。

“九扣”比较复杂。“九”是指主菜分为九品，也有“长久”之意，常由大杂烩、红烧肉、姜汁鸡、烩明笋、粉蒸肉、咸甜两味烧白、夹沙肉、蒸肘子、清汤等九大碗组成。这九道菜式基本上囊括了川菜的精华，也是川渝地区文化特征的体现。

〔烹调方法〕

川菜烹调方法多达几十种，常见的如炒、熘、炸、爆、蒸、烧、偎、煮、焖、煸、炖、淖、卷、煎、炝、烩、腌、卤、熏、拌、参、蒙、贴、酿等。

而炒、爆、煎、烧这几种烹饪方法就别具一格，下面就讲讲这四种比较特色的川菜烹饪方法。

炒

在川菜烹制的诸多方法中，“炒”很有特点，它要求时间短，火候急，汁水少，口味鲜嫩。其具体方法是，炒菜不过油，不换锅，现炒现对，急火短炒，一锅成菜。

爆

“爆”是一种典型的急火短时间加热，迅速成菜的烹调方法，较突出的一点是勾芡，要求芡汁要包住主料而油亮。

煎

“煎”一般是以温火将锅烧热后，倒入能布满锅底的油量，再放入加工成扁形的原料，继续用温火先煎好一面，再将原料翻一个身，煎另一面，放入调味料，而后翻几番即成。

烧

“烧”分为干烧法和家常烧法两种。

干烧之法，是用中火慢烧，使有浓厚味道的汤汁渗透于原料之中，自然成汁，醇浓厚味。 而家常烧法，是先用中火热油，入汤烧沸去渣，放料，再用小火慢烧至成熟入味勾芡而成。

〔烹调特点〕

选料认真

川菜要求对原料要进行严格选择，做到量材使用，物尽其用，既要保证质量，又要注意节约。原料力求鲜活，并要讲究时令。

刀工精细

刀工是川菜制作的一个很重要的环节。它要求制作者认真细致，讲究规格，根据菜肴烹调的需要，将原料切配成形，使之大小一致、长短相等、粗细一样、厚薄均匀。

合理搭配

川菜烹饪，要求对原料进行合理搭配，以突出其风味特色。川菜原料分独用、配用，讲究浓淡、荤素适当搭配。

具体来讲就是：味浓者宜独用，不搭配；淡者配淡，浓者配浓，或浓淡结合，但均不使夺味；荤素搭配得当，不能混淆。

川菜的健康吃法

养生是一个特别引人注意的话题，而川菜在美味的同时也面临着健康问题的考验。让我们放弃美味是不可能的，那么怎么吃川菜才能更健康呢？

现在川菜给人的印象就是麻辣、火爆、油腻，不得不承认，像麻辣香锅这种菜肴的风光肯定是暂时的，老百姓未来的饮食趋势还是清淡、健康。现代饮食也忌重油重辣，因辣椒具有较强的刺激性，容易引起口干、咳嗽、咽痛、便秘等。最后的结果往往是，虽然图了个口舌舒服，但肠胃也跟着遭了罪。另外，如今很多的“富贵病”，也是因为脂肪摄入量偏高导致的，这其中的一部分原因恐怕要归于重油重辣的川菜。其实，在川菜中，清汤菜、甜菜等各种口味都有，像开水白菜、樟茶鸭等都是川菜，不麻不辣，营养也较丰富。

既然很多人吃川菜就是奔着一个“辣”字去的，那么，如何在满足口腹之欲的同时，还能吃得健康呢？下面就为大家支上几招。

第一，可根据当地气候与环境对川菜做一些改良，不必一味讲究正宗。比如说，在保持了烹饪方式、调味原则的基础上，将麻辣程度降低；菜品在烹饪过程中要少用猛火爆炒、高温油炸等方法，逐渐减少红油川菜，取而代之以少油分、鲜辣味的新川菜。

其次，食用川菜时应注意膳食搭配。像辣子鸡、毛血旺等辣椒较多的川菜，不妨搭配吃一些白萝卜，因为白萝卜属于凉性食物，既能解辣，还能顺气。如果点了水煮鱼等含油较多的川菜，最好同时点一盘凉拌豆腐或凉拌黑木耳，清火又刮油。“苦”味食物更是油腻、麻辣的天敌，我们首推苦瓜，不管用它凉拌、素炒还是煲汤，都能达到去油清火的目的。营养专家建议，吃完麻辣的川菜后，不妨点一碗棒面粥，通过摄入粗粮来增加粗纤维，可以促进消化。此外，吃火锅时，不妨在油碟里加一点醋，就不会觉得太辣了。

最后，需要提醒的是，对不善吃辣的北方人来说，进食辣味应该适量，一周或两周一次就足够了。吃完辣食后，应多补充草莓、猕猴桃等富含维生素C的水果，以淡化辛味食物对身体的不利影响。

Part 2

地道川菜

川菜具有“一菜一格，百菜百味”的美称，其特色菜肴更是有色、香、味、形俱全的特点，食用起来特别开胃，还具有很好的养生功效，而且多数川菜背后还有一段轶事，喜欢川菜的朋友不妨去一探究竟。

本章重点探究名声远播的经典菜肴，用简洁的文字、清晰的视频为读者呈现出一道道地道的川菜，还等什么，一起来看看吧！

麻婆豆腐

◉难易度：★☆☆ ◉营养功效：开胃消食

原料

嫩豆腐500克，牛肉末70克，蒜末、葱花各少许

调料

食用油、豆瓣酱、盐、鸡粉、味精、辣椒油、花椒油、蚝油、老抽、水淀粉各适量

烹饪小提示

豆腐入热水中焯烫一下，这样在烹饪的时候比较结实不容易散。

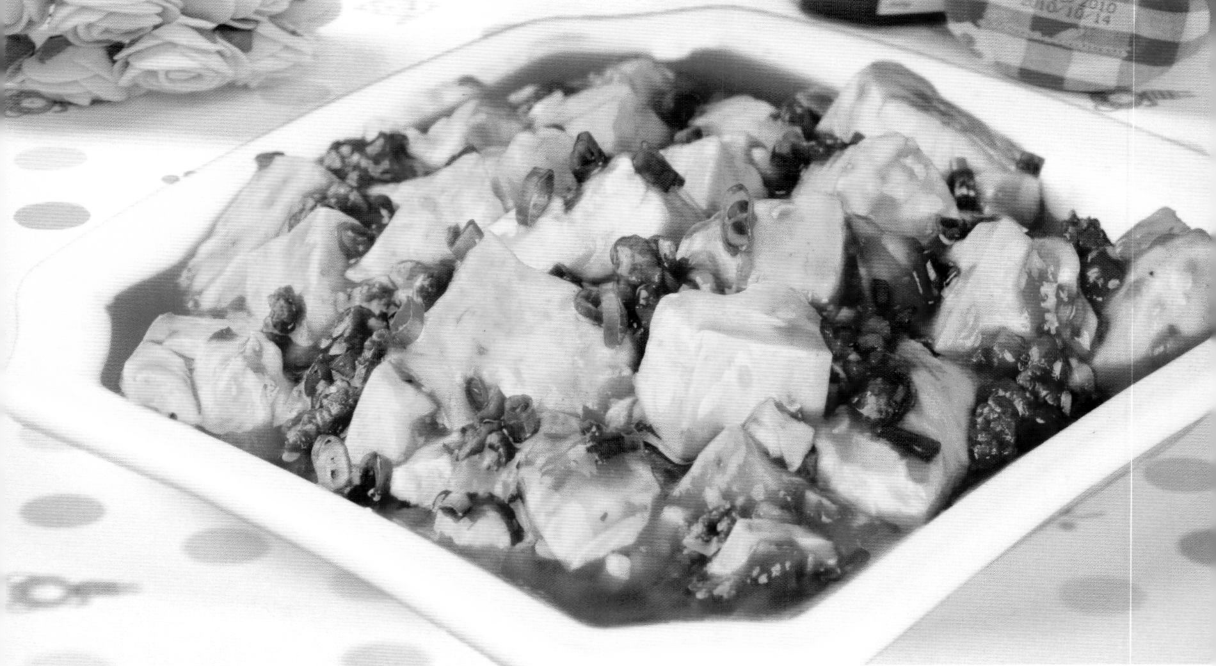

做法

1. 嫩豆腐切块，放入沸水锅中，加入盐，焯水捞出。

2. 用油起锅，炒香蒜末、牛肉、豆瓣酱，注水。

3. 加蚝油、老抽、盐、鸡粉、味精、豆腐、辣椒油、花椒油。

4. 煮至入味，加入少许水淀粉勾芡，撒入葱花炒匀即可。

鱼香茄子

◉难易度：★☆☆　◉营养功效：开胃消食

烹饪时间 Times 4分钟

原料

茄子150克，肉末30克，姜片、葱白、蒜末、红椒末、葱花各少许

调料

豆瓣酱、盐、白糖、味精、鸡粉、陈醋、生抽、料酒、水淀粉、芝麻油、食用油各适量

做法

1 茄子洗净切块，浸水；茄子沥干入油锅炸软。

2 锅底留油，倒入姜片、葱白、蒜末、红椒末、肉末爆香。

3 加豆瓣酱、料酒、水、陈醋、生抽、白糖、味精、盐、鸡粉。

4 倒入茄子煮约1分钟，倒入水淀粉勾芡。

5 再淋入芝麻油提香，盛入烧热的煲仔中，撒上葱花即成。

烹饪小提示

鱼香茄子是川府名菜，切茄子时特别讲究刀工，要尽量切得大小一致，这样会使菜肴的色香味俱全。

鱼香肉丝

◉难易度：★★☆　◉营养功效：开胃消食

原 料

瘦肉150克，水发木耳40克，冬笋100克，胡萝卜、蒜末、姜片、蒜梗各少许

调 料

盐、水淀粉、料酒、味精、生抽、小苏打、食用油、陈醋、豆瓣酱各适量

烹饪小提示

木耳要洗净，去除杂质和沙粒；另外，鲜冬笋质地细嫩，不宜炒制过老，否则会失去其鲜嫩的口感。

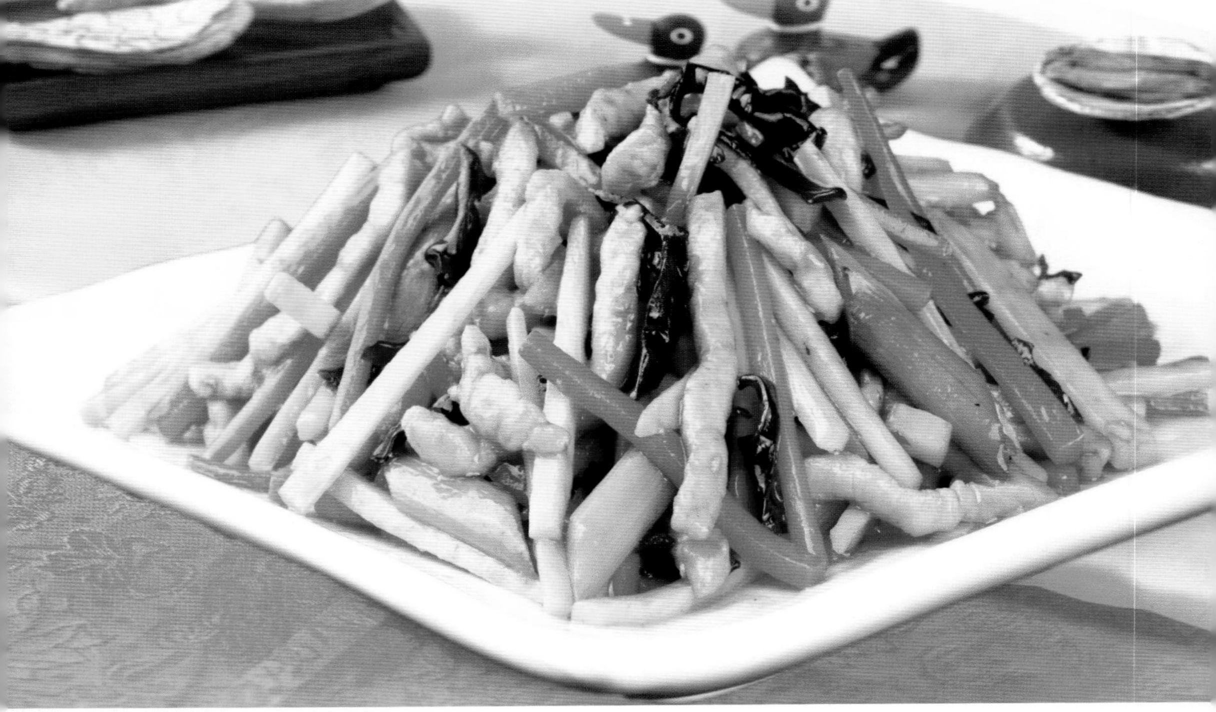

做 法

1. 木耳、胡萝卜、冬笋切丝煮熟；瘦肉加入盐、味精、食粉。

2. 倒水淀粉、油腌渍，滑油捞出；油锅爆香蒜姜、蒜梗。

3. 倒煮好的食材，加瘦肉丝、料酒、盐、味精炒匀。

4. 加生抽、陈醋、豆瓣酱，炒匀，用水淀粉勾芡即可。

水煮肉片

◉难易度：★★☆ ◉营养功效：益气补血

烹饪时间 Times 4分钟

原料

瘦肉200克，生菜50克，灯笼泡椒20克，生姜、大蒜各15克，葱花少许

调料

盐、水淀粉、味精、食粉、豆瓣酱、陈醋、鸡粉、辣椒油、花椒油、花椒粉、食用油各适量

做法

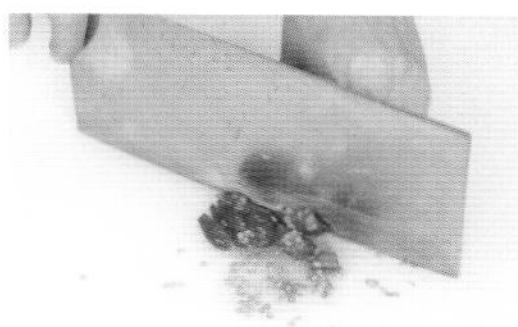

1 生姜、灯笼泡椒剁末；大蒜、瘦肉切片。

2 瘦肉用食粉、盐、味精、水淀粉、油腌制，滑油。

3 热油锅，爆香蒜、姜、灯笼泡椒、豆瓣酱。

4 倒入瘦肉、水、辣椒油、花椒油、盐、味精。

5 加入鸡粉、水淀粉、陈醋炒匀；生菜、瘦肉片装盘，浇上葱花、花椒粉、热油即可。

烹饪小提示

豆瓣酱一定要炒出红油，否则会影响成菜的外观和口感。

川辣红烧牛肉

◉难易度：★★☆ ◉营养功效：益气补血

原料

卤牛肉200克，土豆100克，大葱、干辣椒、香叶、八角、蒜末、姜片各少许

调料

生抽5毫升，老抽2毫升，料酒4毫升，豆瓣酱10克，水淀粉、食用油各适量

烹饪小提示

炸土豆时油温不宜过高，以免炸焦。

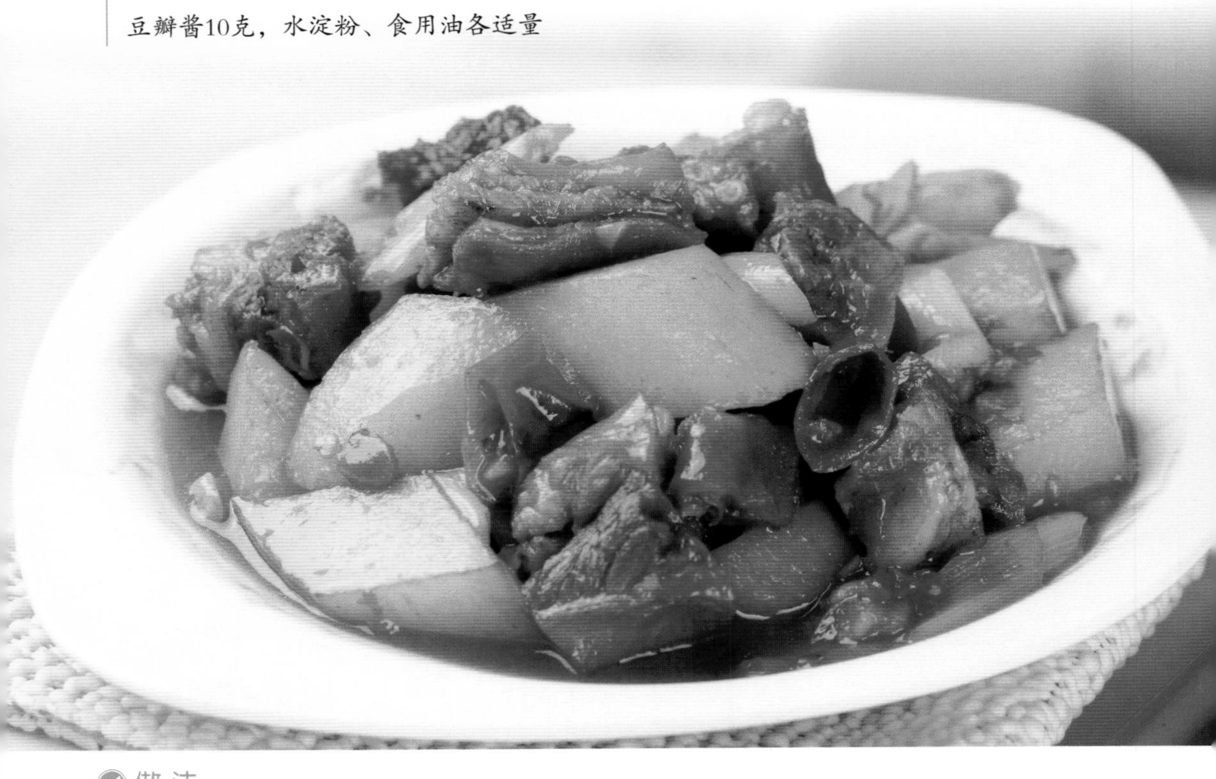

做法

1. 卤牛肉切块；大葱洗净切段；土豆洗净去皮切块，炸熟捞出。

2. 锅留油，放干辣椒、香叶、八角、蒜末、姜片、卤牛肉炒匀。

3. 加入料酒、豆瓣酱、生抽、老抽、水煮20分钟。

4. 倒土豆、大葱煮熟，拣出香叶、八角，用水淀粉勾芡即可。

水煮牛肉

◉难易度：★☆☆　◉营养功效：保肝护肾

原料

牛肉500克，豆芽、莴笋、蒜末、姜片、红辣椒段、花椒、葱花、高汤各适量

调料

盐、味精、醪糟汁、水淀粉、豆瓣酱、白糖、蚝油、老抽、辣椒粉、花椒粉、辣椒油、食用油各适量

做法

1.牛肉、莴笋洗净切片；牛肉加盐、味精、醪糟汁、水淀粉腌制。2.起油锅，炒香姜片、红辣椒段、花椒，加豆瓣酱、高汤、盐、味精、白糖、蚝油、老抽煮沸，拣出姜片、红辣椒段、花椒，倒入豆芽、莴笋煮熟，装碗。3.牛肉煮熟后勾芡盛出，加入蒜末、辣椒粉、花椒粉、葱花、辣椒油即可。

红油羊肉

◉难易度：★☆☆　◉营养功效：保肝护肾

原料

羊肉400克，红油、蒜末、葱花、姜片、葱结、八角、桂皮各适量

调料

盐、芝麻油、料酒、花椒油、食用油各适量

做法

1.锅中注水，放姜片、葱结、八角、桂皮、蒜末，烧开后加料酒、盐、羊肉煮1小时至羊肉入味。2.取出羊肉，待凉后放入冰箱冷冻1小时。3.取出后切薄片，摆入盘。4.取红油，加入蒜末、葱花、盐、芝麻油、花椒油拌匀，浇在羊肉片上即成。

咸烧白

◉难易度：★★☆ ◉营养功效：开胃消食

原料

五花肉350克，芽菜150克，姜片25克，葱花3克

调料

味精、白糖、盐各3克，八角、干辣椒、花椒、糖色、老抽、料酒、食用油各少许

烹饪小提示

用厨房用纸吸干五花肉的水分，在炸时可防油溅出。

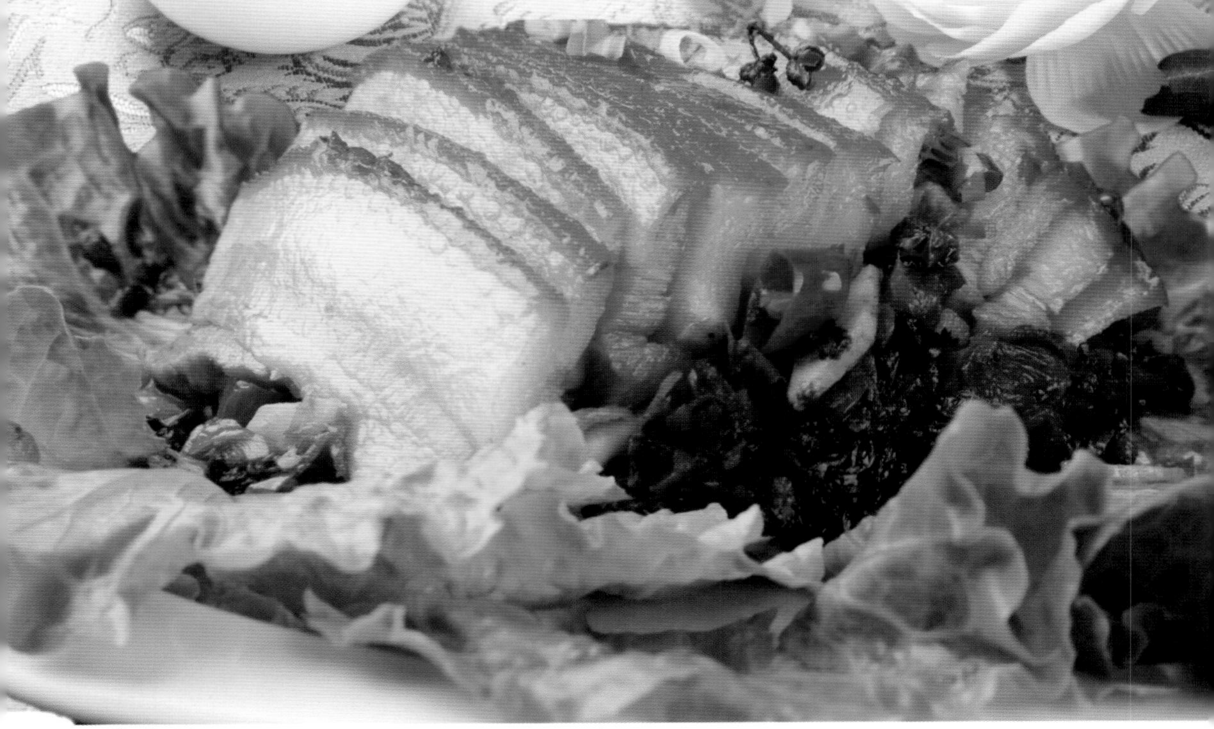

做法

1. 五花肉煮熟，肉皮抹糖色，入油锅，炸至暗红捞出。

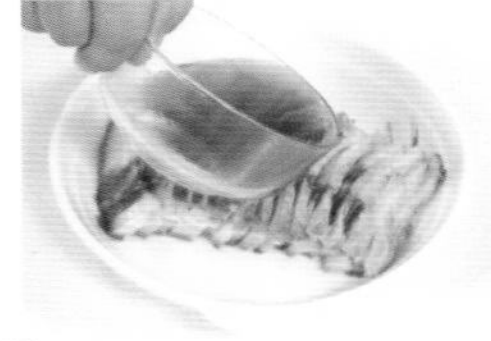

2. 五花肉切片装碗，加入老抽、料酒、盐、味精拌匀。

3. 肉皮朝下扣碗内，放入八角、花椒、干辣椒、姜片。

4. 将姜、芽菜、干辣椒、葱、糖炒匀放五花肉上，蒸熟装盘。

烹饪时间 Times 3分30秒

蚂蚁上树

◉难易度：★☆☆ ◉营养功效：益气补血

原料

肉末200克，水发粉丝300克，朝天椒末、蒜末、葱花各少许

调料

料酒10毫升，豆瓣酱15克，生抽8毫升，陈醋8毫升，盐2克，鸡粉2克，食用油适量

做法

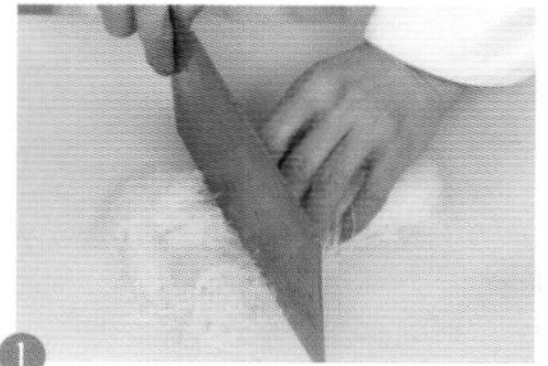

1 将发好的粉丝切成段，待用。

2 起油锅，倒入肉末炒至变色，淋入料酒，炒出香味。

3 放入蒜末、葱花，炒香，加入豆瓣酱、生抽，略炒。

4 下入粉丝、陈醋、盐、鸡粉、朝天椒末、葱花，炒匀即可。

5 关火后盛出炒好的食材，装入盘中即可。

烹饪小提示

粉丝入锅后要不停翻炒，以免粘连在一起。

东坡肘子

◉难易度：★★☆ ◉营养功效：益气补血

原料

猪肘700克，豌豆20克，西蓝花50克，葱段、姜片各少许

调料

盐、味精、鸡粉、糖色、白糖、蚝油、水淀粉、老抽、芝麻油、食用油各适量

烹饪小提示

烹调猪肘时，要尽量少放盐，否则会影响口感。

做法

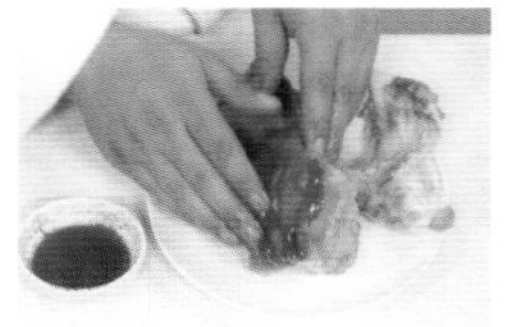

1. 将猪肘煮熟，剔骨取肉，猪皮用糖色抹匀，炸好捞出。

2. 锅放猪肘、水、姜葱、豌豆、盐、味精、白糖、蚝油、老抽煮熟。

3. 锅加水、盐、鸡粉、油、西蓝花，煮熟装盘；取猪肘肉装盘。

4. 汤汁煮沸，加水淀粉、芝麻油拌匀，淋在猪肘上即可。

做法

1 将卤牛肉切成片。

2 把切好的牛肉片摆入盘中。

3 取一个干净的碗，倒入姜末、辣椒粉、少许葱花。

4 加入适量盐、陈醋、鸡粉、生抽、辣椒油、芝麻油。

5 加入开水搅拌匀，将拌好的调味料浇在牛肉片上即可。

烹饪时间 Times 2分钟

姜汁牛肉

◉难易度：★☆☆　◉营养功效：增强免疫力

原料

卤牛肉100克，姜末15克，辣椒粉、葱花各少许

调料

盐3克，生抽6毫升，陈醋7毫升，鸡粉、芝麻油、辣椒油各适量

烹饪小提示

牛肉片不宜切得太厚，否则不易入味。

蒜泥白肉

◉难易度：★☆☆ ◉营养功效：增强免疫力

原 料

精五花肉300克，蒜泥30克，葱条、姜片、葱花各适量

调 料

盐3克，料酒、味精、辣椒油、酱油、芝麻油、花椒油各少许

烹饪小提示

五花肉煮至皮软后，关火使其在原汁中浸泡一段时间，会更易入味。

做 法

1. 锅中注水烧热，放入精五花肉、葱条、姜片、料酒。

2. 盖上锅盖，用大火煮20分钟，关火，浸泡20分钟。

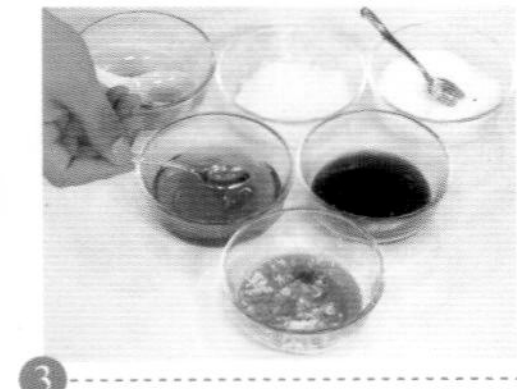

3. 蒜泥加盐、味精、辣椒油、酱油、芝麻油、花椒油，拌匀。

4. 精五花肉切片，摆盘，浇入拌好的味汁，撒葱花即成。

烹饪时间 Times 5分钟

夫妻肺片

◉难易度：★★☆　◉营养功效：益气补血

原料

熟牛肉80克，熟牛蹄筋150克，熟牛肚150克，青椒、红椒各15克，蒜末、葱花各少许

调料

生抽3毫升，陈醋、辣椒酱、老卤水、辣椒油、芝麻油各适量

做法

1 将老卤水煮沸，放入牛肉、牛蹄筋、牛肚，煮15分钟，捞出。

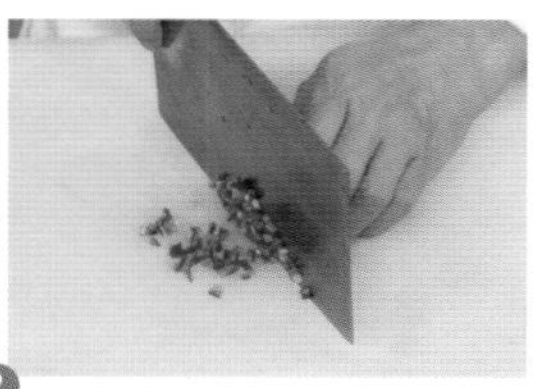

2 将洗净的青椒切成粒；将洗净的红椒切成粒。

3 将卤好的熟牛蹄筋切小块；熟牛肉切片；熟牛肚切片。

4 熟牛肉片、熟牛肚片、熟牛蹄筋块装入碗中。

5 加陈醋、生抽、辣椒酱、老卤水、辣椒油、芝麻油拌匀即可。

烹饪小提示

牛蹄筋、牛肚韧性大，在切时不宜切得太大，以免食用时久嚼不烂。

辣子鸡

◉难易度：★★☆ ◉营养功效：增强免疫力

原料

鸡块350克，青椒、红椒各80克，蒜苗、干辣椒、姜片、蒜片、葱段各适量

调料

生抽、料酒、盐、鸡粉、生粉、豆瓣酱、辣椒油、水淀粉、食用油各适量

烹饪小提示

腌渍鸡肉时已放了盐，后面炒制时少放些，不然会很咸。

做法

1. 洗净的蒜苗切段；洗好的青椒切圈；洗好的红椒切成圈。

2. 鸡块加生抽、盐、鸡粉、料酒、生粉、食用油腌制，炸熟。

3. 锅留油，放干辣椒、姜蒜葱、蒜苗段、鸡块、料酒炒香。

4. 加豆瓣酱、青椒、红椒、蒜苗叶、剩余调料、水淀粉炒匀。

做法

1 沸水锅中倒入葱结、姜片、料酒、洗净的鸡爪，拌匀。

2 用中火煮约10分钟，至鸡爪肉皮胀发。

3 捞出鸡爪，放凉后剥取鸡爪肉，剁去爪尖。

4 把泡小米椒、朝天椒、鸡爪放入泡椒水中。

5 封保鲜膜，静置3小时，取出后放上朝天椒与泡小米椒即可。

烹饪时间 Times 3小时

无骨泡椒凤爪

◉难易度：★☆☆ ◉营养功效：降低血压

原料

鸡爪230克，朝天椒15克，泡小米椒50克，泡椒水300毫升，姜片、葱结各适量

调料

料酒3毫升

烹饪小提示

煮好的鸡爪可以过几次凉开水，这样吃起来更爽口。

泡椒三黄鸡

◉难易度：★★☆　◉营养功效：益气补血

原料

三黄鸡300克，灯笼泡椒20克，莴笋100克，姜片、蒜末、葱白各少许

调料

盐6克，鸡粉4克，味精1克，生抽5毫升，生粉、料酒、食用油各适量

烹饪小提示

炒鸡块时加少许红油，味道更鲜香。

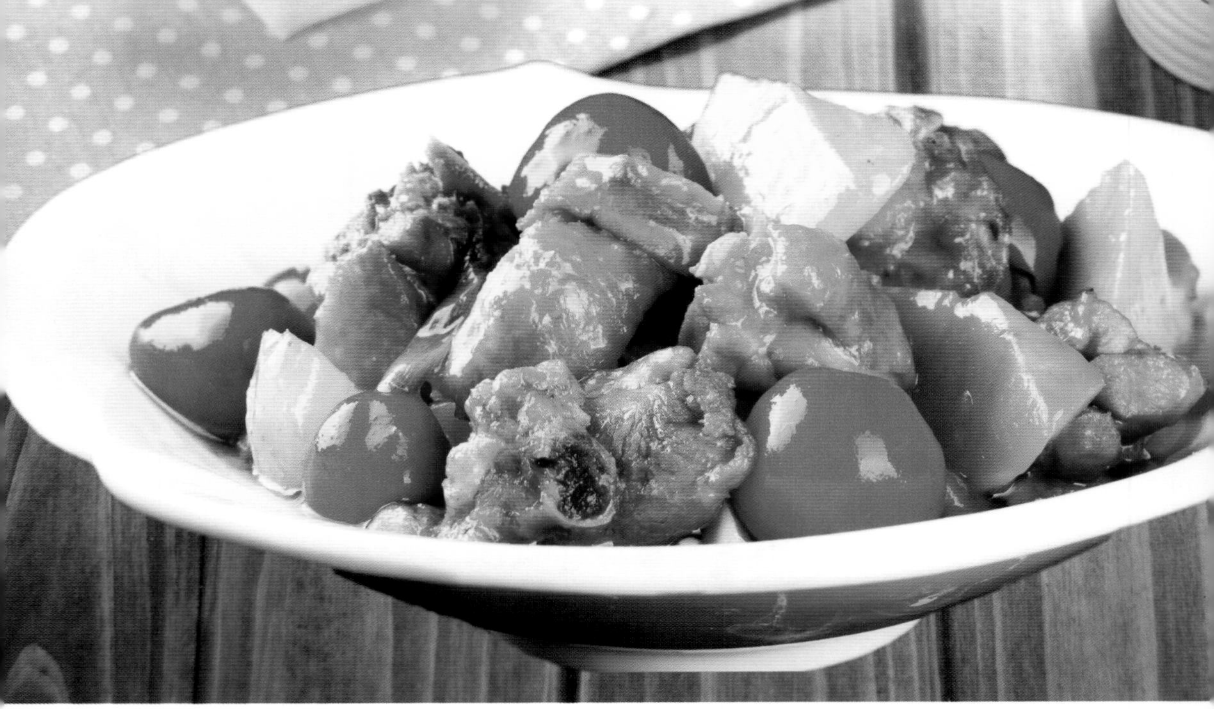

做法

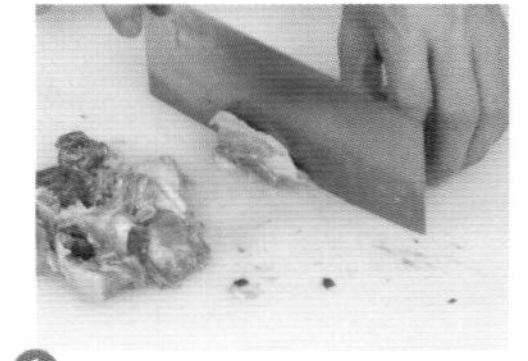

1. 莴笋洗净切块；鸡肉斩块，加鸡粉、盐、生抽、料酒、生粉腌制。

2. 锅中注油，烧热，倒入鸡块，滑油捞出。

3. 锅留油，放姜片、蒜末、葱白、莴笋块、灯笼泡椒炒匀。

4. 放鸡块、料酒、水、盐、味精、生抽、鸡粉焖熟，用水淀粉勾芡。

做法

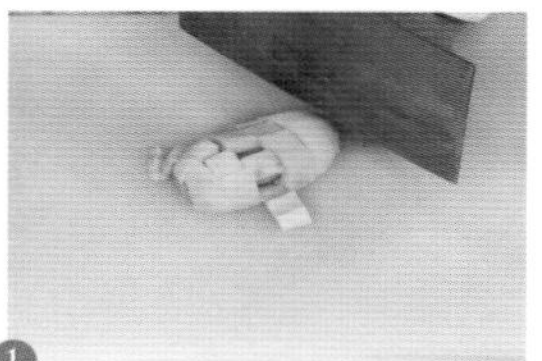

1 香菜洗净切段；莲藕洗好切丁；小米椒洗净切圈。

2 鸡肉加生抽、料酒、盐、鸡粉、生粉腌制，再炸黄。

3 起油锅，倒入蒜末、小米椒、鸡块、料酒、豆瓣酱炒匀。

4 加生抽、莲藕、花椒油、盐、鸡粉、水煮开。

5 小火煮10分钟，加入水淀粉勾芡，撒入香菜段炒香即可。

烹饪时间 Times 15分钟

藤椒鸡

◉难易度：★★☆ ◉营养功效：增强免疫力

原料

鸡肉块350克，莲藕150克，小米椒30克，香菜20克，姜片、蒜末各少许

调料

生抽、料酒、盐、鸡粉、生粉、豆瓣酱、花椒油、水淀粉、食用油各适量

烹饪小提示

腌渍鸡肉时，生粉可以多用一点，这样有助于保持鸡肉的鲜嫩口感。

芽菜碎米鸡

◉难易度：★☆☆　◉营养功效：增强免疫力

原料

鸡胸肉150克，芽菜150克，姜末、葱末、辣椒末各少许

调料

盐、葱姜酒汁、水淀粉、味精、白糖、食用油各适量

烹饪小提示

鸡肉在烹饪前，加入葱姜酒汁、水淀粉腌渍片刻，能去掉鸡肉的腥味，还可使鸡肉肉质变嫩，口感更佳。

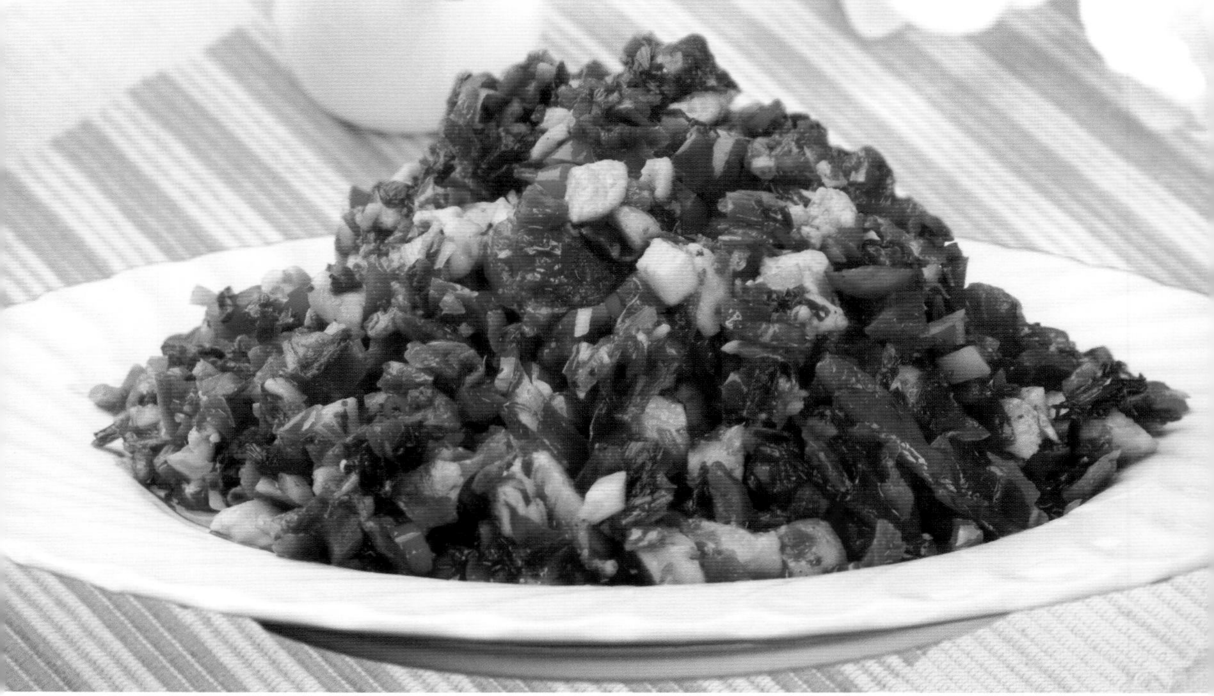

做法

1. 鸡胸肉洗净切丁，加盐、葱姜酒汁、水淀粉拌匀。

2. 锅中倒水烧开，放入切好的芽菜，焯熟后捞出，沥水。

3. 起油锅，倒入鸡丁炒熟，放入生姜末、辣椒末、葱末。

4. 倒入芽菜炒匀，加味精、白糖、葱末拌匀，盛出即成。

烹饪时间 Times 17分钟

芋儿鸡

◉难易度：★★☆　◉营养功效：保肝护肾

原料

小芋头300克，鸡肉块400克，干辣椒、葱段、花椒、姜片、蒜末各适量

调料

盐2克，鸡粉2克，水淀粉10毫升，豆瓣酱、料酒、生抽、食用油各适量

做法

1 将鸡肉块汆去血水，捞出；洗净去皮的小芋头炸黄，捞出。

2 锅底留油，放入干辣椒、葱段、花椒、姜片、蒜末爆香。

3 倒入鸡肉、豆瓣酱、生抽、料酒，炒匀。

4 倒入小芋头、水煮沸，放入盐、鸡粉炒匀。

5 焖15分钟至食材熟透，再加入水淀粉，大火收汁即可。

烹饪小提示

炸芋头的油温不宜太高，以免炸焦。

重庆口水鸡

◉难易度：★★☆　◉营养功效：益气补血

原 料

熟鸡肉500克，冰块500克，蒜末、姜末、葱花各适量

调 料

盐、白糖、白醋、生抽、芝麻油、辣椒油、花椒油、食用油各适量

烹饪小提示

制作此菜时，可根据个人口味，适量添加辣椒油和花椒油，也可加入少许熟芝麻。

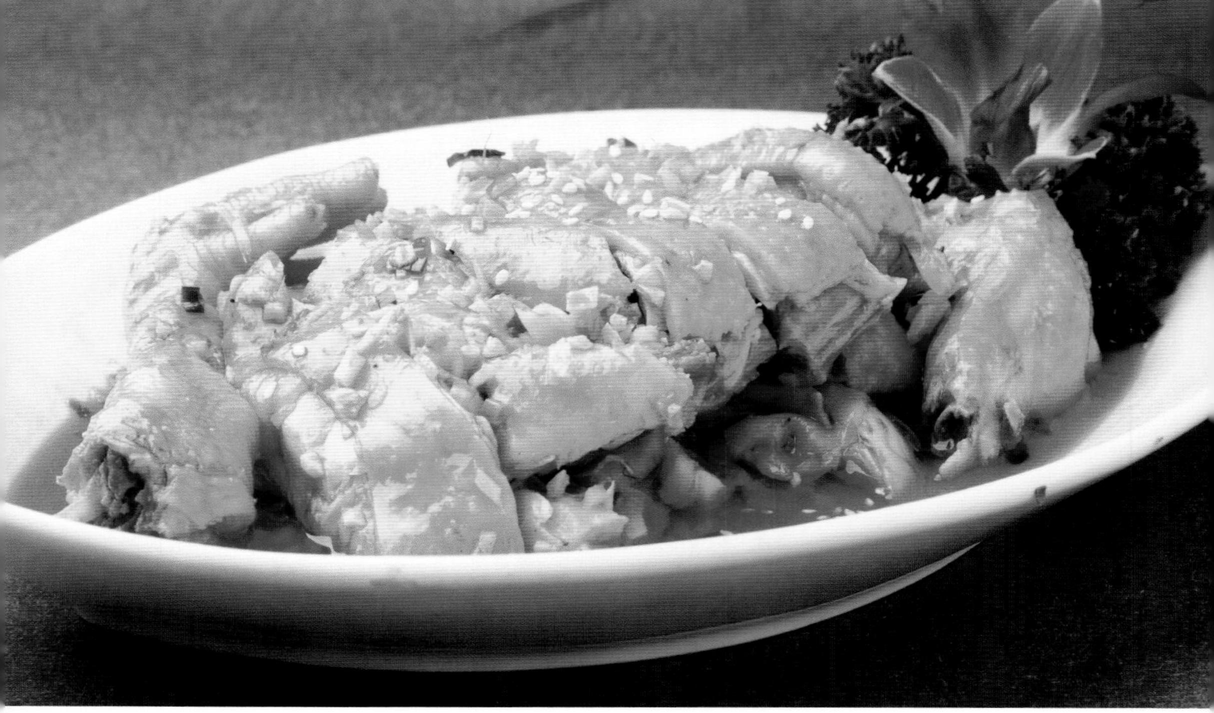

做 法

1. 取一个碗，加入清水、冰块、熟鸡肉，浸泡5分钟。

2. 锅中放辣椒油、花椒油、姜末、蒜末、葱花炒匀，盛出装碗。

3. 加盐、白糖、白醋、生抽、芝麻油、辣椒油拌匀，制成调味料。

4. 取出鸡肉，斩成块，装入盘中，浇入调味料即成。

重庆烧鸡公

◉难易度：★☆☆ ◉营养功效：益气补血

原料

公鸡500克，青椒、红椒、蒜头、葱段、姜片、蒜片、花椒、桂皮、八角、干辣椒各适量

调料

豆瓣酱15克，盐2克，鸡粉2克，生抽8毫升，辣椒油5毫升，花椒油、食用油各适量

做法

1.青椒、红椒均洗净切段；公鸡洗净斩块，入沸水锅氽去血水。2.起油锅，倒入八角、桂皮、花椒、蒜头、公鸡块炒匀。3.加入姜片、蒜片、干辣椒、青椒段、红椒段炒匀，加豆瓣酱、盐、鸡粉、生抽、辣椒油、花椒油，炒匀调味，盛出后放上葱段即成。

宫保鸡丁

◉难易度：★★☆ ◉营养功效：增强免疫力

原料

鸡胸肉300克，黄瓜80克，花生米50克，干辣椒7克，蒜头10克，姜片少许

调料

盐5克，味精2克，鸡粉3克，料酒、生粉、食用油、辣椒油、芝麻油各适量

做法

1.鸡胸肉、黄瓜、蒜头均洗净切丁；鸡丁加盐、味精、料酒、生粉、油腌制。2.沸水锅中倒入花米生，煮1分钟捞出；分别将花生米、鸡丁炸熟捞出。3.起油锅，爆香蒜丁、姜片，倒入干辣椒、黄瓜丁炒匀，加盐、味精、鸡粉、鸡丁、辣椒油、芝麻油炒匀，盛出，放入花生米即可。

啤酒鸭

◉难易度：★★☆ ◉营养功效：保肝护肾

烹饪时间 Times 24分钟

原料

鸭肉800克，啤酒550毫升，葱、生姜、草果、干辣椒、桂皮、花椒、八角各适量

调料

盐4克，味精、老抽、豆瓣酱、辣椒酱、蚝油、食用油各适量

烹饪小提示

要去除鸭肉的腥味，可在鸭肉入锅后尽量将其水分炒出，还要将鸭肉的部分鸭油炒出来。

做法

1. 草果洗净拍破；生姜去皮洗净，切片；鸭块煮熟，捞出。

2. 起油锅，炒香洗净的葱、生姜、桂皮、草果、花椒、八角。

3. 加入豆瓣酱、辣椒酱、干辣椒、鸭肉块，炒匀。

4. 倒入啤酒、盐、味精、老抽、蚝油，煮熟装碗即成。

做法

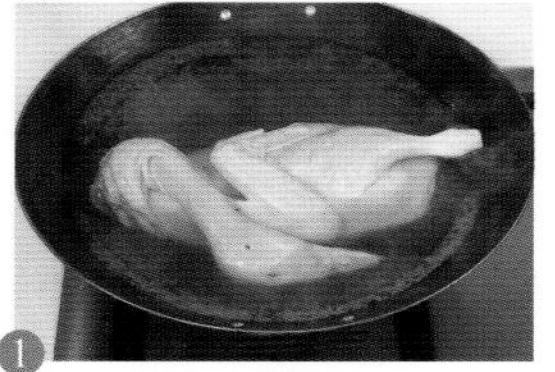

1 锅中注入水烧热，放入鸭肉煮至熟，捞出。

2 鸭肉用盐、料酒和胡椒粉抹匀，腌制入味。

3 鲜汤装碗，放入鸭肉和洗好的瘦肉块。

4 放上姜片、葱条、三七及洗净的枸杞。

5 用保鲜膜包裹住大碗，放入蒸锅蒸3小时，取出，拣去葱段即成。

烹饪时间 Times 183分钟

太白鸭

◉难易度：★☆☆　◉营养功效：增强免疫力

原料

净鸭肉650克，枸杞10克，瘦肉块60克，三七10克，鲜汤1500毫升

调料

盐4克，料酒3毫升，胡椒粉少许，姜片、葱条各20克

烹饪小提示

蒸鸭子时，可加入少许陈皮一起蒸，不仅能有效去除鸭肉的腥味，还能为汤品增香。

水煮鱼片

◉难易度：★★☆　◉营养功效：降低血压

原 料

草鱼550克，花椒、干辣椒、姜片、蒜片、葱白、黄豆芽、葱花各适量

调 料

盐、鸡粉、水淀粉、辣椒油、豆瓣酱、料酒、花椒油、胡椒粉、花椒粉、食用油各适量

烹饪小提示

煮鱼的水不宜放过多，以刚没过鱼片为宜。

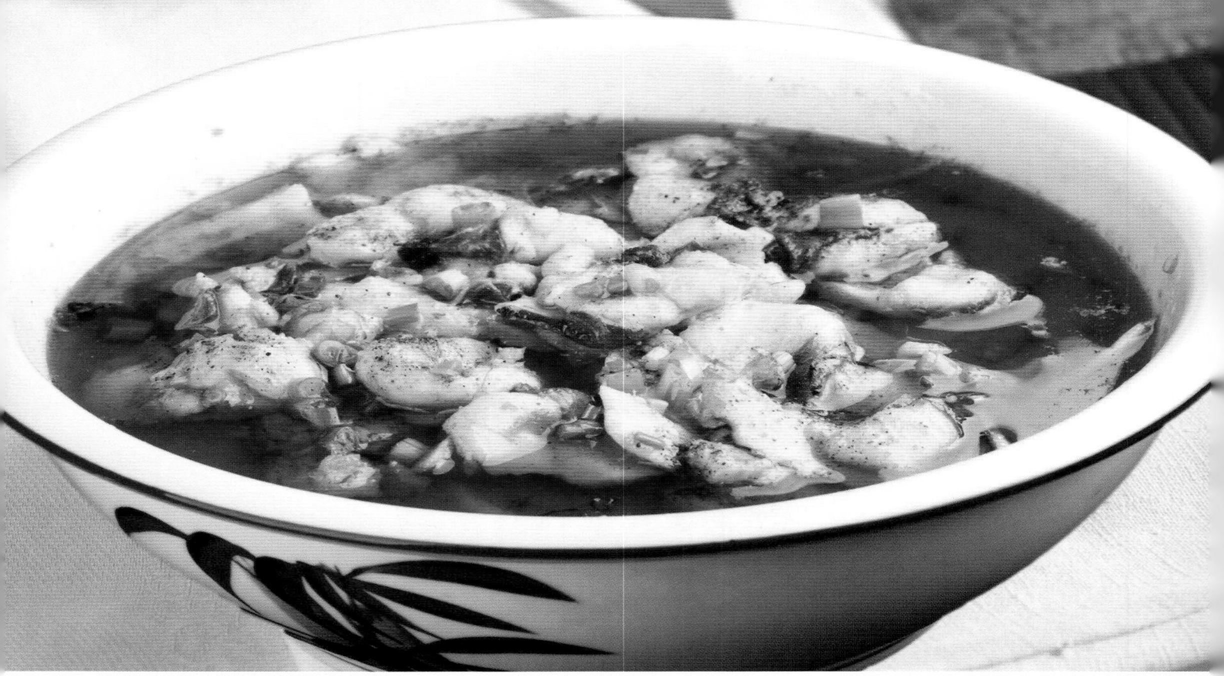

做 法

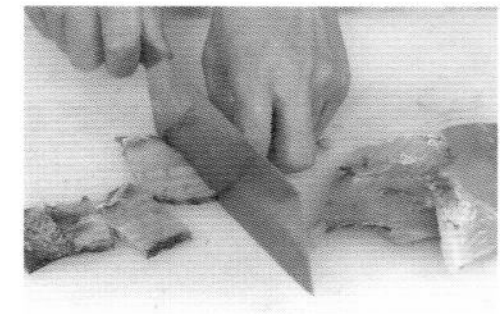

1. 草鱼切块，取鱼骨，肉切片；鱼骨加盐、鸡粉、胡椒粉腌制。

2. 鱼肉加盐、鸡粉、水淀粉、胡椒粉、油腌制；油锅爆香姜蒜葱。

3. 加干辣椒、花椒、鱼骨、料酒、水、辣椒油、花椒油、豆瓣稍煮。

4. 加盐、鸡粉、黄豆芽煮熟铺碗；鱼肉煮熟，撒葱花、花椒粉、热油。

做法

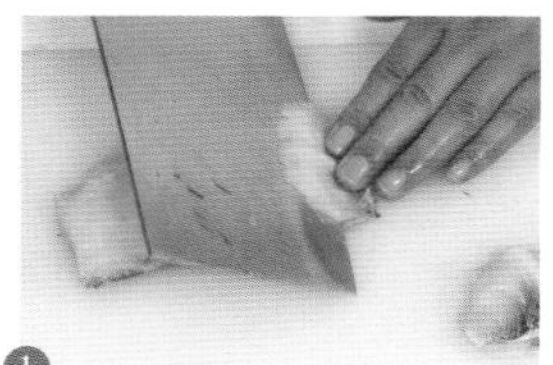

1 洗净的酸菜切段；处理净的草鱼肉切片，鱼骨斩块。

2 鱼肉加盐、味精、水淀粉腌制；鱼骨略煎。

3 加入姜片、朝天椒、葱姜酒汁、水、酸菜段炖5分钟。

4 加盐、味精、白糖拌匀，捞出鱼骨块和酸菜，装碗。

5 将鱼肉片倒入锅中，煮约1分钟，盛碗即可。

烹饪时间 Times 9分钟

酸菜鱼

◉难易度：★☆☆　◉营养功效：开胃消食

原料

草鱼600克，酸菜200克，姜片、朝天椒末各20克，葱花10克，白芝麻少许

调料

盐3克，味精2克，葱姜酒汁、水淀粉、白糖、食用油各适量

烹饪小提示

烹饪此菜要选用新鲜的草鱼。另外，烹饪时加少许辣椒油，味道会更好。

麻辣香水鱼

◉难易度：★★☆ ◉营养功效：增强免疫力

原料

草鱼、大葱、香菜、泡椒、花椒、酸泡菜、姜片、干辣椒、蒜末、葱花各适量

调料

盐、鸡粉、水淀粉、生抽、豆瓣酱、白糖、料酒、食用油各适量

烹饪小提示

煮鱼骨时，用骨头汤代替清水，鱼肉的口感更佳。

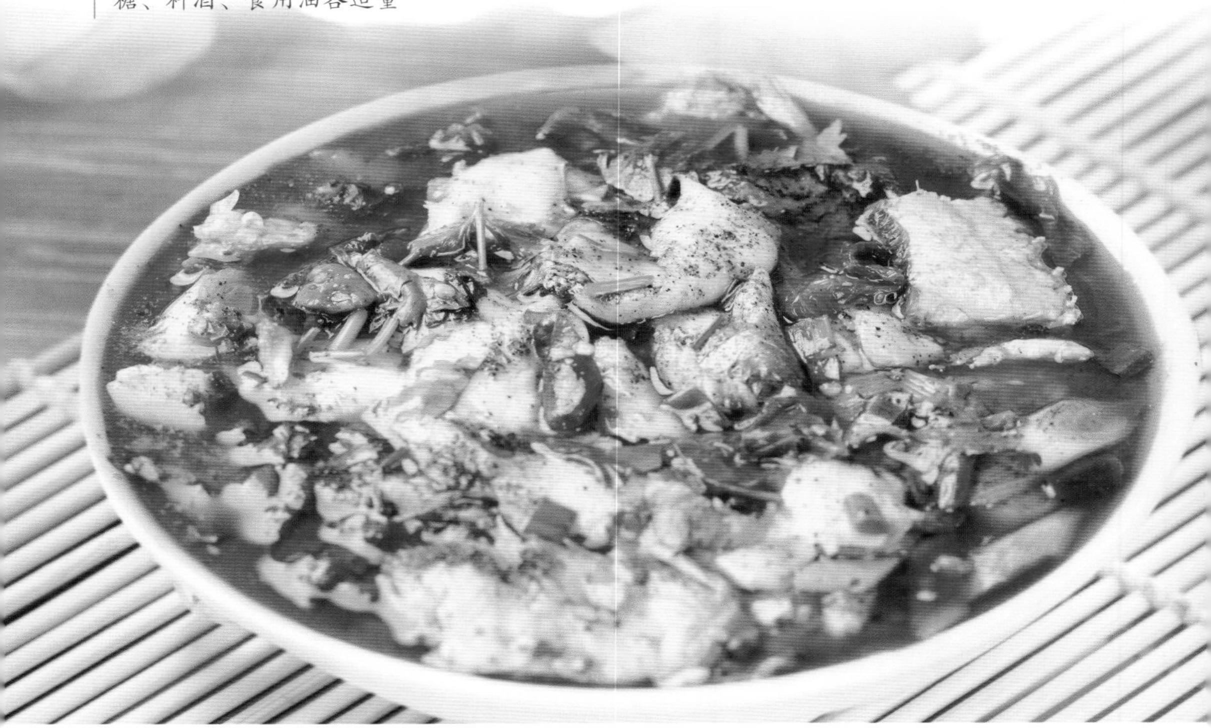

做法

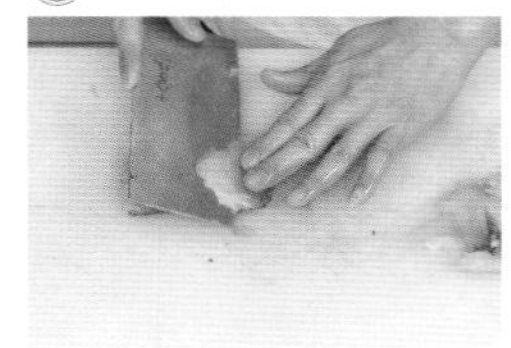

1. 香菜、葱洗净切段；泡椒去蒂切碎；草鱼洗净，骨切段，肉切片。

2. 鱼骨加盐、鸡粉、水淀粉腌制；肉加盐、鸡粉、料酒、水淀粉、油腌制。

3. 油锅放姜蒜葱、干辣椒、泡椒、泡菜、水、豆瓣、盐、鸡粉、白糖。

4. 放鱼骨略煮装碗；放鱼肉、生抽煮熟盛碗，加香菜、葱花、花椒即可。

豆花鱼火锅

烹饪时间 Times 8分钟

◉难易度：★★☆　◉营养功效：开胃消食

原料

豆腐花、鱼头块、鱼骨块、鱼肉、芹菜、朝天椒、八角、桂皮、花椒各适量

调料

盐、鸡粉、白糖、料酒、花椒油、豆瓣酱、辣椒油、食用油、火锅底料各适量

做法

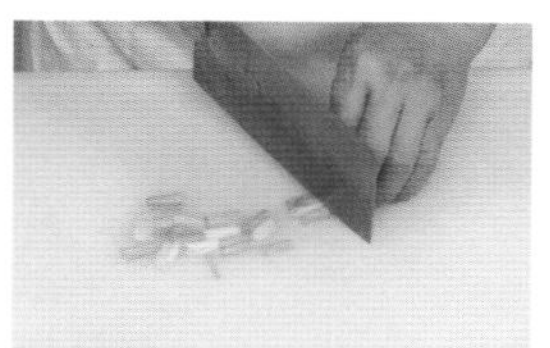

1 芹菜、朝天椒、鱼肉洗净改刀；鱼肉加盐、料酒、鸡粉腌制入味。

2 鱼头、骨加入盐、鸡粉、料酒腌制入味。

3 油锅爆香八角、桂皮、花椒，放火锅底料炒化。

4 放鱼头、鱼骨、料酒、水、豆瓣酱、白糖。

5 放花椒油、辣椒油装盆；汤烧热，下鱼肉、豆腐花、朝天椒煮熟，盛锅，放入芹菜即可。

烹饪小提示

豆腐花入锅后要顺一个方向搅拌，而且力度要均匀，以免煮碎。

麻辣干锅虾

◉难易度：★☆☆　◉营养功效：降低血压

原料

基围虾300克，莲藕、青椒、干辣椒、花椒、姜片、蒜末、葱段各适量

调料

料酒、生抽、盐、鸡粉、辣椒油、花椒油、食用油、水淀粉、豆瓣酱、白糖各适量

烹饪小提示

基围虾滑油的时间不要过久，以免虾仁变老，影响口感。

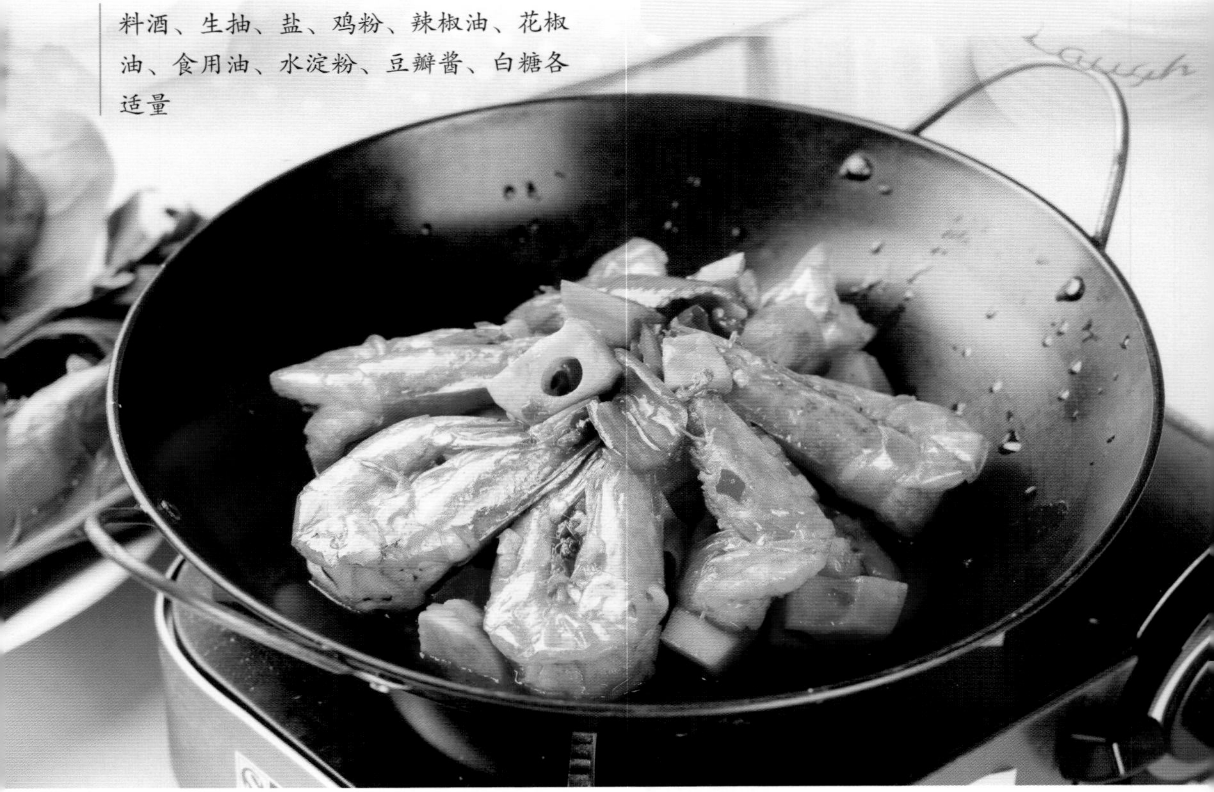

做法

1. 莲藕洗净切丁；青椒洗净切块；基围虾治净。

2. 基围虾炸黄；油锅倒干辣椒、花椒、姜片、蒜末、葱段爆香。

3. 倒入莲藕丁、青椒块、豆瓣酱、基围虾翻炒。

4. 加料酒、生抽、水、盐、鸡粉、白糖、辣椒油、花椒油、水淀粉炒匀。

Part 3

美味畜肉

俗话说，无肉不成筵席。学做菜，当然不能错过美味的畜肉菜了。畜肉包括有猪、牛、羊、兔肉等，是我们生活中必不可少的食物，也是我们营养的主要来源之一。畜肉营养丰富，吸收率高，滋味鲜美，可烹调成多种多样为人所喜爱的菜肴，那么如何吃畜肉，在烹饪如何保留畜肉营养呢？现在翻开本章，你就可以了解到畜肉的秘密，享受畜肉的健康鲜美滋味！

椒香肉片

◉难易度：★☆☆ ◉营养功效：养颜美容

原 料

猪瘦肉200克，白菜、红椒、桂皮、花椒、八角、干辣椒、姜片、葱段、蒜末各少许

调 料

生抽4毫升，豆瓣酱10克，鸡粉4克，盐3克，陈醋、水淀粉、食用油各适量

烹饪小提示

白菜梗不易熟，可以先将白菜梗放入锅中炒制。

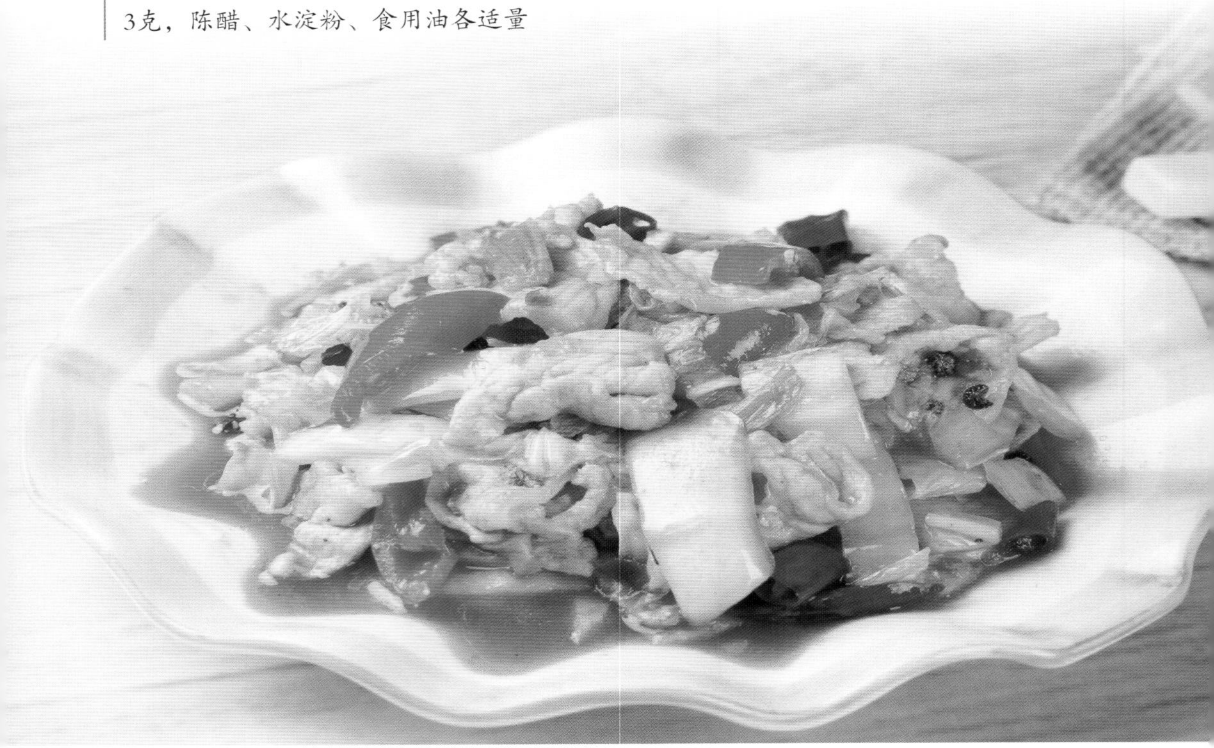

做 法

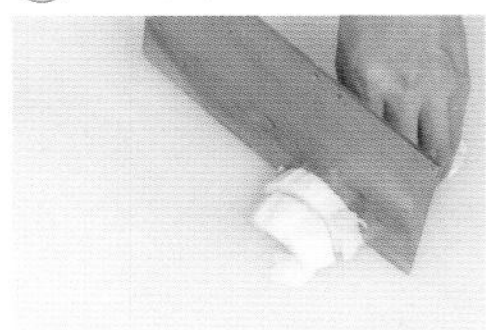

1. 洗好的红椒切段；洗净的白菜切段；洗好的猪瘦肉切片。

2. 猪肉片用盐、鸡粉、水淀粉、食用油腌渍，入油锅滑油捞出。

3. 油锅放葱蒜姜、红椒、桂皮、花椒、八角、干辣椒、白菜，炒匀。

4. 放清水、肉片、生抽、豆瓣酱、鸡粉、盐、陈醋、水淀粉炒匀。

糖醋里脊

◉难易度：★☆☆ ◉营养功效：开胃消食

原料

里脊肉100克，青椒20克，红椒10克，鸡蛋2个，番茄汁30克，蒜末、葱段各少许

调料

盐、味精、白糖、生粉、白醋、料酒、酸梅酱、水淀粉、食用油各适量

做法

1.青椒、红椒均洗净切块；里脊肉洗净切丁，加盐、味精、料酒、鸡蛋中的蛋黄、生粉拌匀，装盘，撒上生粉。2.番茄汁中加入白醋、白糖、盐、酸梅酱；将里脊肉丁油炸后捞出。3.热油爆香蒜末、葱段、青椒块、红椒块，倒入番茄汁、水淀粉，制成稠汁。4.倒入里脊肉丁，加入熟油炒匀即可。

辣椒炒肉卷

◉难易度：★☆☆ ◉营养功效：开胃消食

原料

青椒50克，红椒30克，肉卷100克，姜片、蒜末、葱白各少许

调料

盐、味精、鸡粉、豆瓣酱、水淀粉、料酒、食用油各适量

做法

1.将洗净的青椒、红椒均切片；肉卷切片。2.用食用油起锅烧热，放入肉卷片，炸至金黄色捞出。3.锅底留油，爆香姜片、蒜末、葱白。4.加入青椒片、红椒片，炒出香味。5.加入肉卷片，加入盐、味精、鸡粉、豆瓣酱、料酒，炒匀。6.用水淀粉勾芡，炒匀，盛出即可食用。

青椒肉丝

◉难易度：★☆☆　◉营养功效：益气补血

原料

青椒50克，红椒15克，瘦肉150克，葱段、蒜片、姜丝各少许

调料

盐5克，水淀粉10毫升，味精3克，食粉3克，豆瓣酱、料酒、蚝油、食用油各适量

烹饪小提示

豆瓣酱一定要炒出红油，否则会影响成品外观和口感。

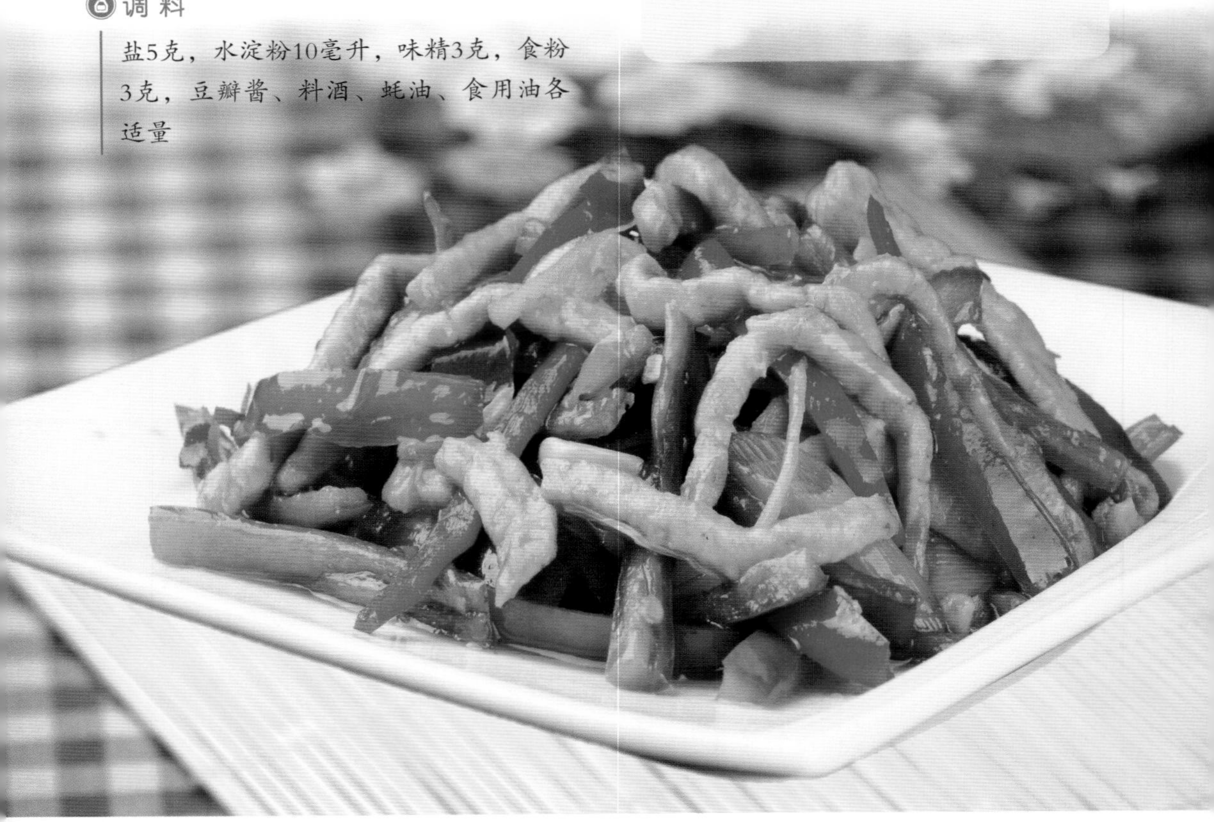

做法

1 红椒、青椒均洗净，切丝；瘦肉洗好，切成丝。

2 肉丝用食粉、盐、味精、水淀粉、食用油腌渍，滑油捞出。

3 锅留油，放姜丝、蒜片、葱段、青椒丝、红椒丝、肉丝炒匀。

4 放入盐、味精、蚝油、料酒、豆瓣酱、水淀粉炒匀即可。

生爆盐煎肉

◉难易度：★☆☆ ◉营养功效：增强免疫力

原料

五花肉300克，青椒30克，红椒40克，葱段、蒜末各少许

调料

盐2克，生抽5毫升，豆瓣酱15克，食用油适量

做法

1.红椒、青椒均洗净切圈；处理好的五花肉切片。2.用食用油起锅，倒入切好的五花肉，翻炒出油，放入盐，快速翻炒均匀。3.淋入适量生抽，放入豆瓣酱，翻炒片刻。4.放入葱段、蒜末，翻炒出香味。5.倒入切好的青椒圈、红椒圈，翻炒片刻，至其入味。6.关火后盛出，装入盘中即可。

宫保肉丁

◉难易度：★★☆ ◉营养功效：增强免疫力

原料

瘦肉200克，木耳、冬笋、莴笋、胡萝卜、花生米、姜片、蒜末各少许

调料

盐、味精、料酒、水淀粉、豆瓣酱、食用油各适量

做法

1.胡萝卜、莴笋、冬笋、木耳均洗净切丁；瘦肉切丁，加盐、味精、水淀粉、油腌制。2.锅中加水、盐、油烧开，倒胡萝卜、莴笋、冬笋、木耳、花生米煮熟捞出；花生米、瘦肉丁滑油，捞出。3.油锅爆香姜片、蒜末，加冬笋、木耳、胡萝卜、莴笋、瘦肉、盐、味精、料酒、豆瓣酱炒香，用水淀粉勾芡，下花生米炒匀即可。

辣子肉丁

◉难易度：★★☆　◉营养功效：降低血压

原 料

猪瘦肉250克，莴笋200克，花生米、红椒、干辣椒、姜片、蒜末、葱段各少许

调 料

盐4克，鸡粉3克，料酒10毫升，水淀粉、辣椒油、食粉、食用油各适量

烹饪小提示

莴笋焯水时间不宜过长，以免失去其爽脆的口感。

做 法

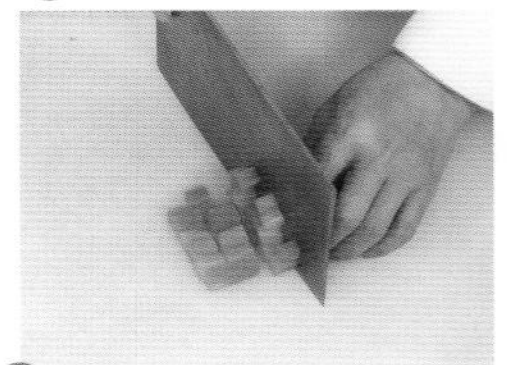

1 莴笋去皮切丁；红椒洗净切段；猪瘦肉切丁，加食粉、盐、鸡粉。

2 放水淀粉、食用油腌制；莴笋丁焯水捞出；花生米焯水后炸香。

3 猪瘦肉丁滑油捞出；油锅放姜蒜葱、红椒、干辣椒、莴笋丁。

4 下猪瘦肉丁、辣椒油、盐、鸡粉、料酒、水淀粉、花生米炒匀。

做法

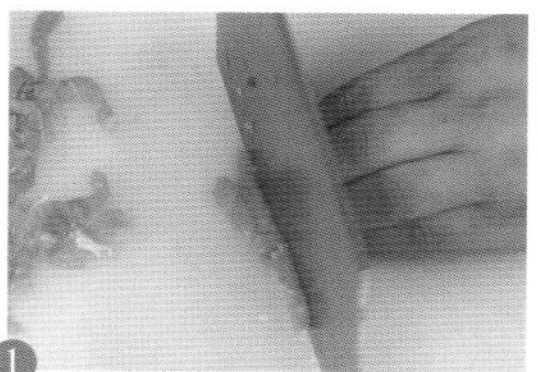

1 把洗净的里脊肉切丝；洗好的香菜切成段。

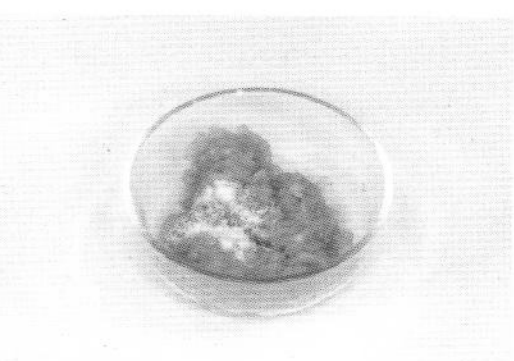

2 里脊肉丝加料酒、盐、味精、生粉，拌匀。

3 用食用油起锅，放入里脊肉丝，炒至五成熟，放入姜丝、剁椒炒匀。

4 加入味精，放入香菜，翻炒至断生。

5 用水淀粉勾芡，淋入少许辣椒油，炒至入味即可食用。

烹饪时间 Times 2分钟

香菜剁椒肉丝

◉难易度：★☆☆　◉营养功效：增强免疫力

原料

里脊肉200克，剁椒50克，姜丝、香菜各少许

调料

盐、味精、料酒、生粉、水淀粉、辣椒油、食用油各适量

烹饪小提示

用水淀粉勾芡时要转中火，可使芡汁的色泽更鲜亮。

梅干菜卤肉

◉难易度：★☆☆　◉营养功效：开胃消食

原料

五花肉250克，梅干菜150克，八角2个，桂皮10克，卤汁15毫升，姜片少许

调料

盐、鸡粉各1克，生抽、老抽各5毫升，冰糖适量，食用油适量

烹饪小提示

喜欢偏辣口味的话，也可以加入干辣椒爆香。

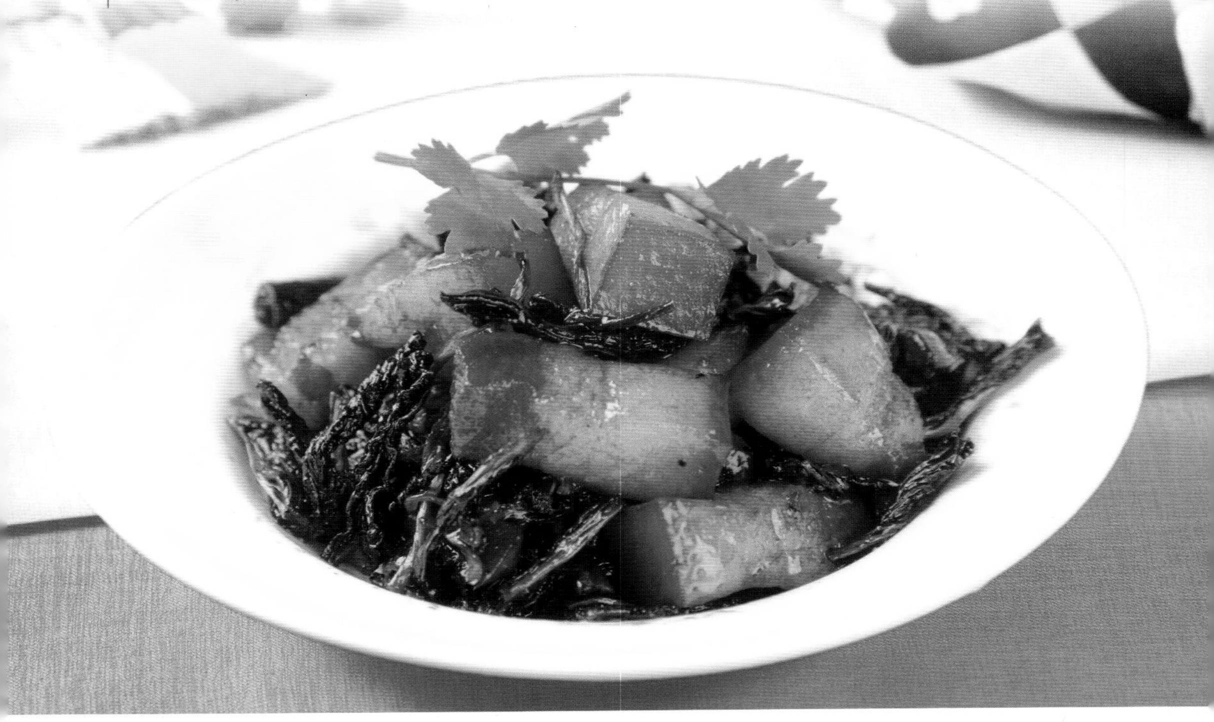

做法

1 洗好的五花肉切块，汆水；梅干菜切段。

2 热锅注油，倒入冰糖、清水、八角、桂皮、姜片、五花肉。

3 加入老抽、卤汁、生抽、盐拌匀，卤30分钟，加梅干菜拌匀。

4 注入清水，续卤20分钟，再加入鸡粉拌匀，盛出即可。

蒜薹回锅肉

◉难易度：★☆☆ ◉营养功效：防癌抗癌

原 料

蒜薹120克，红椒15克，五花肉150克，姜片、葱白各少许

调 料

盐、味精、蚝油、料酒、老抽、水淀粉、食用油各适量

做 法

1.锅中注入水，放入洗净的五花肉焖煮至熟，捞出晾凉，切成片。2.洗好的蒜薹切成段；红椒切成片。3.用食用油起锅，倒入蒜薹滑熟捞出。4.锅底留油，倒入五花肉炒至出油。5.加入老抽、料酒，炒香，倒入姜片、葱白、红椒片和蒜薹，翻炒至熟。6.调入盐、味精、蚝油，加入少许水淀粉勾芡即可。

青椒回锅肉

◉难易度：★☆☆ ◉营养功效：养颜美容

原 料

五花肉300克，青椒50克，蒜苗段40克，红椒35克，姜片、蒜末各少许

调 料

豆瓣酱15克，盐、味精各2克，料酒5毫升，老抽、水淀粉、食用油各适量

做 法

1.洗净的五花肉煮至断生，捞出。2.洗净的青椒切小块；洗好的红椒切小块；把放凉的五花肉切薄片。3.用食用油起锅，倒入五花肉片，炒干水汽，加入盐、味精、料酒、老抽。4.撒入姜片、蒜末、蒜苗段，炒香。5.放入青椒块、红椒块、豆瓣酱炒匀。6.用水淀粉勾芡，炒熟入味即成。

四季豆炒回锅肉

◉难易度：★☆☆　◉营养功效：开胃消食

原料

四季豆150克，五花肉120克，干辣椒、红椒片、蒜苗段、蒜末、姜片、葱白各适量

调料

盐、味精、鸡粉、辣椒酱、老抽、水淀粉、食用油各适量

烹饪小提示

烹制四季豆前应将豆筋摘除，否则既影响口感，又不易消化。

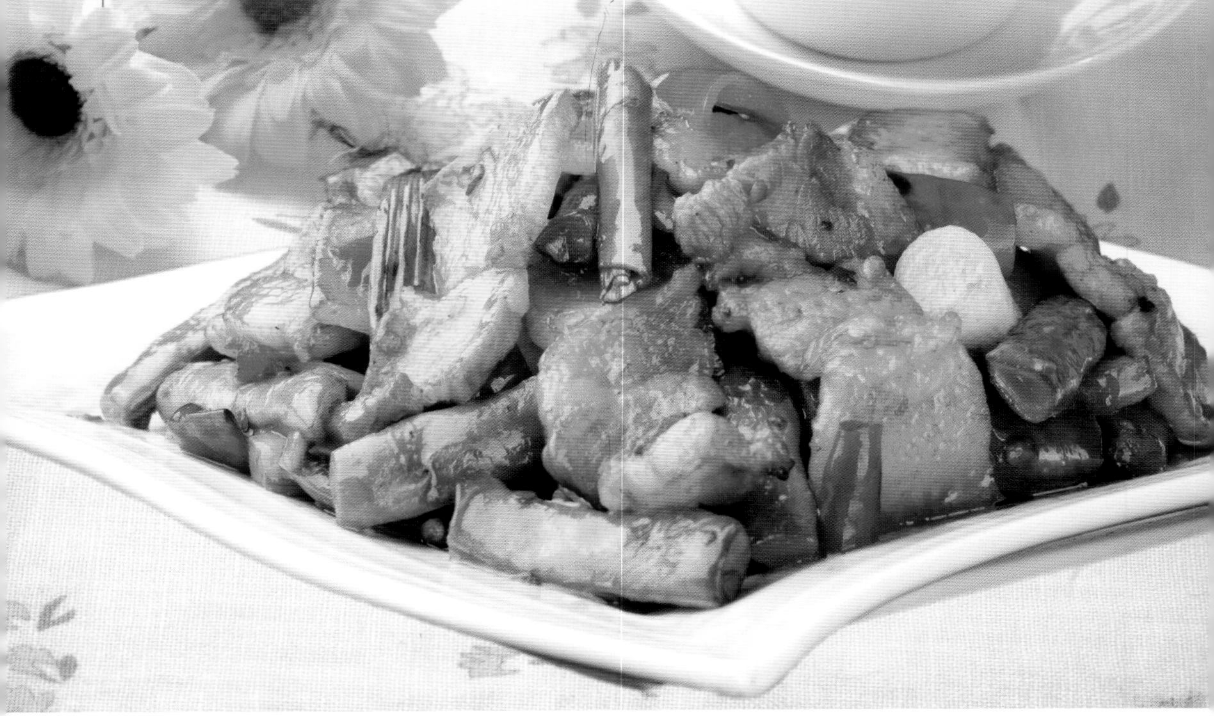

做法

1. 将五花肉煮熟捞出，放凉切片；四季豆洗净切段。

2. 四季豆入油锅滑熟捞出；锅底留油，爆香蒜末、姜片、葱白。

3. 放入五花肉、老抽、干辣椒、四季豆炒匀，加入水焖熟。

4. 加辣椒酱、盐、味精、鸡粉、红椒片、蒜苗段、水淀粉炒匀即成。

香辣五花肉

◉难易度：★★☆　◉营养功效：益气补血

原料

五花肉500克，红椒15克，花生米30克，白芝麻、西蓝花各少许

调料

白醋、盐、味精、辣椒油、食用油各适量

做法

1.五花肉煮熟，切薄片；红椒洗净，切丝；西蓝花焯熟，摆盘。2.用食用油起锅，花生米用小火炸熟捞出。3.卷起肉片，摆放在西蓝花上，放上花生米，摆上焯过水的红椒丝。4.取一碗，倒入辣椒油、部分白芝麻、白醋、盐、味精拌匀。5.将碗中的味汁均匀浇在五花肉卷上，撒上剩余的白芝麻即可。

白萝卜炒五花肉

◉难易度：★☆☆　◉营养功效：开胃消食

原料

白萝卜450克，五花肉300克，青椒、红椒、干辣椒、姜片、蒜末、葱白各适量

调料

盐、老抽、白糖、水淀粉、料酒、豆瓣酱、辣椒酱、鸡粉和食用油各适量

做法

1.白萝卜、五花肉、青椒、红椒均洗净，切片。2.锅中加水、油烧开，将白萝卜焯熟。3.锅中注油烧热，放入五花肉，加老抽、白糖、料酒拌炒匀，倒入姜片、蒜末、葱白、干辣椒、豆瓣酱、辣椒酱炒匀。4.放入青椒、红椒、白萝卜炒3分钟，加入水、鸡粉、盐调味，倒入水淀粉勾芡即可。

泡菜五花肉

◉难易度：★☆☆　◉营养功效：开胃消食

原料

泡萝卜250克，小米椒80克，五花肉200克，蒜苗、干辣椒段、蒜末各少许

调料

辣椒酱25克，盐、味精各少许，老抽、食用油各适量

烹饪小提示

泡萝卜可用清水浸泡后再炒制，这样能减轻其咸味。

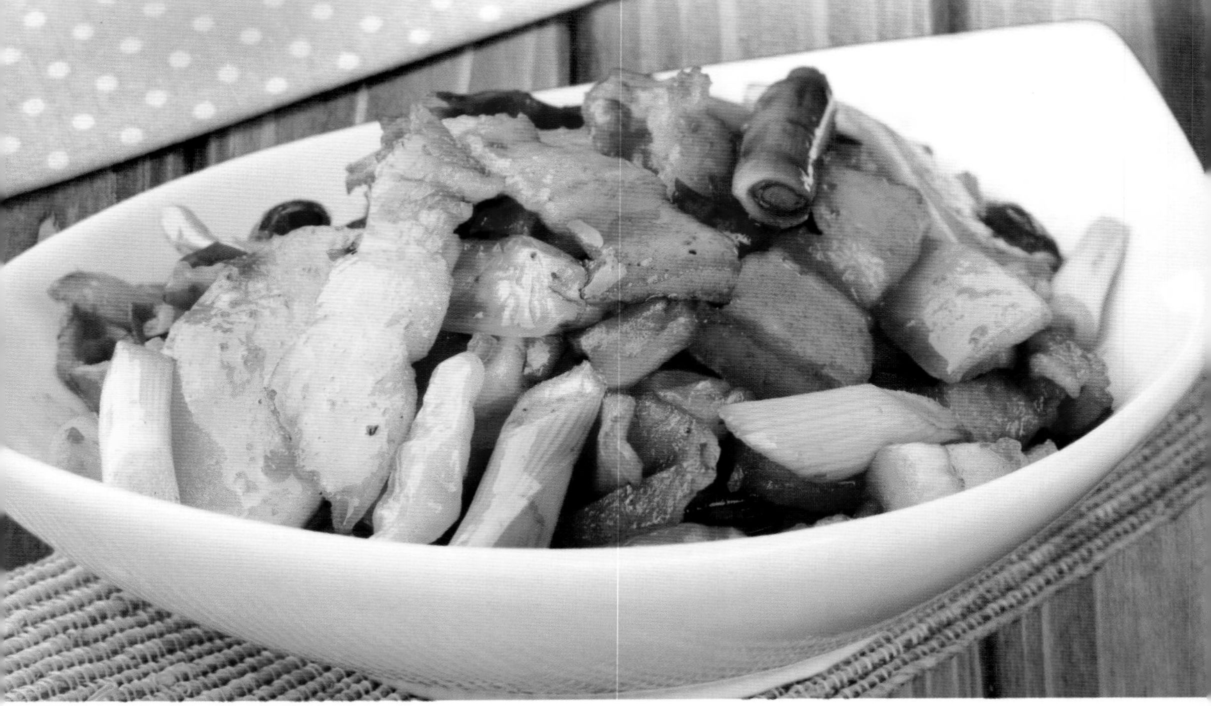

做法

1. 洗净的泡萝卜、五花肉均切片；洗净的蒜苗斜切段。

2. 起油锅，放入五花肉、老抽、蒜末、小米椒、干辣椒段炒匀。

3. 倒入泡萝卜炒至熟软，加入少许盐、味精调味。

4. 放入辣椒酱，炒至入味，加入蒜苗炒至熟透即成。

土豆回锅肉

◉难易度：★☆☆ ◉营养功效：防癌抗癌

原 料

五花肉500克，土豆200克，青蒜苗50克，朝天椒20克

调 料

高汤、盐、味精、糖色、豆瓣酱、白糖、蚝油、辣椒油、水淀粉、食用油各适量

做 法

1.土豆去皮洗净切片；朝天椒洗净切圈；青蒜苗洗净切段。2.锅中放入五花肉、料酒，汆熟捞出，切片，装碗，加糖色拌匀。3.用油起锅，倒入五花肉炒出油，加入豆瓣酱、料酒、朝天椒、土豆片炒匀，倒入高汤，煮熟。4.加入盐、味精、白糖、蚝油、蒜苗梗、水淀粉、辣椒油、蒜叶炒匀，盛入盘中。

香干回锅肉

◉难易度：★☆☆◉营养功效：增强免疫力

原 料

五花肉300克，香干120克，青椒、红椒各20克，干辣椒、蒜末、葱段、姜片各少许

调 料

盐、鸡粉、料酒、生抽、花椒油、辣椒油、豆瓣酱、食用油各适量

做 法

1.锅中注入水烧热，倒入五花肉，煮熟捞出，切薄片；香干切片，过油炸熟，捞出；青椒、红椒均洗净切块。2.锅底留油，放入五花肉片炒出油，加入生抽、姜片、蒜末、葱段、干辣椒炒匀，加入豆瓣酱炒匀，倒入香干炒匀。3.加入盐、鸡粉、青椒、红椒炒匀，淋入花椒油、辣椒油，炒匀即可。

鱼香排骨

◉难易度：★☆☆　◉营养功效：益气补血

原料

排骨600克，青椒、红椒各20克，姜丝、蒜末、葱白各少许

调料

盐、生粉、蚝油、陈醋、豆瓣酱、生抽、水淀粉、料酒、味精、老抽、鸡粉、食用油各适量

烹饪小提示

排骨炸至熟软即可，不宜炸制太久，以免影响其口感。

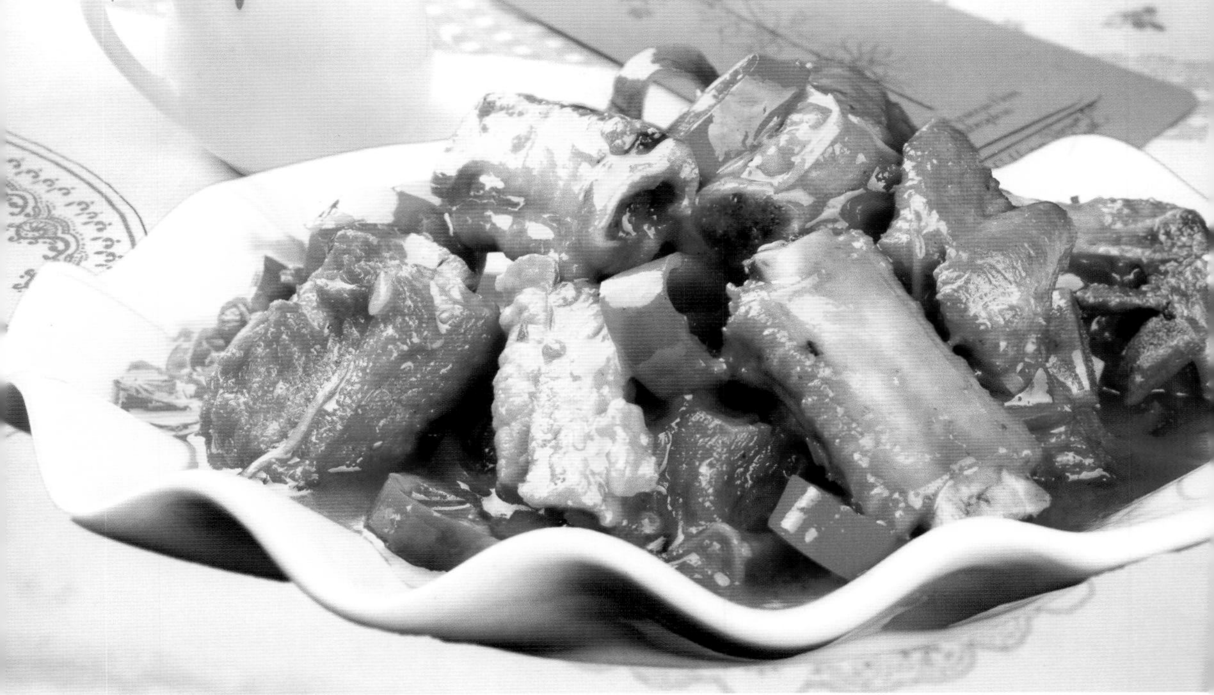

做法

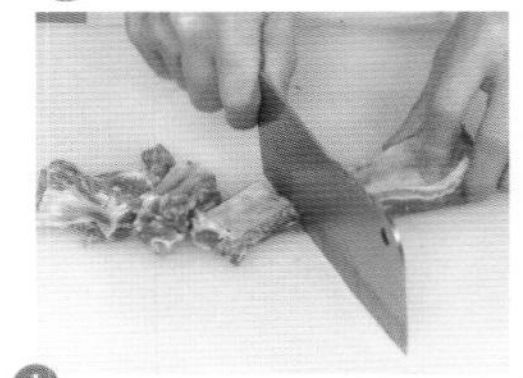

1. 青椒、红椒切圈；排骨斩段，加生抽、料酒、盐、味精、生粉腌制。

2. 排骨段入油锅炸2分钟捞出；油锅倒姜丝、蒜末、葱白爆香。

3. 放入排骨段、料酒、豆瓣酱、水、盐、鸡粉拌匀。

4. 加味精、老抽、蚝油、陈醋、青椒、红椒焖熟，用水淀粉勾芡。

椒盐排骨

◉难易度：★★☆ ◉营养功效：增强免疫力

原料

排骨500克，红椒15克，蒜末、葱花各少许

调料

料酒8毫升，嫩肉粉1克，生抽、吉士粉、面粉、味椒盐、鸡粉、盐、食用油各少许

做法

1.排骨洗净斩段；红椒切粒。2.排骨段装入碗中，加入嫩肉粉、盐、鸡粉、生抽、料酒、吉士粉、面粉腌制。3.食用油烧热，将排骨段炸熟后捞出。4.锅底留油，炒香蒜末、红椒粒、葱花，放入排骨段，淋入适量料酒。5.再加入味椒盐和鸡粉。6.把锅中的食材翻炒入味，盛出即可。

粉蒸排骨

◉难易度：★☆☆ ◉营养功效：益气补血

原料

排骨600克，姜片、蒜末、葱花各少许

调料

蒸肉粉20克，鸡粉2克，食用油适量

做法

1.将洗净的排骨斩块，装入碗中，放入少许姜片、蒜末。2.加入适量蒸肉粉、少许鸡粉拌匀，倒入少许食用油，抓匀。3.将排骨装入盘中备用。4.把装有排骨的盘放入蒸锅。5.盖上盖，小火蒸约20分钟，揭盖，把蒸好的排骨取出。6.撒上葱花，浇上少许热食用油即可。

干煸麻辣排骨

◉难易度：★☆☆　◉营养功效：补钙

原 料

排骨500克，黄瓜200克，朝天椒30克，辣椒粉、花椒粉、蒜末、葱花各少许

调 料

盐、鸡粉各2克，生抽5毫升，生粉、料酒、辣椒油、花椒油、食用油各适量

烹饪小提示

排骨不要一起放入油锅中，以免粘连在一起。

做 法

1. 黄瓜洗净切丁；朝天椒洗净切碎。

2. 排骨洗净，加生抽、盐、鸡粉、料酒、生粉腌制，炸熟备用。

3. 起油锅，放入蒜末、花椒粉、辣椒粉、朝天椒、黄瓜丁炒匀。

4. 放排骨、盐、鸡粉、料酒、辣椒油、花椒油、葱花炒匀即可。

做法

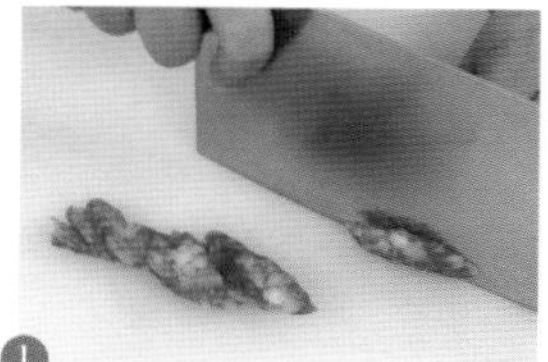

1 香肠洗净，切成片；土豆去皮洗净，切成片。

2 起油锅，炒香姜片、蒜片、干辣椒、葱白，放入香肠炒出油。

3 加入土豆片炒匀，再倒入高汤，煮2分钟。

4 加入盐、味精、蚝油，炒匀调味。

5 淋入辣椒油，拌匀，撒入葱段，炒匀即成。

烹饪时间 Times 5分钟

土豆香肠干锅

◉难易度：★☆☆ ◉营养功效：开胃消食

原料

土豆250克，香肠100克，姜片、蒜片、干辣椒、葱段、高汤、葱白各适量

调料

盐、味精、辣椒油、蚝油、食用油各适量

烹饪小提示

土豆去皮后，立即放入清水中，加入少许白醋浸泡，可以防止土豆变色发黑。

红油猪口条

◉难易度：★☆☆ ◉营养功效：益气补血

烹饪时间 Times 18分钟

原 料

猪舌300克，蒜末、葱花各少许

调 料

盐3克，辣椒油10毫升，生抽10毫升，芝麻油、老抽、鸡粉、料酒各适量

烹饪小提示

辣椒油可依个人口味添加，但不宜过多，以免掩盖猪舌本身的味道。

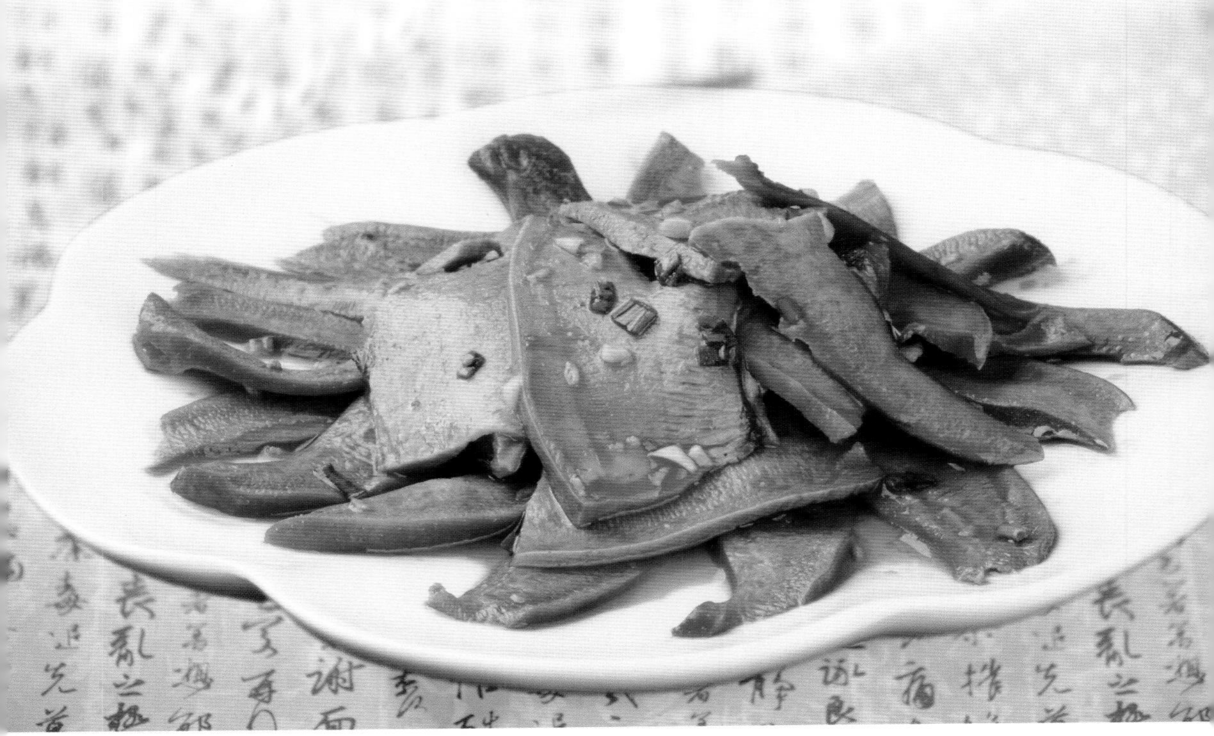

做 法

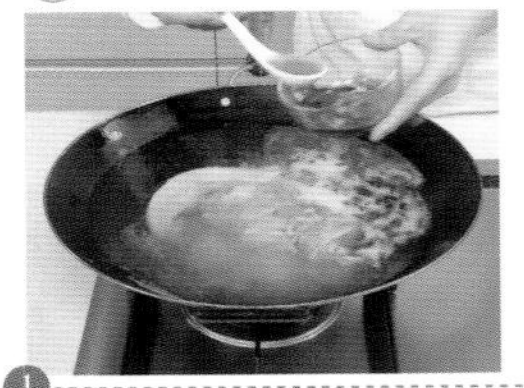

1 锅中注水烧热，放猪舌、鸡粉、盐、料酒、老抽、生抽拌匀。

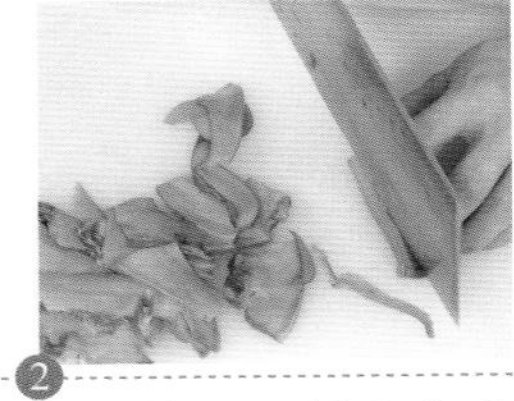

2 大火烧开，转小火煮15分钟，捞出猪舌，刮去外膜，切成片。

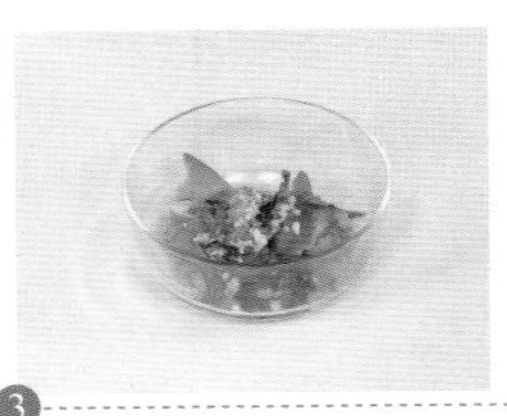

3 猪舌片装入碗中，加入盐、鸡粉、生抽，放入蒜末。

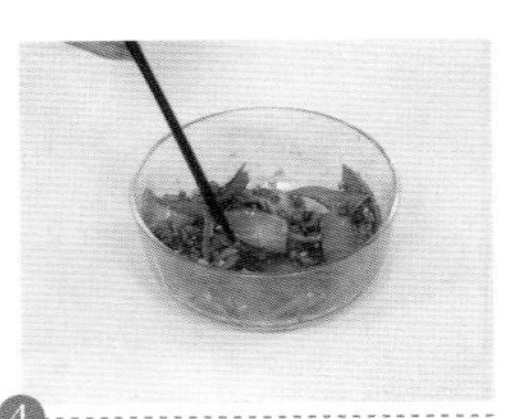

4 加入辣椒油、芝麻油、葱花，拌匀，摆入盘中即可。

黄瓜拌猪耳

◉难易度：★☆☆ ◉营养功效：开胃消食

原料

猪耳1只，黄瓜60克，姜片、葱段各少许，蒜末10克，朝天椒末8克

调料

盐3克，白糖2克，味精2克，辣椒油、花椒油各5毫升，卤水1000毫升，老抽适量

做法

1.黄瓜洗净切片；锅中注入水，放入猪耳氽水，捞出洗净。2.将卤水倒入锅中，放入姜片、葱段、猪耳、老抽、盐拌匀。3.放入猪耳卤30分钟，关火，浸泡20分钟，捞出晾凉。4.将猪耳切片装入碗中，加入蒜末、朝天椒末、黄瓜片，加入盐、白糖、味精、辣椒油、花椒油拌匀即成。

泡椒拌猪耳

◉难易度：★☆☆ ◉营养功效：增强免疫力

原料

卤猪耳200克，泡椒80克，香菜、小米椒各适量

调料

盐2克，白糖、芝麻油、辣椒油各适量

做法

1.把泡椒切碎；洗净的小米椒切小段；洗净的香菜切成段；卤猪耳切成薄片。2.将切好的卤猪耳片放入碗中。3.倒入泡椒、香菜段、小米椒。4.加入适量盐、白糖。5.再倒入适量芝麻油、辣椒油。6.拌至入味，将拌好的猪耳盛出，装入盘中即成。

芝麻拌猪耳

◉难易度：★☆☆　◉营养功效：益气补血

原料

卤猪耳350克，白芝麻3克，葱花少许

调料

盐3克，鸡粉1克，陈醋、辣椒油、芝麻油、生抽各适量

烹饪小提示

卤猪耳在切片时，切得薄一些，会更易入味。

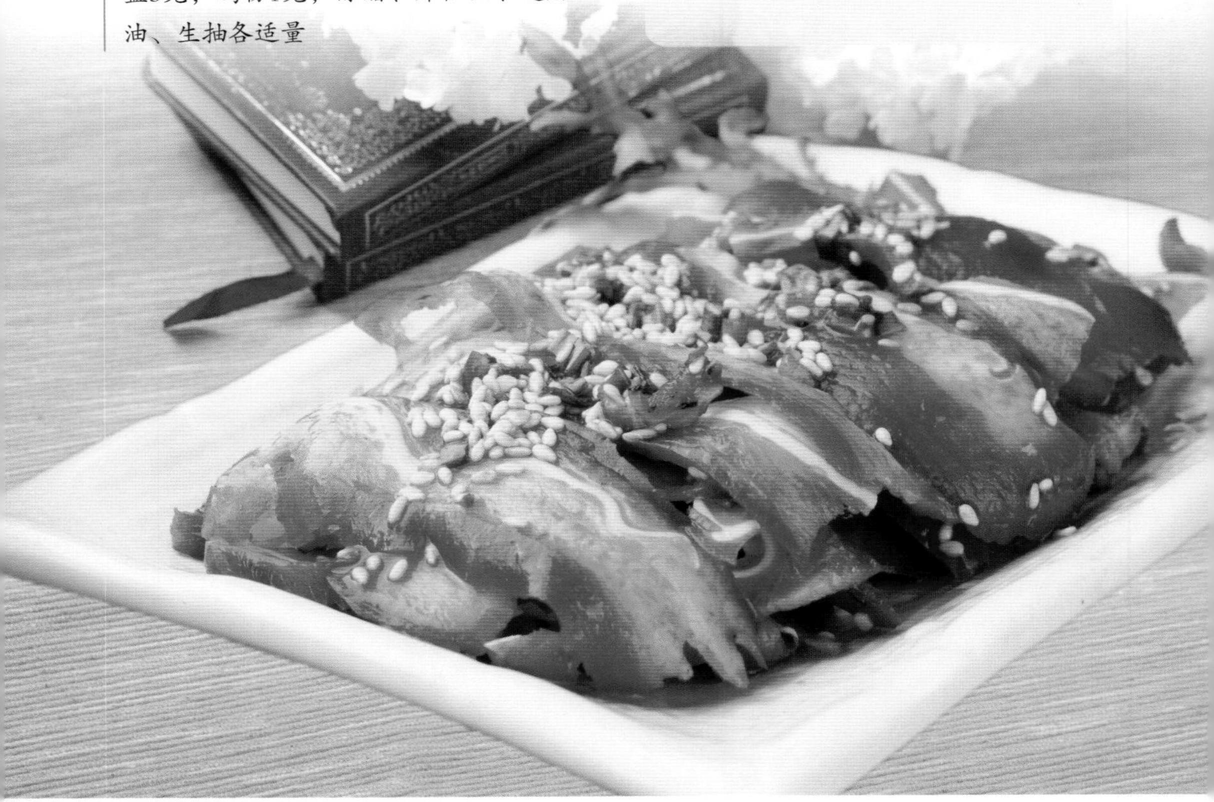

做法

1. 将卤猪耳切成片，装在盘中备用。

2. 炒锅置于火上，烧热，倒入白芝麻，炒熟后盛出。

3. 空碗中放入猪耳，加入盐、生抽、鸡粉。

4. 放入辣椒油、陈醋、芝麻油、白芝麻、葱花，拌匀盛出即可。

尖椒炒腰丝

◉难易度：★☆☆　◉营养功效：防癌抗癌

原料

猪腰200克，青椒、红椒各适量，姜丝、蒜末、葱段各适量

调料

料酒、盐、生粉、蚝油、鸡粉、水淀粉、食用油各适量

做法

1.猪腰治净切丝；红椒、青椒均洗净切丝。2.猪腰装入碗中，加入料酒、盐、生粉腌制；锅中注入水烧热，放入猪腰丝汆水，捞出。3.锅中注油烧热，爆香姜丝、蒜末，放入猪腰、料酒、青椒丝、红椒丝炒熟，加入蚝油、盐、鸡粉炒匀。4.用水淀粉勾芡，下葱段炒熟，淋入烧热的食用油炒匀即成。

爆炒腰花

◉难易度：★☆☆　◉营养功效：保肝护肾

原料

猪腰200克，青椒、红椒各15克，蒜苗30克，姜片、蒜末、葱白各少许

调料

盐3克，鸡粉、豆瓣酱、料酒、老抽、生粉、水淀粉、食用油各适量

做法

1.蒜苗洗净切段；青椒、红椒均洗净切片；猪腰治净切片，装入碗中，加入盐、鸡粉、料酒、生粉腌制10分钟。2.将猪腰片汆水捞出，入锅滑油后捞出。3.锅底留油，爆香姜片、蒜末、葱白，放入蒜苗、青椒、红椒、猪腰片、料酒、豆瓣酱、盐、鸡粉、老抽，炒匀，加入水淀粉勾芡即可。

泡椒腰花

◉难易度：★☆☆　◉营养功效：开胃消食

烹饪时间 Times 3分钟

原料

猪腰300克，泡椒35克，红椒圈、蒜末、姜末各少许

调料

盐3克，味精2克，料酒、辣椒油、花椒油、生粉各适量

烹饪小提示

猪腰去薄膜、筋，切片或花，用清水漂洗几遍，可以更好地去除腥味。

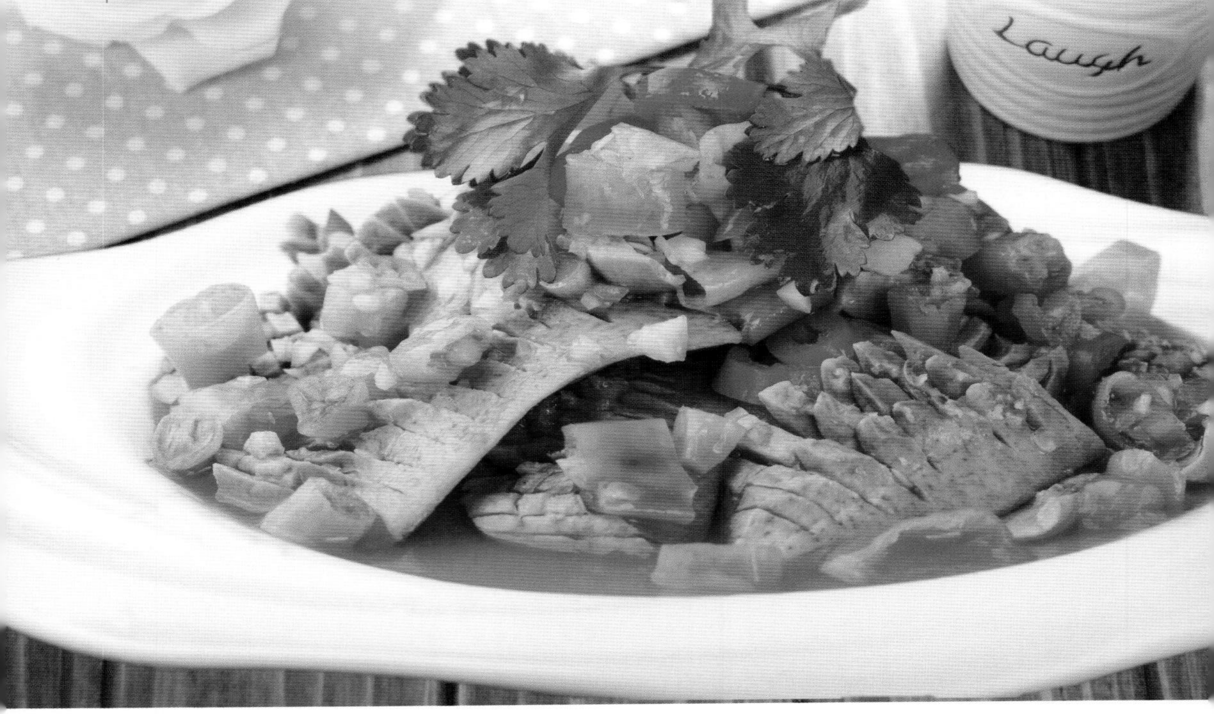

做法

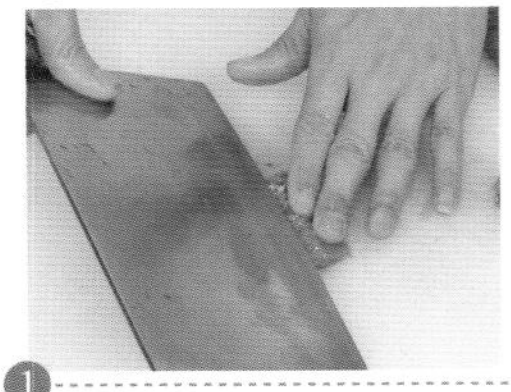

1. 洗净的泡椒切碎；洗净的猪腰去筋膜，切花刀后切片。

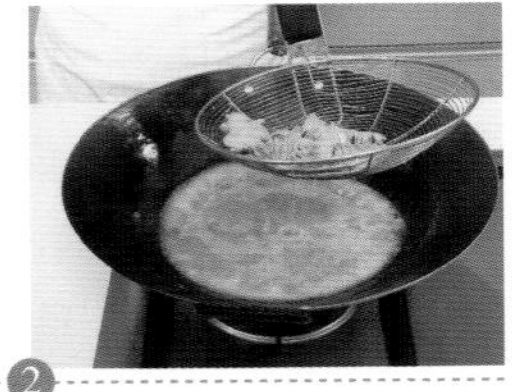

2. 猪腰片加料酒、盐、味精、生粉拌匀，腌制，焯水捞出。

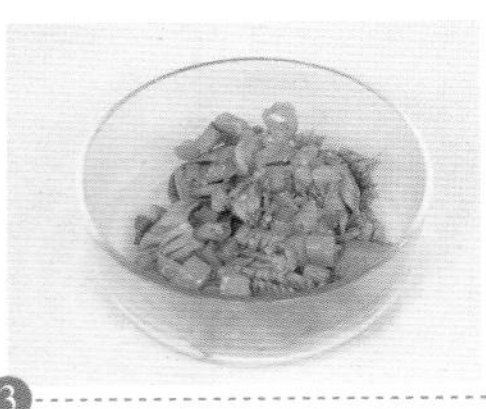

3. 猪腰片中加入盐、味精、泡椒、红椒圈，拌匀。

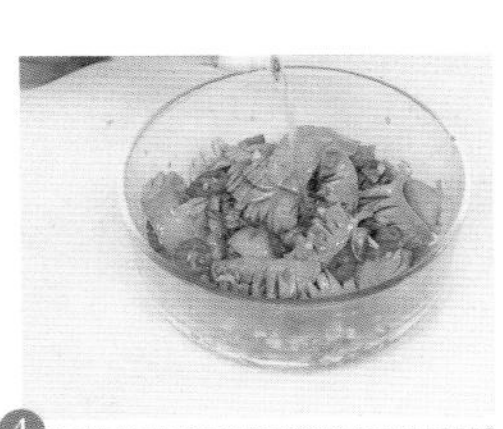

4. 加入蒜末、姜末、辣椒油、花椒油，拌匀即可。

烹饪时间 Times 5分钟

椒油浸腰花

◉难易度：★☆☆　◉营养功效：开胃消食

原料

猪腰200克，白菜100克，花椒15克，青椒、蒜末、姜片、葱段各少许

调料

味精、盐、料酒、豆瓣酱、水淀粉、花椒油、生粉、食用油各适量

做法

1.青椒洗净切片；白菜洗净切块；猪腰治净，切片。2.猪腰片加料酒、盐、味精、生粉腌制；沸水锅放入盐、食用油，焯熟白菜，捞出装碗；将猪腰片汆熟捞出。3.用油起锅，炒香蒜末、姜片、葱段、青椒，放入猪腰、料酒、豆瓣酱，加水煮沸，放入味精、盐、水淀粉，装碗。4.爆香花椒油、花椒，浇入碗中即可。

嫩姜爆腰丝

◉难易度：★☆☆　◉营养功效：增强免疫力

原料

猪腰200克，嫩姜100克，青椒、红椒各少许

调料

蚝油、盐、味精、料酒、生粉、水淀粉、食用油各适量

做法

1.猪腰治净，切成丝；青椒、红椒均洗净，切成丝。2.嫩姜去皮洗净切丝；猪腰装入碗中，加入料酒、盐、味精、生粉抓匀，腌制片刻。3.沸水锅中放入猪腰汆水捞出。4.用食用油起锅，爆香嫩姜丝及青椒丝、红椒丝。5.倒入猪腰丝，调入料酒、蚝油、盐。6.加入味精，用水淀粉勾芡炒匀即可。

烹饪时间 Times 1分30秒

酸辣腰花

◉难易度：★☆☆ ◉营养功效：开胃消食

原 料

猪腰200克，蒜末、青椒末、红椒末、葱花各少许

调 料

盐5克，味精2克，料酒、辣椒油、陈醋、白糖、生粉各适量

烹饪小提示

猪腰有很重的腥味，烹饪前可将猪腰与烧酒用10:1的比例拌匀、捏挤，洗净后用开水烫一遍即可去除膻臭味。

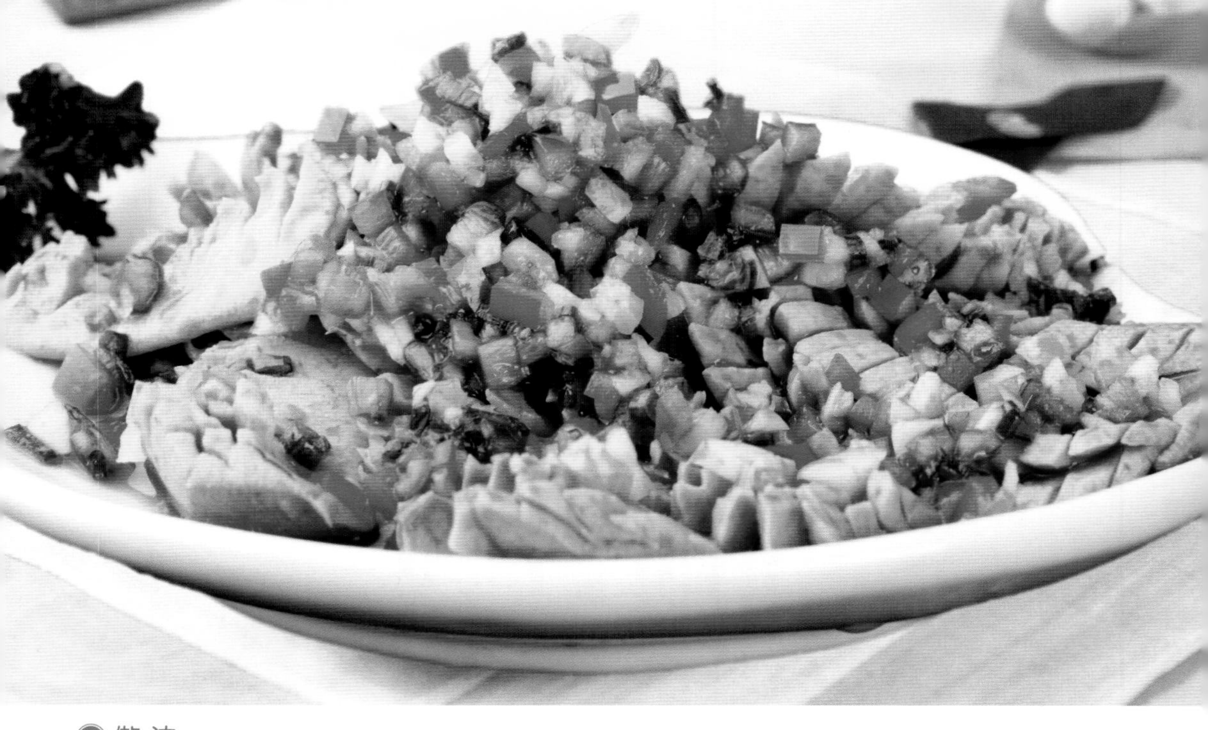

做 法

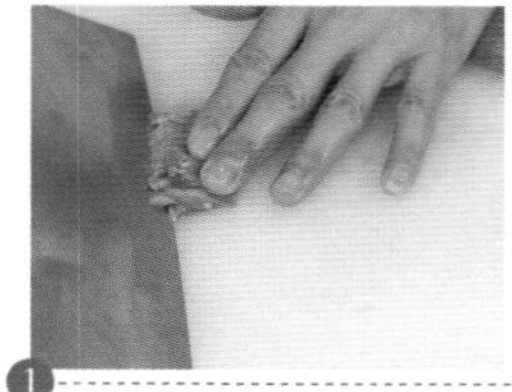

1. 猪腰洗净切半，去筋膜，切片。

2. 腰花中加入料酒、味精、盐、生粉，拌匀，腌制。

3. 锅中注水烧开，倒入猪腰花片，煮熟捞出，装碗。

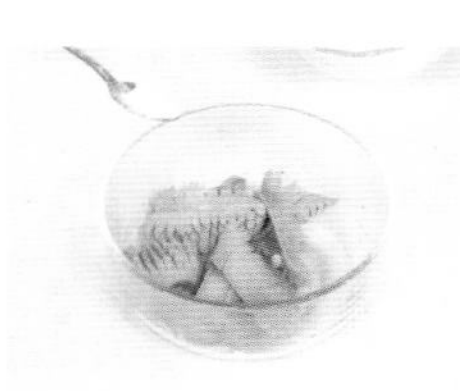

4. 加盐、味精、辣椒油、陈醋、白糖、蒜末、葱花、青椒末、红椒末拌匀。

蒜泥腰花

烹饪时间 Times 2分钟

◉难易度：★☆☆ ◉营养功效：保肝护肾

原料

猪腰300克，蒜末、葱花各少许

调料

盐3克，味精1克，芝麻油、生抽、白醋、料酒各适量

做法

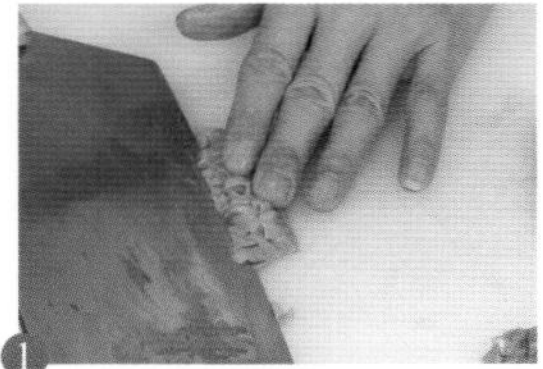

1 猪腰洗净去筋膜，切片，放入清水中，加白醋洗净。

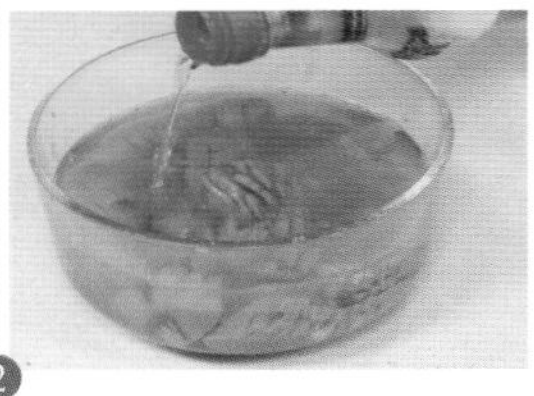

2 猪腰花片中加入料酒、盐、味精拌匀，腌制。

3 沸水锅中放入猪腰花片、料酒，煮熟捞出。

4 将腰花盛入碗中，加入芝麻油、生抽、蒜末、葱花，拌匀。

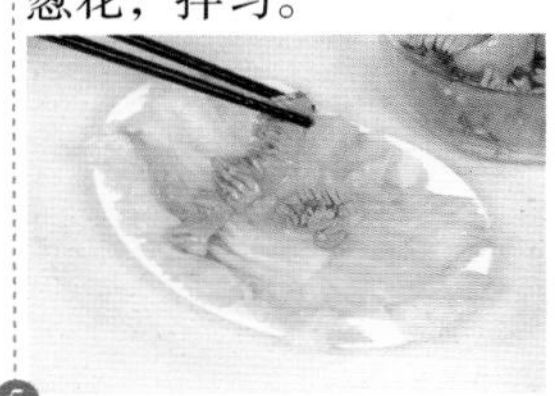

5 将拌好的猪腰花片摆入盘中，浇上碗中的味汁即可。

烹饪小提示

猪腰的白色纤维膜内有肾上腺，它富含皮质激素和髓质激素，烹饪前必须清除。

辣子肥肠

◉难易度：★☆☆　◉营养功效：增强免疫力

原料

肥肠400克，青椒、红椒各20克，干辣椒5克，姜片、蒜末、葱白各少许

调料

食用油、盐、老抽、生抽、料酒、味精、鸡粉、辣椒酱、辣椒油、水淀粉各适量

烹饪小提示

用淘米水清洗猪肠，反复几次，可以洗得较干净。

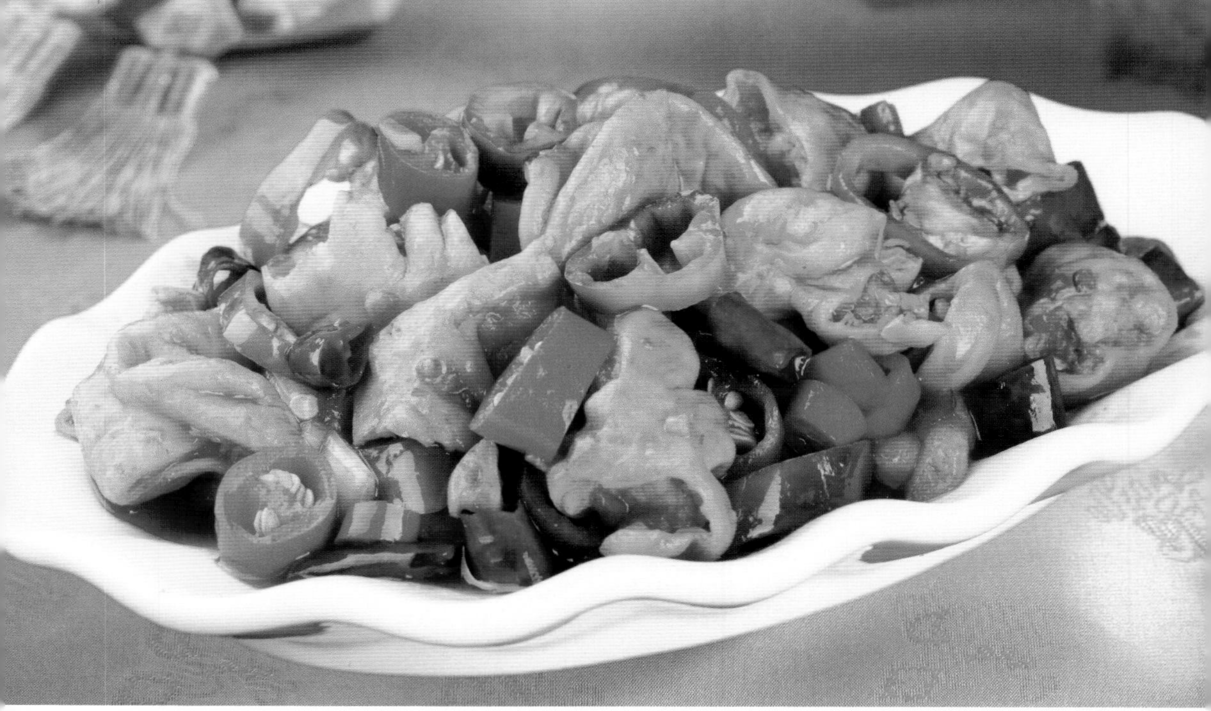

做法

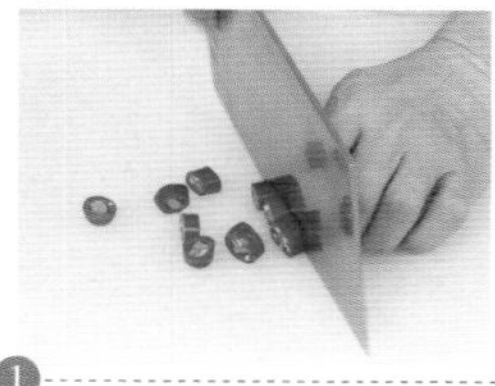

1 青椒、红椒分别洗净切成圈；肥肠洗净切成块。

2 用油起锅，放入姜片、蒜末、葱白、干辣椒、肥肠，炒熟。

3 放入老抽、生抽、料酒、青椒、红椒、辣椒酱、辣椒油。

4 加入盐、味精、鸡粉、水淀粉，炒匀，盛入盘内即可。

泡椒肥肠

◉难易度：★☆☆ ◉营养功效：益气补血

原 料

熟大肠300克，灯笼泡椒60克，蒜梗30克，干辣椒、姜片、蒜末、葱白各少许

调 料

盐3克，水淀粉10毫升，鸡粉3克，老抽3毫升，白糖3克，食用油、料酒各适量

做 法

1.蒜梗洗净切段；灯笼泡椒切半；熟大肠切成块。2.用食用油起锅，爆香姜片、蒜末、葱白，倒入肥肠、干辣椒翻炒匀。3.加入老抽、料酒炒香，倒入灯笼泡椒，加入蒜梗，调入盐、白糖、鸡粉。4.用水淀粉勾芡，加少许烧热的食用油炒匀，盛出装入盘中即可。

泡椒猪小肠

◉难易度：★☆☆ ◉营养功效：开胃消食

原 料

熟猪小肠150克，白萝卜250克，灯笼泡椒、蒜末、姜片、豆瓣酱、葱白各少许

调 料

味精、盐、鸡粉、水淀粉、料酒、蚝油、食用油各适量

做 法

1.白萝卜去皮洗净，切片；灯笼泡椒对半切开；熟猪小肠切段。2.锅中注水烧开，放入盐、白萝卜，煮熟捞出，再倒入猪小肠，煮熟捞出。3.用油起锅，炒香蒜末、姜片、豆瓣酱、葱白，倒入熟猪小肠、灯笼泡椒，加料酒、蚝油炒匀。4.放入白萝卜片、味精、盐、鸡粉、水淀粉和蚝油炒至食材入味即可。

干煸肥肠

◉难易度：★☆☆ ◉营养功效：养心润肺

原料

熟肥肠200克，洋葱70克，干辣椒7克，花椒6克，蒜末、葱花各少许

调料

鸡粉、盐各2克，辣椒油适量，生抽4毫升，食用油适量

烹饪小提示

处理肥肠时，要将里面的肥油刮干净，这样味道会更好。

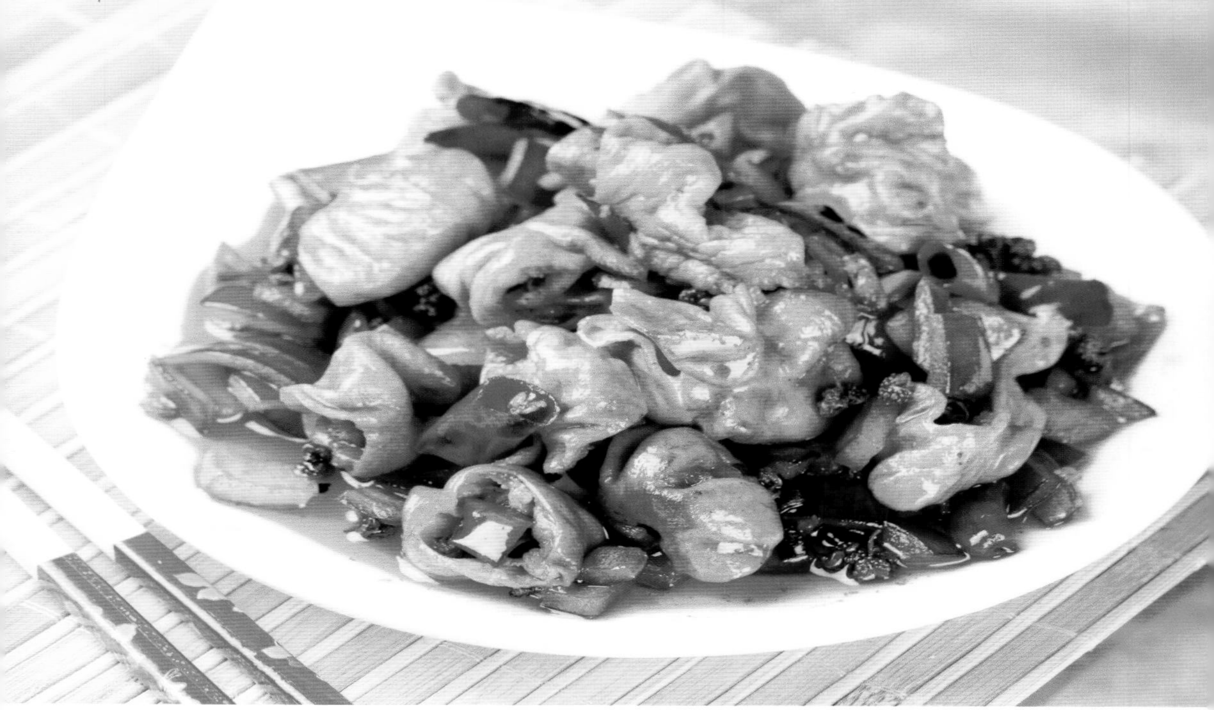

做法

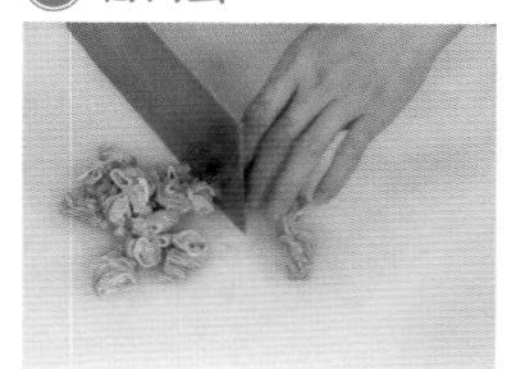

1 洗净的洋葱切成小块；熟肥肠切成段。

2 锅中注油烧热，倒入洋葱块炸熟，捞出。

3 锅底留油，放入蒜末、干辣椒、花椒、肥肠、生抽，炒匀。

4 放入洋葱块、鸡粉、盐、辣椒油、葱花，炒匀即可。

做法

1 熟猪肚切薄片；红椒、青椒均洗净去籽，切菱形片。

2 油锅烧热，爆香葱段、姜片、蒜蓉，放入熟猪肚片、辣椒酱，炒匀。

3 倒入料酒、青椒片、红椒片，拌炒至断生。

4 加盐、味精调味，放入少许蚝油翻炒至入味。

5 用水淀粉勾芡，淋入芝麻油，翻炒均匀即成。

烹饪时间 Times 3分钟

尖椒炒猪肚

◉难易度：★☆☆　◉营养功效：开胃消食

原料

熟猪肚250克，青椒150克，红椒40克，姜片、蒜蓉、葱段各少许

调料

盐3克，料酒、味精、辣椒酱、蚝油、芝麻油、水淀粉、食用油各少许

烹饪小提示

由于猪肚韧性强，所以切时不宜太大块，以免食用时久嚼不烂。

红油拌肚丝

◉难易度：★☆☆　◉营养功效：增强免疫力

原 料

熟猪肚200克，红椒丝、蒜末各少许

调 料

盐3克，鸡粉1克，辣椒油、鲜露、生抽、味精、白糖、老抽、芝麻油各适量

烹饪小提示

猪肚内含有较多的黏液，需用盐、生粉反复揉捏搓匀，再用清水洗净。

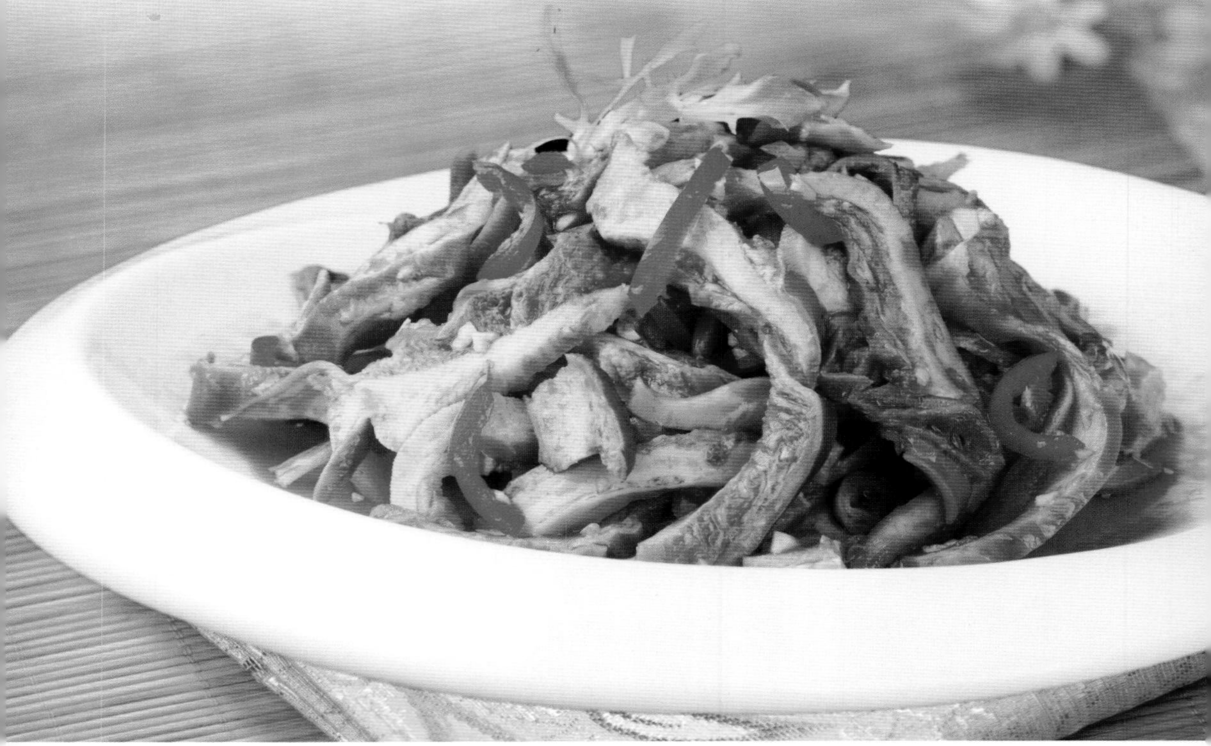

做 法

1. 锅中加入水烧开，加入鲜露，倒入洗净的熟猪肚。

2. 加入生抽、味精、白糖、老抽，慢火煮至猪肚入味，盛出。

3. 将熟猪肚切丝，装碗，加入红椒丝、蒜末、盐、鸡粉拌匀。

4. 加入少许辣椒油、芝麻油，拌匀，装入盘中即成。

辣拌肚丝

◉难易度：★☆☆ ◉营养功效：开胃消食

原料

熟猪肚300克，青椒、红椒各20克，干辣椒5克，蒜末少许

调料

盐3克，鸡粉2克，陈醋、辣椒油、花椒油、食用油各适量

做法

1.洗净的红椒、青椒切成圈；熟猪肚切成丝。2.用食用油起锅，倒入干辣椒、蒜末爆香。3.倒入青椒圈、红椒圈，炒香。4.淋入辣椒油、花椒油，拌炒均匀。5.加入适量陈醋、盐、鸡粉，炒匀，制成调味料。6.将熟猪肚丝盛入碗内，倒入调味料，拌至入味，盛出装入盘中即可。

酸菜拌肚丝

◉难易度：★☆☆ ◉营养功效：开胃消食

原料

熟猪肚150克，酸菜200克，青椒20克，红椒15克，蒜末少许

调料

盐2克，鸡粉、生抽、芝麻油、食用油各适量

做法

1.酸菜洗净切碎；青椒、红椒均洗净，去籽切丝；熟猪肚切成丝。2.锅中加入水烧开，加入食用油，倒入酸菜，煮1分钟。3.加入青椒丝、红椒丝，煮约半分钟，捞出。4.取一个干净的玻璃碗，倒入煮好的酸菜、青椒丝、红椒丝。5.倒入熟猪肚丝，加入蒜末、盐、鸡粉，淋入生抽、芝麻油，拌匀即可。

老干妈拌猪肝

◉难易度：★☆☆　◉营养功效：益气补血

原 料

卤猪肝100克，老干妈10克，红椒10克，葱花少许

调 料

盐3克，味精2克，生抽、辣椒油各适量，老干妈豆豉酱10克

烹饪小提示

制作此菜时，加入少许香油，味道更加鲜香。

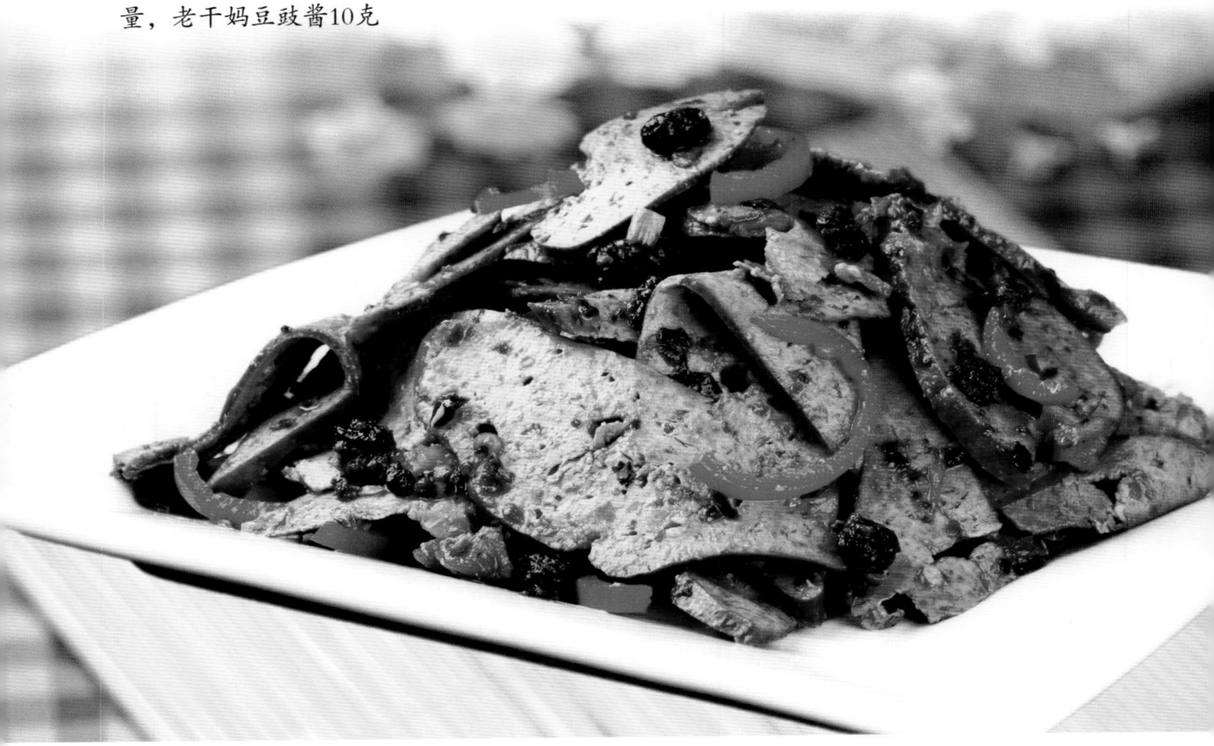

做 法

1. 将卤猪肝切薄片，装入碗中；洗净的红椒去籽，切丝。

2. 在装卤猪肝片的碗中加入红椒丝、老干妈、葱花，拌匀。

3. 加入少许盐、味精、生抽，拌匀。

4. 淋入少许辣椒油，拌匀，装入盘中即成。

做法

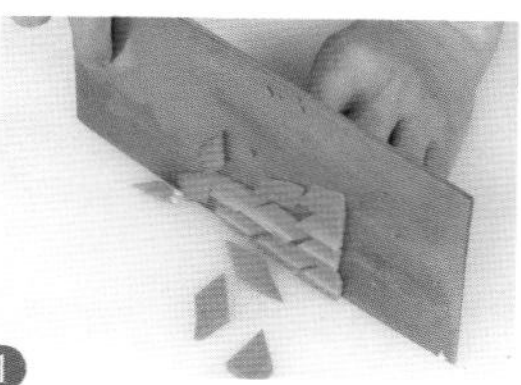

1 木耳、青椒均洗净切块；胡萝卜去皮切片。

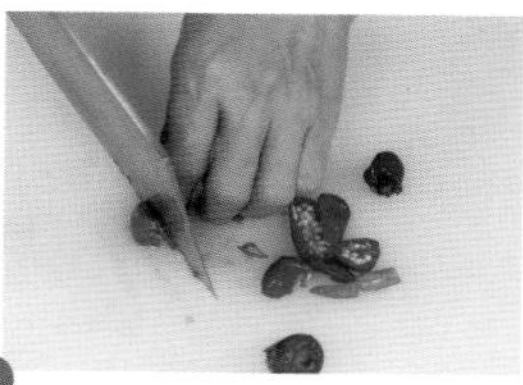

2 泡椒对半切开；猪肝洗净切片，用盐、鸡粉、料酒、水淀粉腌制。

3 将木耳、胡萝卜片焯熟捞出。

4 起油锅，放姜葱蒜、猪肝片、料酒，炒匀。

5 加豆瓣酱、木耳、胡萝卜、青椒、泡椒、盐、鸡粉、水淀粉炒匀即可。

烹饪时间 Times 2分钟

泡椒爆猪肝

◉难易度：★☆☆ ◉营养功效：益气补血

原料

猪肝200克，木耳80克，胡萝卜60克，青椒、泡椒、姜片、蒜末、葱段各少许

调料

盐4克，鸡粉3克，料酒10毫升，豆瓣酱8克，水淀粉10毫升，食用油适量

烹饪小提示

猪肝宜用大火快炒，这样炒出的猪肝才脆嫩爽口。

干锅猪肘

◉难易度：★☆☆　◉营养功效：增强免疫力

原 料

卤猪肘200克，菜心20克，干辣椒15克，高汤、花椒、姜片、葱段各适量

调 料

盐2克，味精、白糖、蚝油、料酒、辣椒油、豆瓣酱、食用油各适量

烹饪小提示

制作此菜时，加入少许香油，味道更加鲜香。

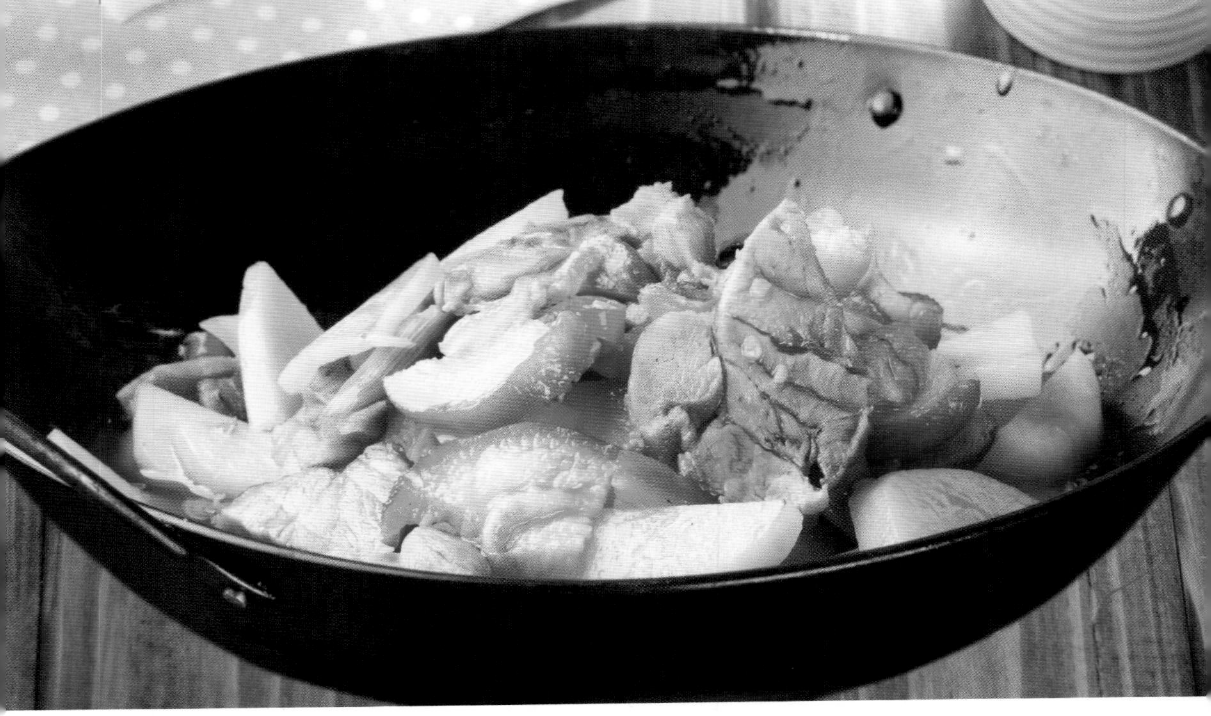

做 法

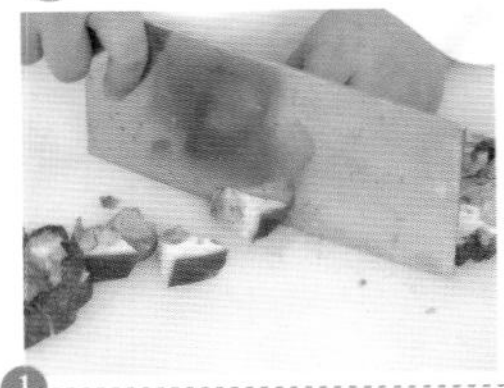

1. 卤猪肘切成块；菜心洗净，切开梗。

2. 用油起锅，倒入干辣椒、花椒、姜片和葱段爆香。

3. 加入豆瓣酱、卤猪肘、菜心、料酒、高汤，拌炒匀。

4. 放盐、味精、白糖、蚝油、辣椒油、葱段拌匀，盛入干锅。

回锅猪肘

◉难易度：★☆☆　◉营养功效：增强免疫力

烹饪时间 Times 3分钟

原料

卤猪肘160克，杭椒25克，蒜末、朝天椒末各适量

调料

盐2克，蚝油、味精、料酒、水淀粉、豆瓣酱、食用油各适量

做法

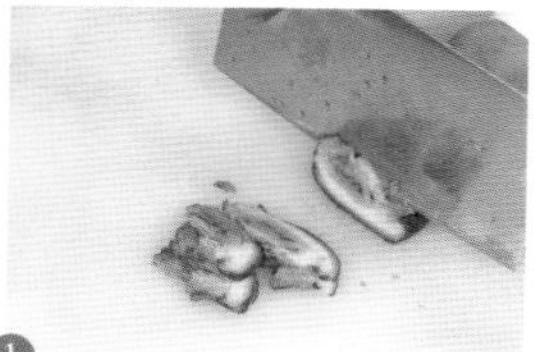

1 卤猪肘切成片；洗好的杭椒切成片。

2 热锅中注油，倒入卤猪肘、蒜末、朝天椒末，炒匀。

3 加入豆瓣酱，炒出香味，淋入料酒，炒匀。

4 倒入杭椒拌炒至熟，加入盐、蚝油炒匀入味。

5 加入味精炒匀，用水淀粉勾芡，盛入盘中即可食用。

烹饪小提示

在切辣椒时，先将刀在冷水中蘸一下，就不会辣眼睛。

香辣猪手

◉难易度：★☆☆　◉营养功效：增强免疫力

烹饪时间 Times 31分钟

原 料

猪手200克，生姜片、干辣椒、草果、香叶、桂皮、干姜、八角、花椒、姜片、葱结各适量

调 料

豆瓣酱10克，麻辣鲜露5毫升，盐25克，味精、生抽、老抽、食用油各适量

烹饪小提示

猪手入锅卤制前，可以用竹签在猪皮上扎孔，这样可以缩短卤制时间，而且更易入味。

做 法

1. 热锅注油，炒香姜片、葱结、草果、香叶、桂皮、干姜、八角、花椒。

2. 倒入豆瓣酱、水、麻辣鲜露、盐、味精、生抽、老抽煮成卤水。

3. 将卤水倒入锅中，加入备好的姜片、干辣椒、猪手。

4. 卤煮30分钟，取出猪手，装入盘中，浇上卤汁即可。

做法

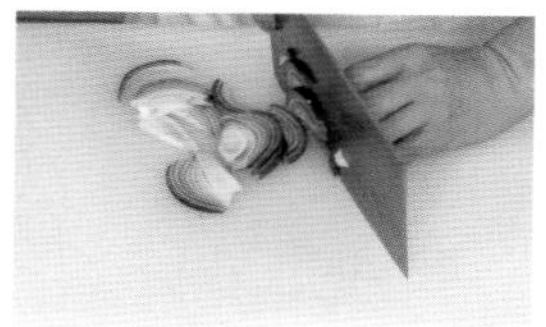

1 洋葱、青椒、红椒、茭白、牛里脊肉洗净切丝。

2 牛里脊加食粉、生抽、鸡粉、盐、水淀粉、油腌制。

3 茭白丝加盐煮熟捞出；牛里脊肉丝滑油捞出。

4 油锅下姜片、葱段、蒜末、豆瓣酱、洋葱炒匀。

5 放青、红椒，茭白、牛肉、料酒、生抽、盐、鸡粉、水淀粉，炒匀。

烹饪时间 Times 2分钟

小炒牛肉丝

◉难易度：★☆☆ ◉营养功效：增强免疫力

原料

牛里脊肉300克，茭白100克，洋葱、青椒、红椒、姜片、蒜末、葱段各适量

调料

盐、鸡粉各4克，食粉、水淀粉、生抽、料酒、豆瓣酱、食用油各适量

烹饪小提示

牛肉入锅后，应大火快炒，炒至变色后即可出锅，以免肉质变老，口感变差。

麻辣牛肉

◉难易度：★☆☆　◉营养功效：增强免疫力

原 料

牛肉300克，青椒、红椒各15克，辣椒面6克，姜片、蒜末、葱白各适量

调 料

食用油、盐、食粉、生抽、生粉、味精、料酒、鸡粉、蚝油、老抽、花椒油、辣椒油、水淀粉适量

烹饪小提示

牛肉用冷水浸泡两小时以上再烹饪，可去除血水，同时也能去除腥味。

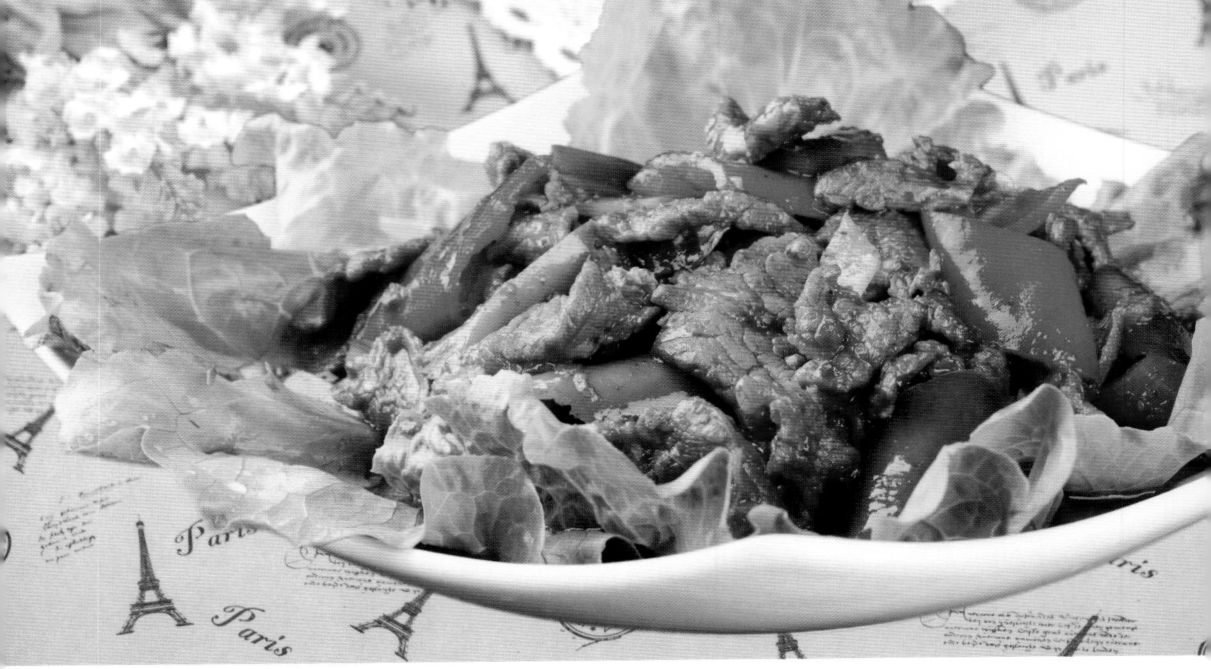

做 法

1 红、青椒切块；牛肉切片用食粉、生抽、味精、盐、生粉、油腌制。

2 青椒、红椒焯水捞出；用油起锅，倒入牛肉片，滑油捞出。

3 油锅放姜片、蒜末、葱白、辣椒面、青椒、红椒、牛肉片、盐、鸡粉。

4 加入蚝油、老抽、料酒、花椒油、辣椒油炒熟，用水淀粉勾芡即可。

平锅牛肉

◉难易度：★☆☆ ◉营养功效：增强免疫力

原料

牛肉400克，蒜薹60克，朝天椒25克，大白菜叶30克，姜片、蒜末、葱白各少许

调料

食用油、盐、食粉、生抽、味精、白糖、生粉、料酒、蚝油、辣椒酱、水淀粉各适量

做法

1.牛肉洗净切块；蒜薹、朝天椒均洗净切丁。2.牛肉中加盐、食粉、生抽、味精、白糖、生粉、食用油腌制。3.将大白菜叶、蒜薹、牛肉焯水捞出；热油锅，放入牛肉滑油至变色捞出。4.锅底留油，倒入姜片、蒜末、葱白、朝天椒、蒜薹、牛肉、水淀粉、料酒、辣椒酱、蚝油炒匀，倒入锅底铺大白菜叶的锅中。

陈皮牛肉

◉难易度：★☆☆ ◉营养功效：增强免疫力

原料

牛肉350克，陈皮20克，蒜苗段50克，红椒片25克，姜片、蒜末、葱白各少许

调料

食用油、盐、味精、食粉、生抽、生粉、蚝油、白糖、料酒、辣椒酱、水淀粉各适量

做法

1.牛肉洗净切片，加入盐、味精、食粉、生抽、生粉、食用油腌制。2.热油锅，放入牛肉片滑油捞出。3.锅底留油，爆香姜片、蒜末、葱白。4.倒入陈皮、红椒片、牛肉片。5.加入盐、蚝油、味精、白糖，放入料酒、辣椒酱，加入水淀粉勾芡，撒上蒜苗段，淋入烧热的食用油炒匀即可。

双椒炒牛肉

◉难易度：★☆☆　◉营养功效：增强免疫力

烹饪时间 Times 3分钟

原料

牛肉200克，青椒、红椒各20克，小米泡椒、姜片、蒜末、葱段、葱花各少许

调料

盐、味精各5克，水淀粉、食粉、生抽、料酒、蚝油、食用油、豆瓣酱各适量

烹饪小提示

牛肉不易煮烂，烹饪时放少许山楂、橘皮或茶叶有利于牛肉熟烂。

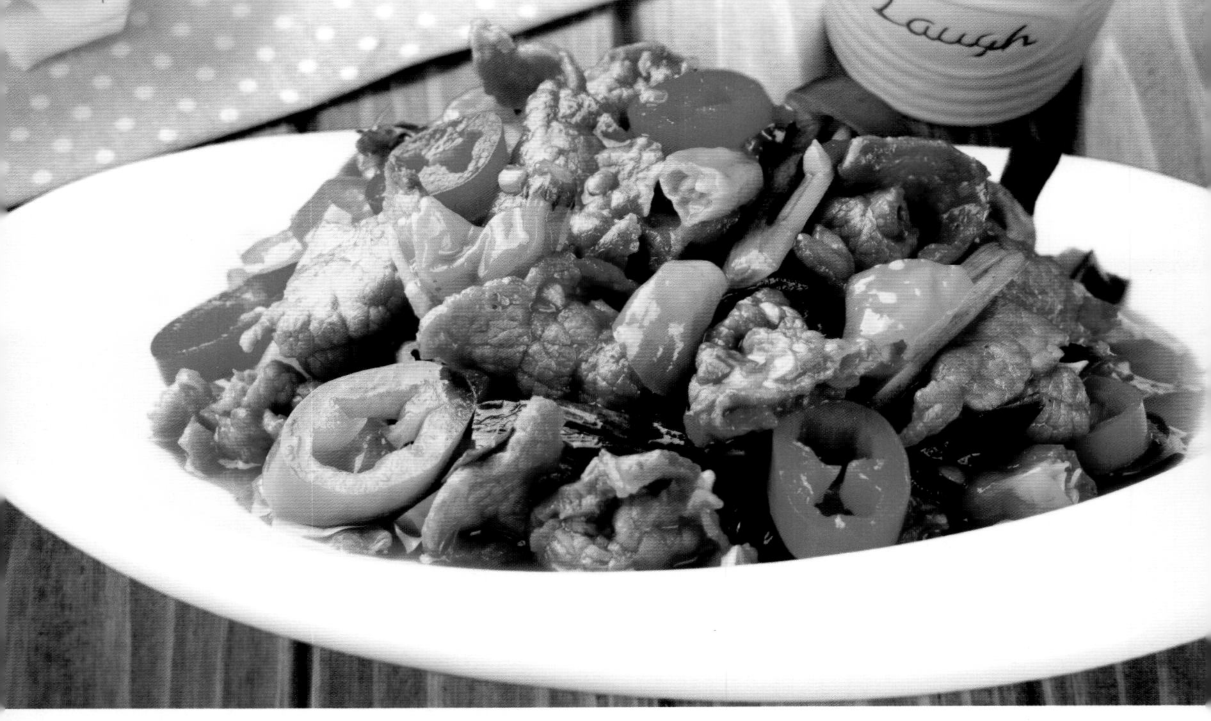

做法

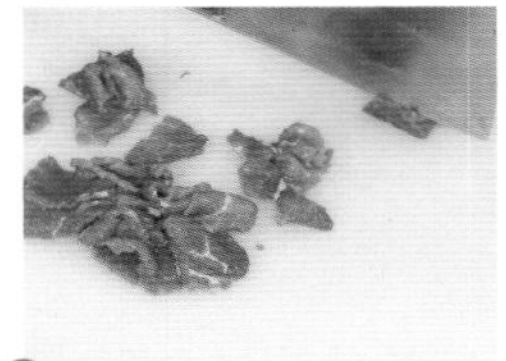

1. 小米泡椒切段；红椒、青椒均洗净切圈；牛肉洗净切片。

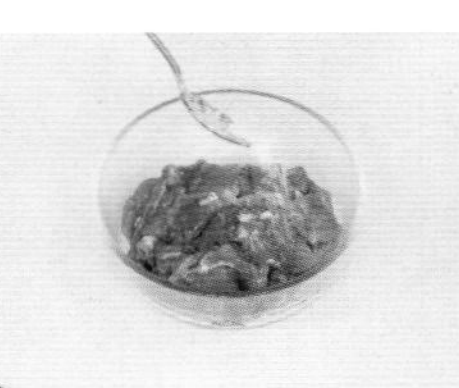

2. 牛肉片用食粉、生抽、盐、味精、水淀粉、食用油腌渍。

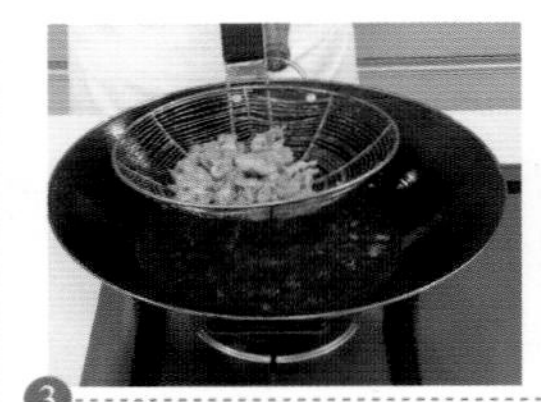

3. 牛肉片滑油捞出；锅底留油，炒香姜片、蒜末、葱段、青椒、红椒。

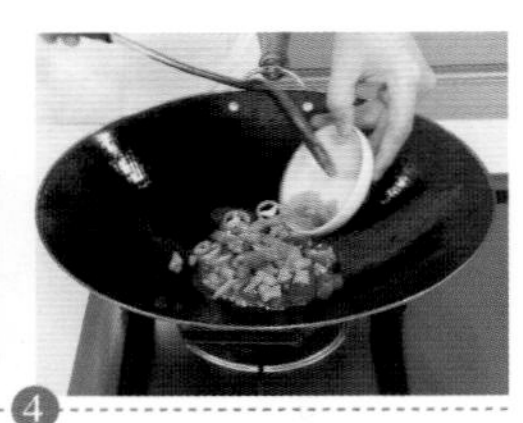

4. 放小米泡椒、牛肉、盐、料酒、味精、蚝油、豆瓣酱、水淀粉、葱花炒匀。

泡椒炒牛肉

◉难易度：★☆☆　◉营养功效：益气补血

原料

牛肉200克，灯笼泡椒、青泡椒、泡菜、朝天椒末、姜片、蒜片、葱白、葱段各适量

调料

盐、味精、料酒、生抽、水淀粉、食粉、食用油各适量

做法

1.灯笼泡椒切半；牛肉洗净切片，倒入适量食粉、盐、味精、料酒、水淀粉、食用油，浸制10分钟。2.热锅中注入食用油，倒入牛肉片，滑油捞出。3.锅留底油，爆香姜片、蒜片、葱白，倒入灯笼泡椒、亲泡椒、泡菜和朝天椒末炒匀，倒入牛肉片、生抽拌匀。4.撒入葱段，翻炒匀，盛入盘中即可。

牙签牛肉

◉难易度：★☆☆　◉营养功效：保肝护肾

原料

牛肉200克，牙签适量，干辣椒15克，花椒5克，葱15克，生姜块30克

调料

盐、味精、豆瓣酱、料酒、水淀粉、花椒粉、孜然粉、白芝麻、食用油各适量

做法

1.牛肉洗净切块；生姜去皮，洗净切末；葱切葱花；葱花、生姜末装入碗中加入料酒，拌匀，加入盐、味精、水淀粉，将牛肉腌制10分钟，用竹签将牛肉串成波浪形。2.热锅注油，倒牛肉炸熟捞出。3.锅留油，放入花椒、干辣椒、姜末、豆瓣酱、牛肉、孜然粉、花椒粉炒匀，盛出后撒白芝麻、葱花即可。

干煸牛肉丝

◉难易度：★☆☆ ◉营养功效：防癌抗癌

原料

牛肉300克，胡萝卜95克，芹菜90克，花椒、干辣椒、蒜末各少许

调料

盐4克，鸡粉3克，生抽、水淀粉、料酒、豆瓣酱、食粉、食用油各适量

烹饪小提示

切牛肉丝时，要顺着纹理横切，这样更易咀嚼。

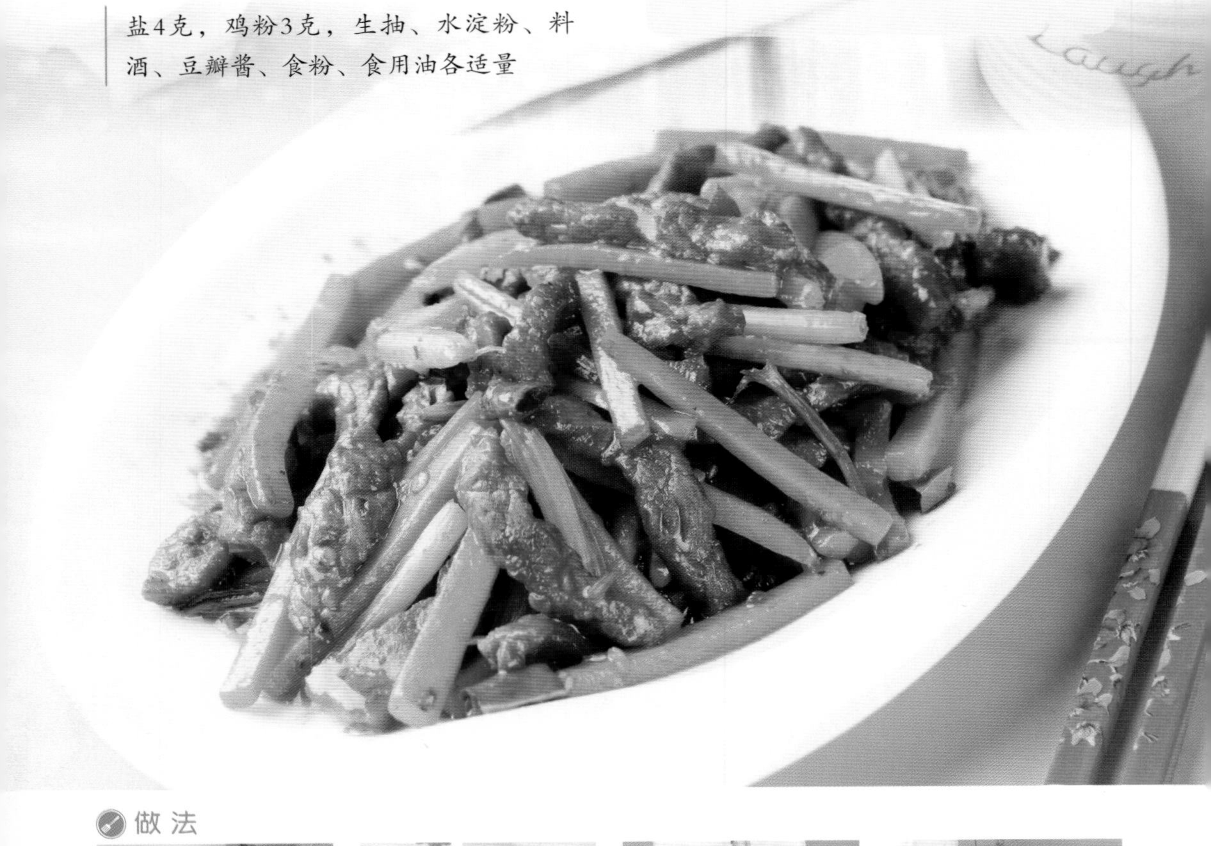

做法

1. 芹菜洗净切段；胡萝卜洗净去皮切条；牛肉洗净切丝。

2. 牛肉丝用食粉、生抽、盐、鸡粉、水淀粉、食用油腌制。

3. 胡萝卜焯熟捞出；牛肉丝滑油捞出；油锅放入花椒、干辣椒、蒜末。

4. 下胡萝卜、芹菜、牛肉丝、料酒、豆瓣酱、生抽、盐、鸡粉炒匀。

鱼香牛柳

◉难易度：★☆☆ ◉营养功效：开胃消食

原料

牛肉150克，莴笋100克，竹笋100克，木耳80克，红椒15克，姜片、蒜末、葱段各少许

调料

豆瓣酱10克，盐4克，鸡粉3克，食粉2克，生抽、陈醋、料酒、水淀粉、食用油各适量

做法

1.木耳、竹笋、莴笋、红椒均洗净切丝；牛肉拍松切成牛柳。2.牛柳中加入生抽、盐、鸡粉、食粉、水淀粉、食用油腌制；竹笋、木耳焯水。3.起油锅，爆香姜片、蒜末、葱段，放入牛柳滑炒，倒入莴笋、红椒、竹笋、木耳。4.调入料酒、豆瓣酱、盐、鸡粉、生抽、陈醋，加入水淀粉勾芡即成。

金汤肥牛

◉难易度：★☆☆ ◉营养功效：养心润肺

原料

熟南瓜300克，肥牛卷200克，朝天椒圈少许

调料

盐、味精、鸡粉、水淀粉、料酒、食用油各适量

做法

1.熟南瓜装碗，加入清水，将南瓜压烂拌匀，滤出南瓜汁备用。2.锅中加入水烧开，放入肥牛卷，煮沸捞出。3.用食用油起锅，倒入肥牛卷，加入料酒炒香，倒入南瓜汁。4.加入盐、味精、鸡粉调味，加入水淀粉勾芡，淋入烧热的食用油拌匀。5.烧煮至入味，盛出装盘，用朝天椒圈点缀即可。

葱韭牛肉

◉难易度：★☆☆　◉营养功效：益气补血

原 料

牛腱肉300克，南瓜220克，韭菜、小米椒、泡小米椒、姜片、葱段、蒜末各适量

调 料

鸡粉2克，盐3克，豆瓣酱、料酒、生抽、老抽、五香粉、水淀粉、冰糖各适量

烹饪小提示

切牛肉前可以先用刀背剁几下，这样更易入味，口感也更佳。

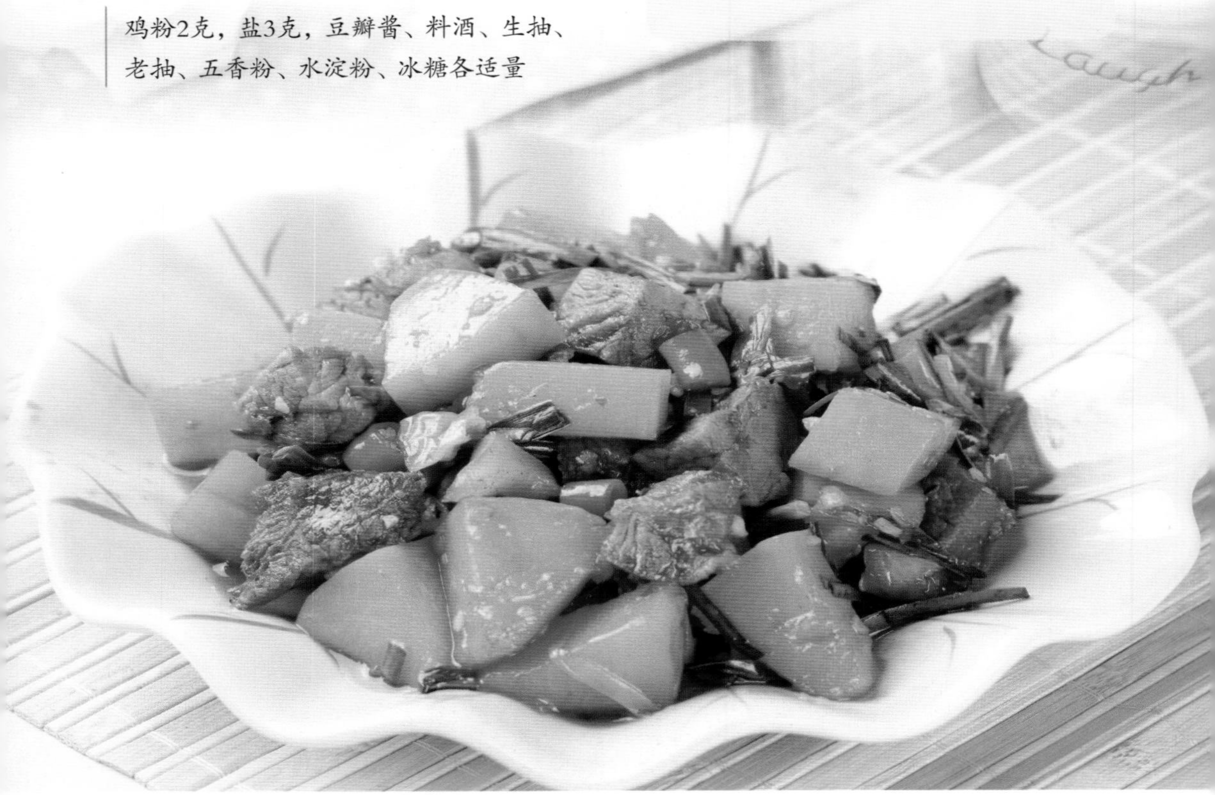

做 法

1 沸水锅加老抽、鸡粉、盐、牛腱肉、五香粉，煮熟捞出。

2 小米椒切圈；泡小米椒切碎；韭菜切段；南瓜、牛腱肉均切块。

3 起油锅，放蒜姜葱、小米椒、泡小米椒、牛肉块、料酒、豆瓣酱。

4 放生抽、老抽、盐、南瓜块、冰糖、水、鸡粉、韭菜段、水淀粉炒匀。

辣炒牛肉

◉难易度：★☆☆ ◉营养功效：增强免疫力

原 料

牛肉200克，洋葱100克，胡萝卜80克，干辣椒7克，青椒20克，姜片、蒜末、葱白各少许

调 料

盐3克，味精、鸡粉、蚝油、生抽、辣椒酱、辣椒油、食用油、食粉、水淀粉各适量

做 法

1.洋葱洗净切片；胡萝卜洗净切片。2.牛肉洗净切片，加入食粉、生抽、味精、盐、水淀粉、食用油腌制。3.青椒、胡萝卜、洋葱、牛肉滑油捞出。4.锅底留油，爆香蒜末、姜片、葱白、干辣椒，加入青椒、胡萝卜、洋葱、牛肉、盐、味精、鸡粉、蚝油、辣椒酱。5.加入辣椒油，加入水淀粉勾芡即可。

朝天椒炒牛肉

◉难易度：★☆☆ ◉营养功效：益气补血

原 料

牛肉300克，黄瓜150克，朝天椒20克，姜片、蒜末、葱白各少许

调 料

盐、味精、辣椒酱、蚝油、料酒、生抽、鸡粉、芝麻油、水淀粉、食粉、食用油各适量

做 法

1.黄瓜切丁；朝天椒切圈；牛肉切丁，加食粉、盐、味精、生抽、水淀粉、食用油腌制。2.用油起锅，倒入牛肉滑油捞出。3.锅底留油，炒香姜片、蒜末、葱白、朝天椒，倒入黄瓜丁、牛肉丁。4.调入料酒、盐、味精、蚝油、鸡粉。5.加辣椒酱炒匀，加入水淀粉勾芡。6.淋入少许芝麻油，翻炒片刻即可。

炝拌牛肉丝

◉难易度：★☆☆　◉营养功效：开胃消食

原料

卤牛肉100克，莴笋100克，红椒15克，白芝麻3克，蒜末少许

调料

盐3克，鸡粉2克，生抽8毫升，花椒油、芝麻油、食用油各适量

烹饪小提示

焯煮莴笋丝时要注意，焯的时间过长、温度过高，会使莴笋丝绵软，失去爽脆口感。

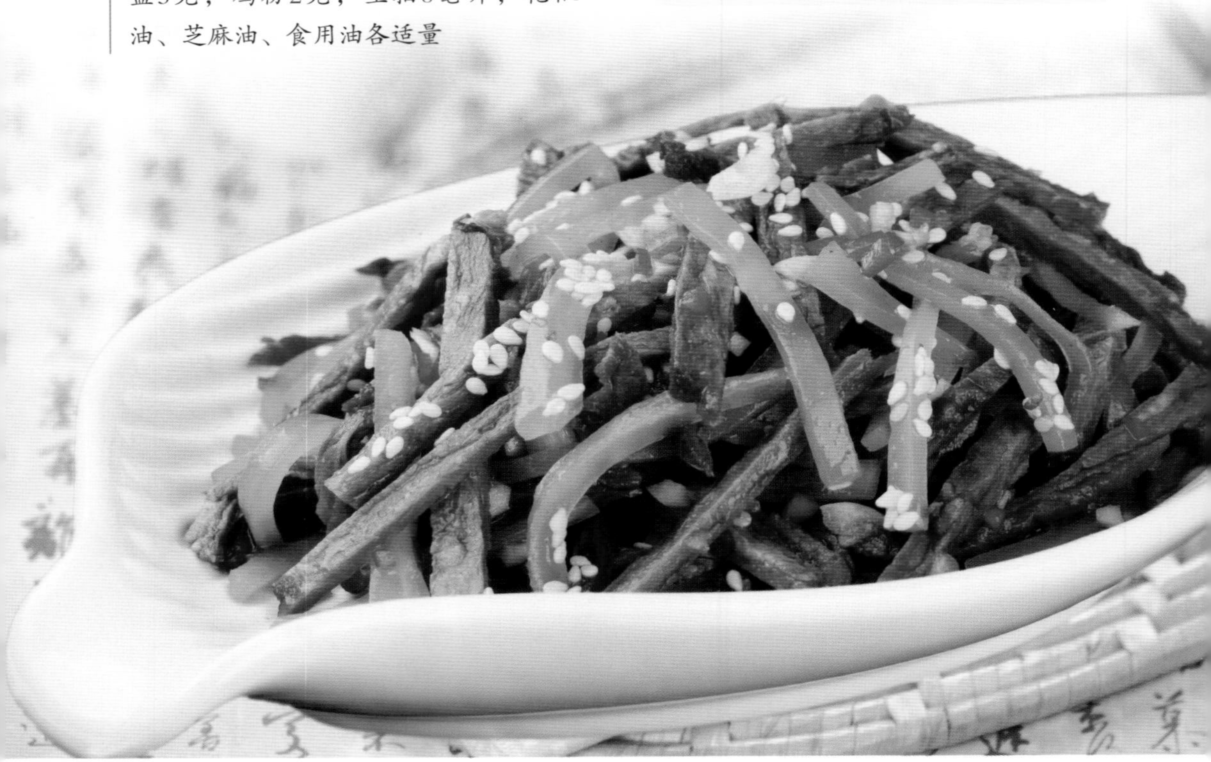

做法

1. 卤牛肉切丝；莴笋去皮洗净切丝；红椒洗净切粒。

2. 锅中加水烧开，加食用油、盐、莴笋，焯水捞出。

3. 将切好的牛肉丝、莴笋、蒜末、红椒粒装入碗中。

4. 加鸡粉、盐、生抽、花椒油、芝麻油，拌匀装盘，撒上白芝麻即成。

做法

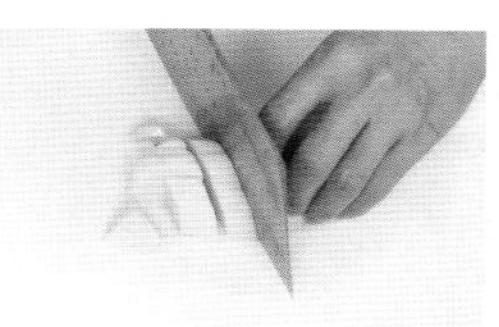

1 洗净去皮的土豆切成丁；洗净的红椒切成小块；熟牛腩切成块

2 用油起锅，爆香姜片、蒜末、葱段，放入牛腩，炒匀。

3 加入料酒、豆瓣酱、生抽、清水，拌炒匀。

4 放入土豆丁、盐、鸡粉，炒匀，炖15分钟。

5 放入红椒块、水淀粉，快速炒匀，盛出即可。

烹饪时间 Times 17分钟

土豆炖牛腩

◉难易度：★☆☆ ◉营养功效：养颜美容

原料

熟牛腩100克，土豆120克，红椒30克，蒜末、姜片、葱段各少许

调料

盐3克，鸡粉2克，料酒4毫升，豆瓣酱10克，生抽、水淀粉、食用油各适量

烹饪小提示

牛腩块炖煮后会缩小一些，所以在切块时可以切得稍微大一些。

开胃双椒牛腩

◉难易度：★☆☆　◉营养功效：开胃消食

烹饪时间 Times 4分钟

原 料

熟牛腩300克，青椒、红椒各20克，姜片、蒜末、葱白各少许

调 料

辣椒酱10克，料酒、生抽、盐、鸡粉、水淀粉、食用油各适量

烹饪小提示

烧牛腩（或羊肉、肥肉）时，放几枚红枣，肉会烂得特别快。

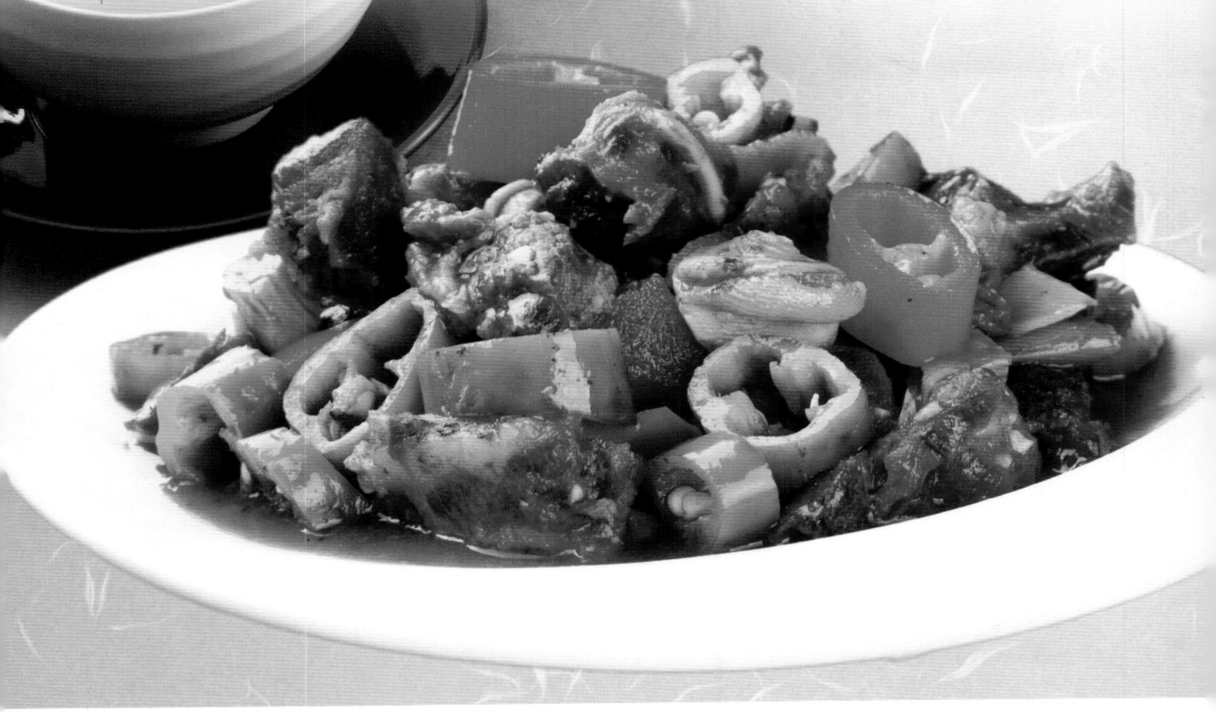

做 法

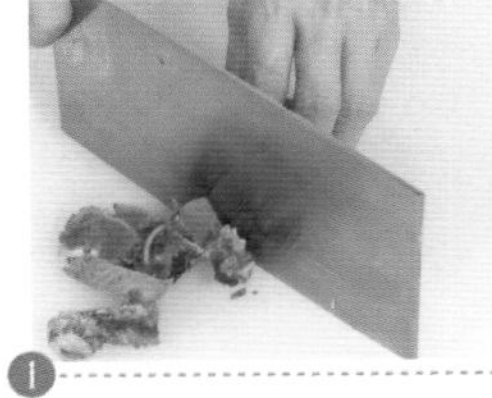

① 熟牛腩切成小块；洗净的红椒、青椒均切成圈。

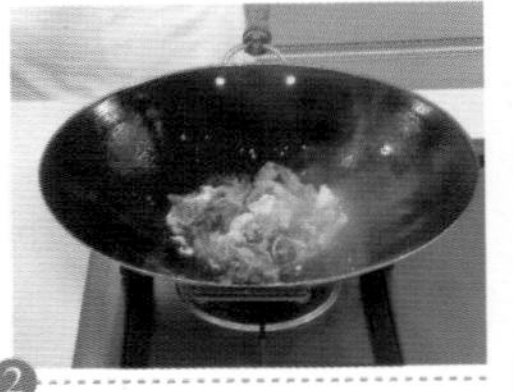

② 用油起锅，倒入姜片、蒜末、葱白、熟牛腩，炒匀。

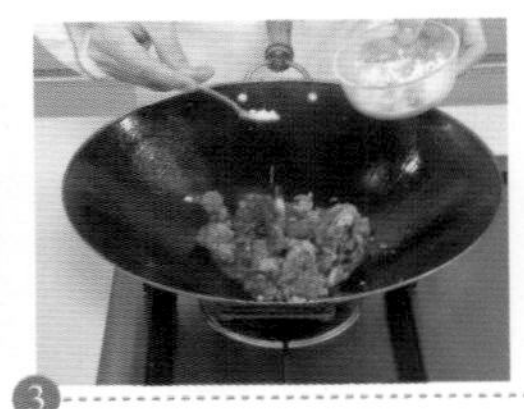

③ 加入辣椒酱、料酒、生抽、盐、鸡粉、清水，煮约1分钟。

④ 倒入青椒圈、红椒圈炒至断生，用水淀粉勾芡即成。

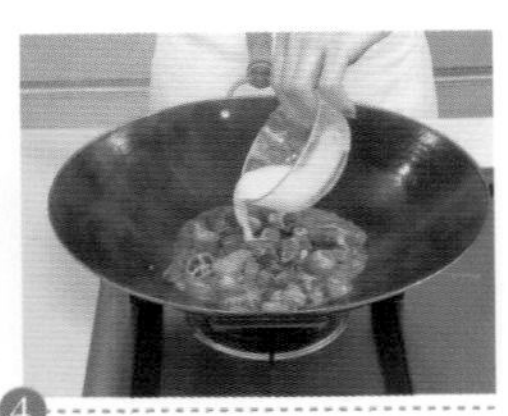

香辣牛腩煲

◉难易度：★☆☆ ◉营养功效：益智健脑

原料

熟牛腩200克，姜片、葱段各15克，干辣椒10克，山楂干15克，冰糖、蒜头、草果、八角各适量

调料

盐、鸡粉各2克，料酒、陈醋各8毫升，豆瓣酱10克，辣椒油、水淀粉、食用油各适量

做法

1.熟牛腩切块；蒜头洗净切片。2.热油炒香草果、八角、山楂干、姜片、蒜片。3.放入干辣椒、冰糖、熟牛腩块炒匀。4.加入料酒、豆瓣酱、陈醋、水、盐、鸡粉、辣椒油炒匀，小火焖15分钟。5.至食材熟透，倒入水淀粉勾芡。6.食材装入砂煲烧热，撒上葱段即可。

冬笋牛腩

◉难易度：★☆☆◉营养功效：增强免疫力

原料

冬笋300克，熟牛腩200克，胡萝卜块30克，姜片、蒜末、葱段各少许

调料

料酒4毫升，老抽4毫升，生抽4毫升，白糖3克，水淀粉、食用油各适量

做法

1.冬笋洗净，切滚刀块；熟牛腩切小块。2.用食用油起锅，倒入冬笋、胡萝卜块滑油捞出。3.用食用油起锅，炒香姜片、蒜末，倒入牛腩块、料酒、老抽、生抽、冬笋、胡萝卜块炒匀，注水，加入白糖调味。4.中火煮至食材熟软，大火收汁，倒入水淀粉勾芡，放入热油、葱段炒熟即成。

青椒炒牛心

◉难易度：★☆☆　◉营养功效：增强免疫力

原 料

牛心200克，青椒45克，红椒15克，姜片、蒜末、葱白各少许

调 料

盐3克，味精1克，生粉2克、蚝油、辣椒酱、生抽、料酒、水淀粉、食用油各适量

烹饪小提示

牛心形大，卤煮前可先剖开挖挤，去淤血，切去筋络，这样卤好的牛心味更醇。

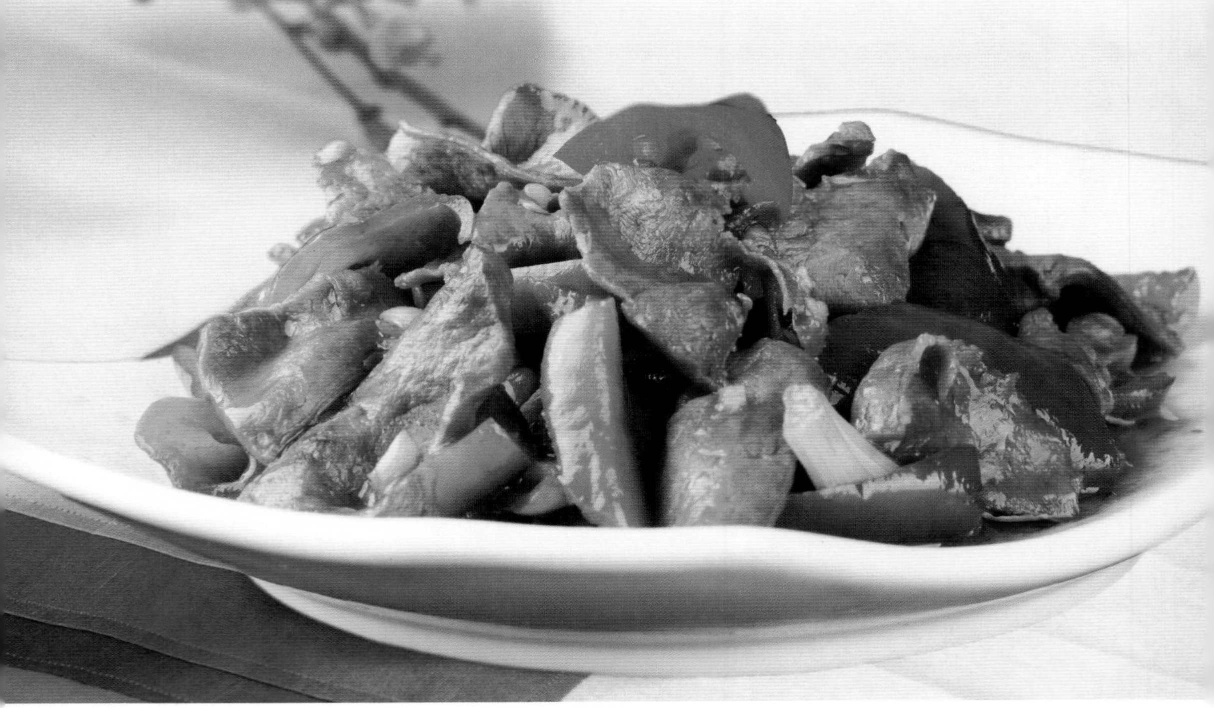

做 法

1. 青椒、红椒均洗净切块；牛心切片加盐、味精、生抽、生粉腌制。

2. 水烧开，加食用油、青椒、红椒煮沸捞出；牛心汆熟捞出。

3. 起油锅，放姜片、蒜末、葱白、牛心、料酒、青椒块、红椒块炒匀。

4. 倒盐、味精、生抽、蚝油、辣椒酱炒匀，用水淀粉勾芡即成。

麻辣牛心

烹饪时间 Times 2分钟

◉难易度：★☆☆ ◉营养功效：提神健脑

原料

熟牛心200克，青椒、红椒各15克，蒜末、葱花各少许

调料

盐2克，鸡粉、芝麻油、花椒油、辣椒油各适量

做法

1 洗净的红椒切圈；洗净的青椒切圈；熟牛心切成薄片。

2 将熟牛心片倒入碗中，加入蒜末、葱花、青椒圈、红椒圈。

3 倒入少许辣椒油、花椒油、芝麻油。

4 加入适量盐、鸡粉拌匀至入味。

5 将拌好的熟牛心片装入盘中即可。

烹饪小提示

如果用热油浇一下葱花，再把葱花倒入碗中拌制，可以使整道菜的味道更香。

红油牛百叶

◉难易度：★☆☆　◉营养功效：保肝护肾

原料

牛百叶350克，香菜25克，蒜蓉、红椒丝各少许

调料

辣椒油、盐、味精、陈醋、芝麻油、食用油各适量

烹饪小提示

烹煮牛百叶时，以水温80℃入锅最合适，烹煮时间不宜过长，否则会影响成菜口感。

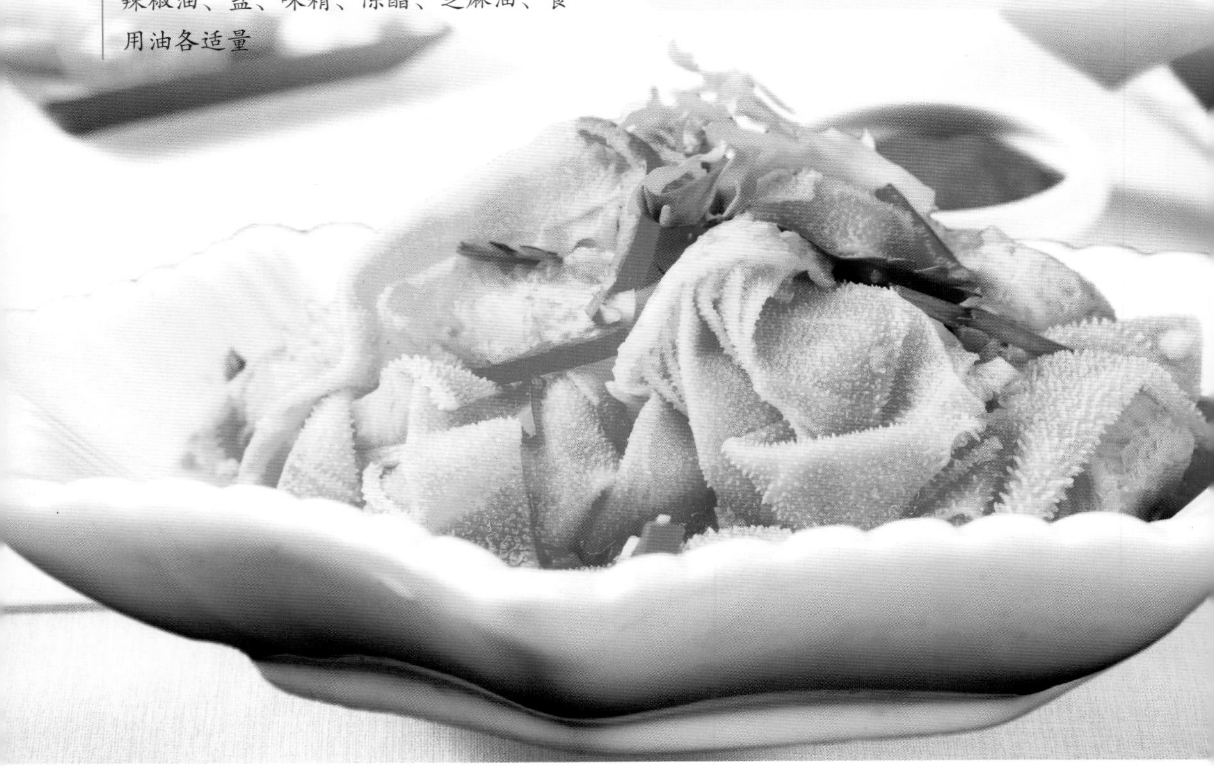

做法

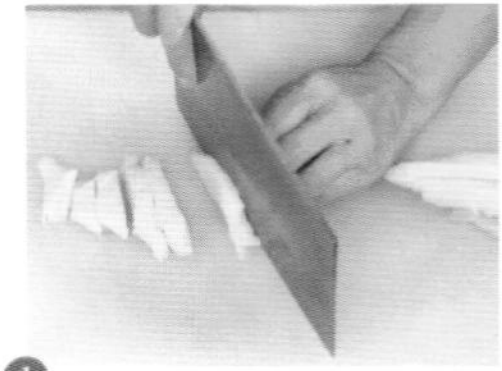

1. 牛百叶洗净切片；香菜洗净切碎。

2. 锅中放入水、食用油煮沸，加入盐、牛百叶汆熟捞出，装碗。

3. 将蒜蓉、红椒丝、香菜碎倒入碗中。

4. 加入辣椒油、味精、陈醋、芝麻油，搅拌均匀即成。

香菜拌黄喉

烹饪时间 Times 2分钟

◉难易度：★☆☆　◉营养功效：开胃消食

原料

熟黄喉150克，香菜20克，蒜末10克

调料

盐3克，鸡粉2克，生抽3毫升，陈醋5毫升，辣椒油少许

做法

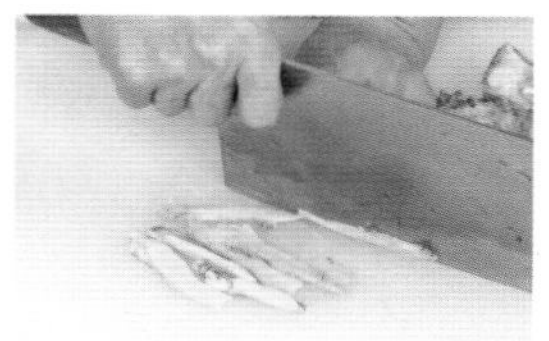

1. 把熟黄喉切开，再切成薄片；洗净的香菜切成均匀的段。

2. 把熟黄喉片放入碗中，加入香菜段。

3. 放入蒜末，加入适量鸡粉、盐。

4. 淋上少许生抽，加入适量陈醋。

5. 放入辣椒油，拌至入味，将拌好的食材盛入盘中即成。

烹饪小提示

黄喉两头有少量骨节和筋膜，烹饪前一定要去除，否则会严重影响其口感。

生炒脆肚

◉难易度：★☆☆　◉营养功效：开胃消食

原 料

鲜牛肚300克，小米椒30克，灯笼泡椒20克，蒜末、葱白各少许

调 料

盐、鸡粉、白糖、辣椒酱、料酒、水淀粉、食用油各适量

烹饪小提示

煮鲜牛肚时，加入少许胡椒粒同煮，便可去除其异味。

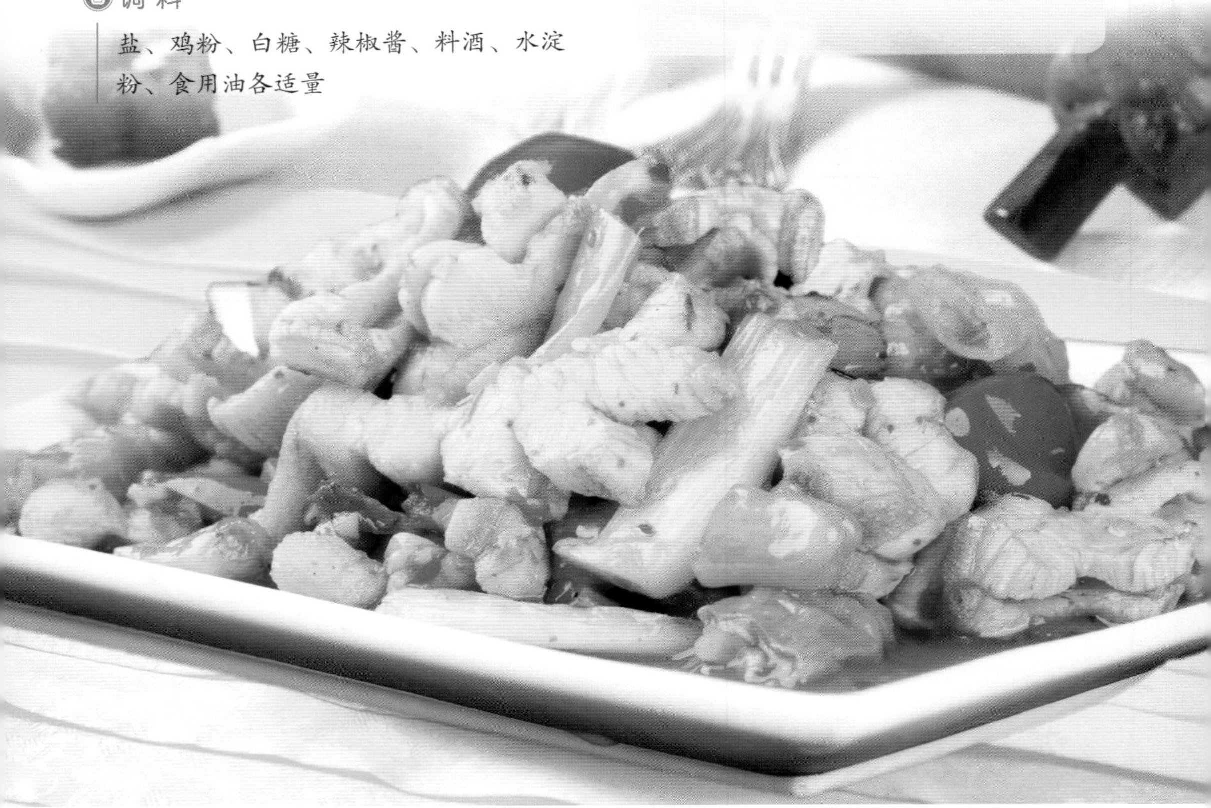

做 法

1. 灯笼泡椒切半；小米椒洗净切段；鲜牛肚洗净打上花刀，切块。

2. 锅中注水烧开，放入鲜牛肚块，煮约2分钟，捞出。

3. 起油锅，放入蒜末、葱白、牛肚块、料酒、小米椒和灯笼泡椒炒匀。

4. 加辣椒酱、盐、鸡粉、白糖，用水淀粉勾芡，淋入热油炒匀。

姜葱炒牛肚

◉难易度：★☆☆ ◉营养功效：保肝护肾

原料

熟牛肚150克，葱40克，生姜45克，红椒片、蒜末各少许

调料

盐、味精、蚝油、水淀粉、食用油各适量

做法

1.将去皮洗净的生姜切成薄片；洗净的葱切段；熟牛肚切斜成片。2.热水锅中倒入熟牛肚片，加入少许盐，煮沸，用漏勺捞出。3.用食用油起锅，倒入蒜末爆香，放入生姜片、葱白、熟牛肚片炒匀。4.加入料酒，倒入红椒片翻炒。5.加入盐、味精、蚝油，炒至入味，倒入葱叶炒匀。6.加入水淀粉勾芡，炒匀即可。

小炒鲜牛肚

◉难易度：★☆☆◉营养功效：增强免疫力

原料

熟牛肚200克，蒜薹80克，蒜末、姜片、红椒丝各少许

调料

盐、味精、辣椒酱、水淀粉、食用油各适量

做法

1.蒜薹洗净切成段；熟牛肚洗净切成丝。2.锅置旺火上，注入食用油烧热，倒入蒜末、姜片煸香。3.倒入切好的熟牛肚丝，拌炒片刻，放入蒜薹段，翻炒约3分钟至熟。4.加入辣椒酱、盐、味精。5.放入红椒丝，翻炒均匀。6.加入少许水淀粉勾芡，拌炒均匀，盛入盘内即成。

川香肚丝

◉难易度：★☆☆　◉营养功效：益气补血

原料

牛肚150克，青椒、红椒各70克，姜丝、葱白、蒜末各少许

调料

盐3克，蚝油3克，料酒、味精、豆瓣酱、白糖、花椒油、食用油各适量

烹饪小提示

牛肚要刮净黑膜和黏液，然后冲洗干净，以免影响其口感。

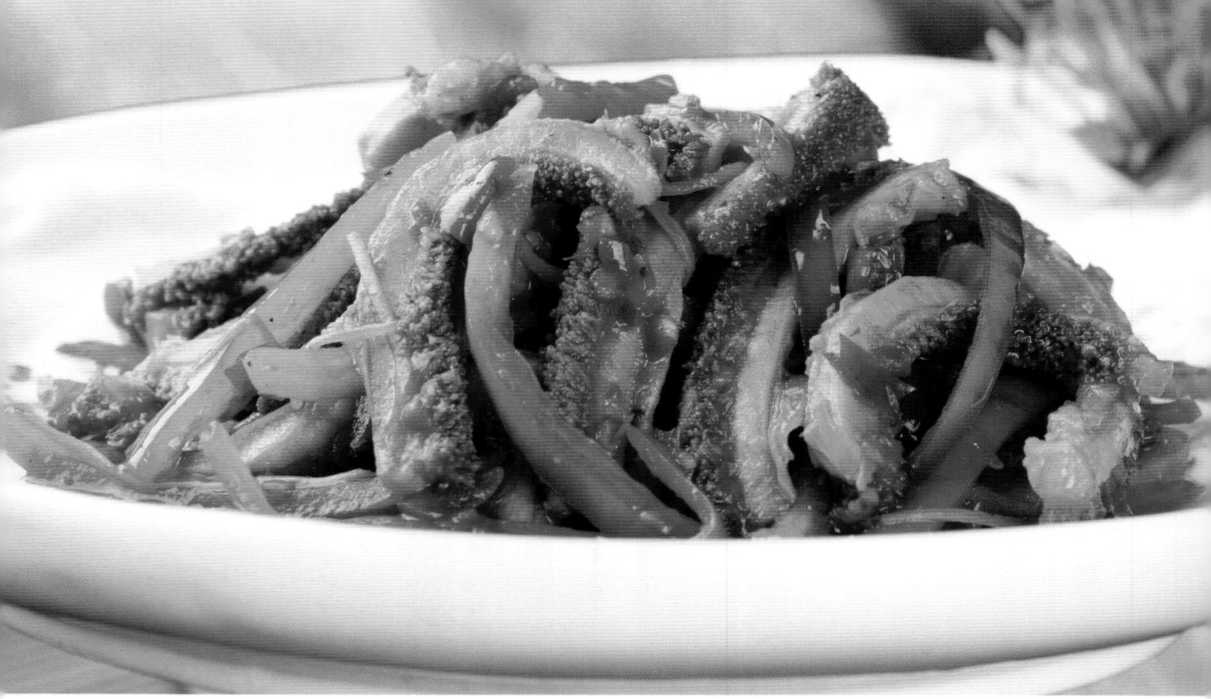

做法

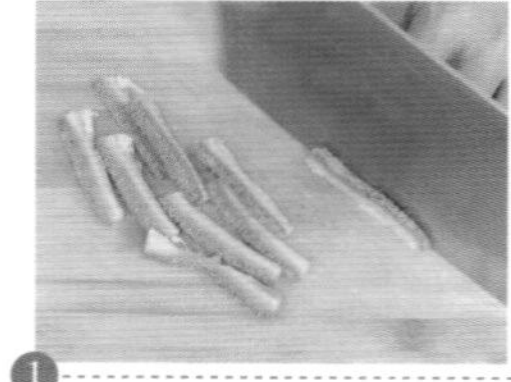

1. 牛肚洗净切丝；洗净的青椒、红椒均切开，去籽切丝。

2. 用油起锅，爆香姜丝、蒜末、葱白。

3. 放入青椒丝、红椒丝、牛肚丝、料酒，炒匀。

4. 加入盐、味精、白糖、蚝油、豆瓣酱、花椒油，炒匀即可。

烹饪时间
Times
1分30秒

米椒拌牛肚

◉难易度：★☆☆　◉营养功效：益气补血

原 料

牛肚条200克，泡小米椒45克，蒜末、葱花各少许

调 料

盐、鸡粉各4克，辣椒油4毫升，料酒10毫升，生抽、芝麻油、花椒油各适量

做 法

1 锅中注水，烧开，放入牛肚条、料酒、生抽。

2 加入盐、鸡粉，煮至牛肚条熟透，捞出。

3 将牛肚条装碗，加入泡小米椒、蒜末、葱花。

4 放入盐、鸡粉、辣椒油、芝麻油、花椒油，拌匀。

5 将拌好的牛肚条装入盘中即可。

烹饪小提示

泡小米椒可以切一下，味道会更浓郁。

凉拌牛肚

◉难易度：★☆☆ ◉营养功效：开胃消食

原 料

卤牛肚300克，蒜末、姜末各10克，熟芝麻、葱花各少许

调 料

花椒油、辣椒油、陈醋、盐、味精、白糖、芝麻油各适量

烹饪小提示

凉拌汁中加陈醋，能够给菜品增香，但不宜加太多，以免影响口感。

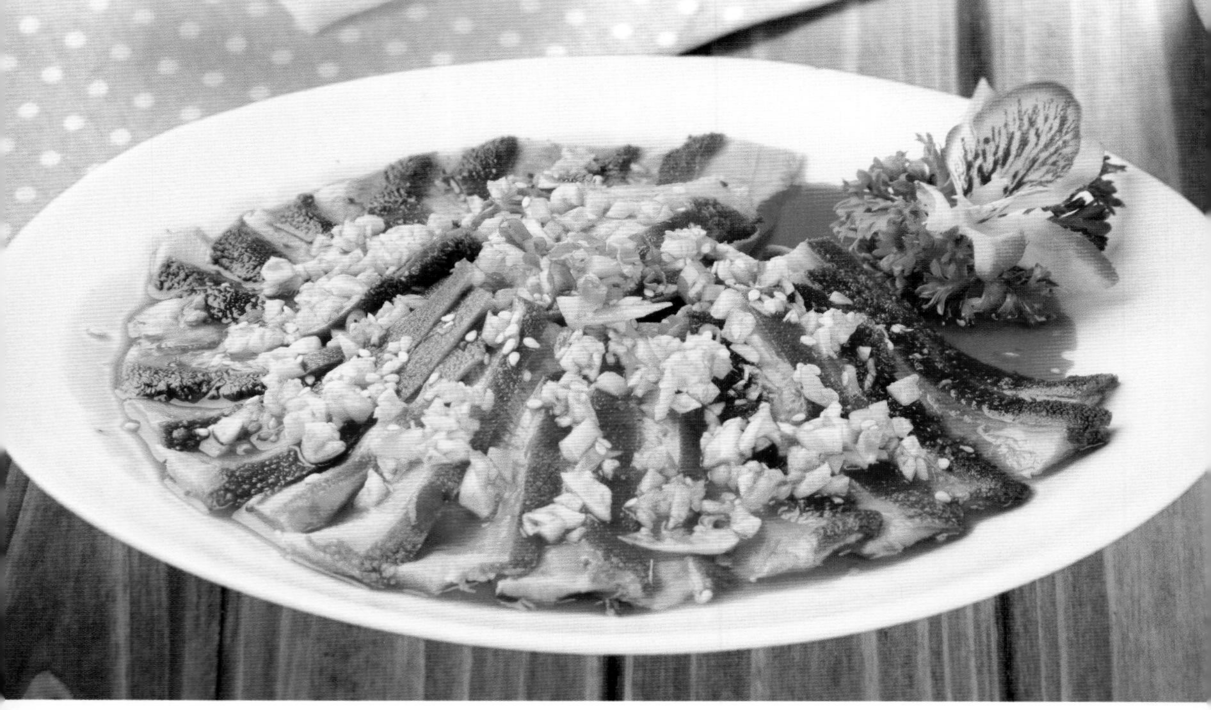

做 法

1. 把卤牛肚切成薄片，放入盘中，码整齐。
2. 取小碗，放入蒜末、姜末，倒入适量花椒油、辣椒油、陈醋。
3. 加入盐、味精、白糖、芝麻油，搅拌均匀，制成凉拌汁。
4. 将凉拌汁均匀地浇在卤牛肚片上，撒上熟芝麻和葱花即成。

凉拌牛蹄筋

◉难易度：★☆☆ ◉营养功效：保肝护肾

原料

熟牛蹄筋200克，蒜末10克，香菜末、红椒末各少许

调料

盐3克，白糖2克，味精、鸡粉、生抽、葱油、芝麻油各适量

做法

1.将熟牛蹄筋切成段，装入盘中备用。2.放入红椒末、蒜末，再放入香菜末。3.加入味精、盐、白糖、鸡粉。4.再加入生抽，用筷子拌匀至入味。5.淋入少许葱油，用筷子拌均匀。6.倒入少许芝麻油，搅拌均匀，装入盘中即可。

蒜香牛蹄筋

◉难易度：★☆☆ ◉营养功效：开胃消食

原料

熟牛蹄筋300克，蒜末10克，葱花、红椒末各少许

调料

盐、味精、蒜油、生抽各适量

做法

1.将熟牛蹄筋切成块，放入碗中。2.加入少许盐，倒入适量味精。3.放入准备好的蒜末、葱花、红椒末。4.倒入适量的蒜油。5.用筷子将材料充分拌匀。6.加入适量生抽，拌匀提味，盛出，装入盘中即成。

双椒爆羊肉

◉难易度：★☆☆ ◉营养功效：开胃消食

原 料

羊肉350克，青椒25克，红椒15克，蒜苗段20克，姜片、葱白各少许

调 料

盐3克，味精1克，白糖、生抽、辣椒酱、生粉、食用油各适量

烹饪小提示

羊肉切块，放入水中，加入米醋煮沸后捞出，再烹调，可去除羊肉膻味。

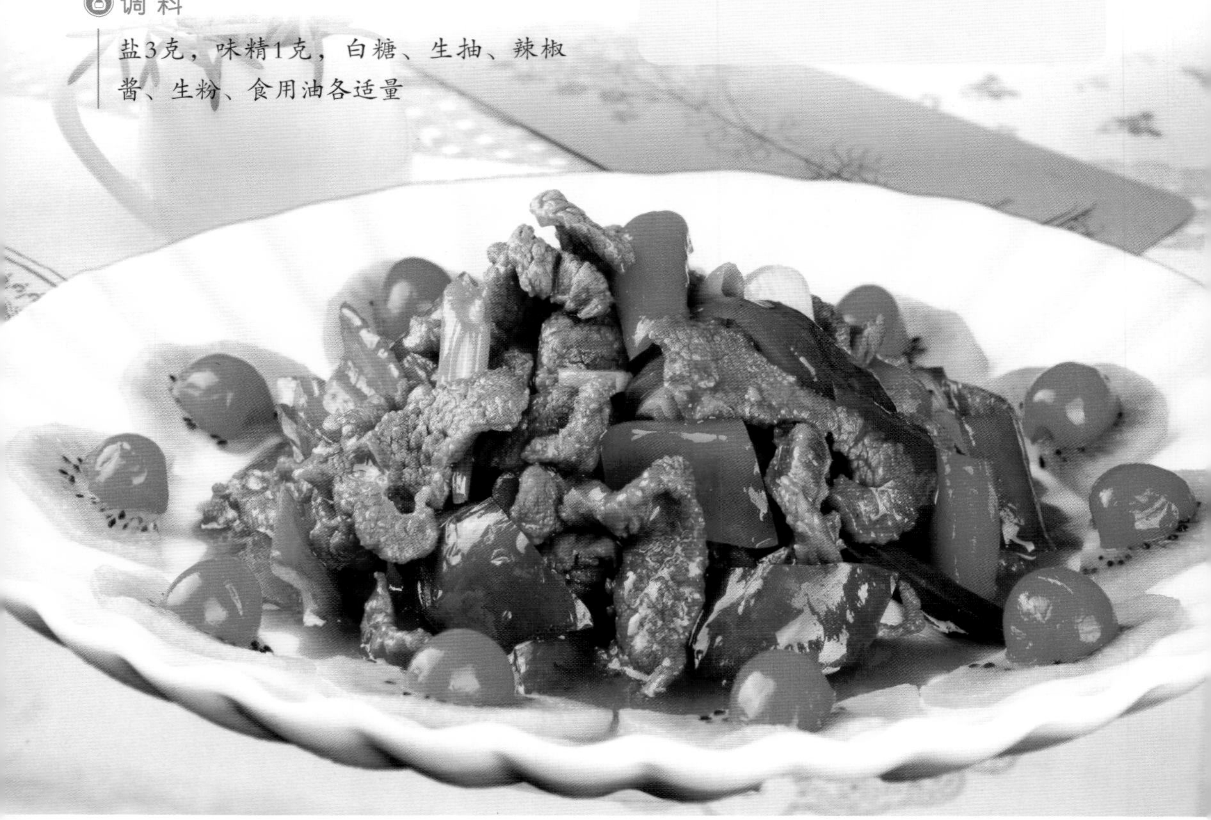

做 法

1. 洗好的青椒、红椒去籽，切成片；洗好的羊肉切成片。

2. 羊肉加生抽、盐、味精、生粉、油腌制，再入油锅滑油后捞出。

3. 起油锅，爆香姜片、葱白，加蒜苗梗、青椒片、红椒片、羊肉片炒匀。

4. 加盐、味精、白糖、生抽、辣椒酱、蒜苗叶炒匀，用水淀粉勾芡。

干锅烧羊柳

◉难易度：★☆☆ ◉营养功效：降低血脂

原 料

羊柳180克，洋葱200克，青椒50克，红椒35克，蒜苗段35克，姜片、蒜末、干辣椒各少许

调 料

盐、味精、料酒、白糖、水淀粉、生抽、豆瓣酱、食用油各适量

做 法

1.洋葱、青椒、红椒均洗净切丝。2.羊柳洗净切丝，加入盐、味精、料酒、生抽、水淀粉、食用油腌制。3.用油起锅，倒入羊柳丝滑熟捞出。4.锅留底油，放入姜片、蒜末、干辣椒、豆瓣酱炒香，倒入洋葱丝、青椒丝、红椒丝炒匀。5.倒入羊柳丝、料酒、清水，调入味精、盐、白糖、水淀粉。6.倒入蒜苗段，炒至汁干即成。

双椒豆豉羊肉末

◉难易度：★☆☆ ◉营养功效：益气补血

原 料

羊肉200克，青椒、红椒各30克，豆豉、姜片、蒜末各少许

调 料

水淀粉10毫升，盐3克，料酒3毫升，鸡粉、老抽、食用油各适量

做 法

1.青椒、红椒均洗净切圈；羊肉洗净剁末。2.用油起锅，倒入羊肉末炒转色，淋入料酒、老抽，炒香盛出。3.用食用油起锅，爆香豆豉、姜片、蒜末，倒入青椒圈、红椒圈、羊肉末炒匀，淋入少许料酒。4.加入适量盐、鸡粉，炒匀。5.倒入少许水淀粉，勾芡。6.将锅中材料炒至入味即可。

板栗羊肉

◉难易度：★☆☆ ◉营养功效：益气补血

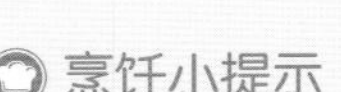

烹饪时间 Times 42分30秒

原料

羊肉250克，板栗肉100克，胡萝卜、八角、桂皮、姜片、蒜末、葱白各适量

调料

盐3克，鸡粉2克，白糖3克，水淀粉10毫升，料酒、生抽、老抽、食用油各适量

烹饪小提示

清洗时应将羊肉中的膜剔除，否则煮熟后肉膜会变硬，这样会使羊肉的口感变差。

做法

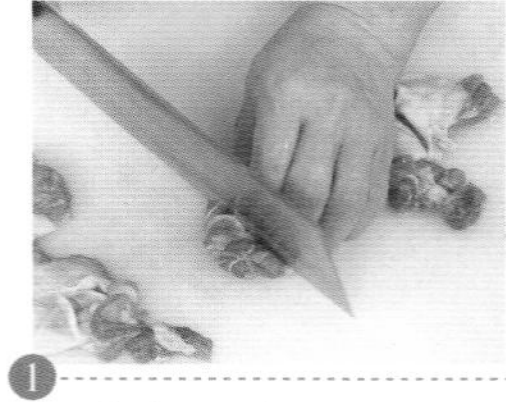

1 胡萝卜去皮切块；板栗肉治净切半；羊肉切块，汆水捞出。

2 起油锅，放入姜片、蒜末、葱白、桂皮、八角、羊肉、料酒炒匀。

3 加老抽、生抽炒匀，放入水、板栗肉、胡萝卜块、盐、鸡粉、白糖。

4 焖约40分钟，加水淀粉勾芡，炒至入味，盛出装入盘中即可。

蒜香羊肉

◉难易度：★☆☆ ◉营养功效：增强免疫力

原料

卤羊肉200克，红椒7克，蒜末20克，葱花少许

调料

盐2克，鸡粉、陈醋、生抽、芝麻油各适量

做法

1.把洗净的红椒切成细圈；将卤羊肉切成薄片，倒入碗中。2.在卤羊肉片中加入切好的红椒圈。3.放入备好的蒜末、葱花，加入适量盐、鸡粉。4.淋上适量的陈醋、生抽，倒上少许芝麻油，拌约1分钟至食材入味。5.将拌好的食材盛入盘中，摆好即成。

干锅羊肉

◉难易度：★☆☆ ◉营养功效：开胃消食

原料

羊肉350克，洋葱130克，干辣椒段10克，香菜15克，姜片、蒜末各适量

调料

盐、鸡粉、味精、料酒、水淀粉、蚝油、食用油各适量

做法

1.羊肉、洋葱、香菜均洗净改刀。2.羊肉中加入盐、味精、料酒、水淀粉、食用油拌匀，腌制10分钟至入味。3.炒锅热油，倒入洋葱、盐、鸡粉炒匀，盛入干锅中垫底。4.用食用油起锅，炒香姜片、蒜末、羊肉、干辣椒段，放入香菜，加水煮开。5.加入蚝油炒匀调味，出锅盛入装有洋葱的干锅中即可。

干锅羊排

◉难易度：★☆☆　◉营养功效：增强免疫力

原 料

卤羊排500克，洋葱130克，干辣椒15克，香菜10克，姜片、葱白各少许

调 料

盐、鸡粉、辣椒酱、料酒、味精、蚝油、食用油各适量

烹饪小提示

洋葱含有植物杀菌素如大蒜素等，因而有很强的杀菌能力，炒制洋葱时宜用大火快速翻炒，以免营养素流失。

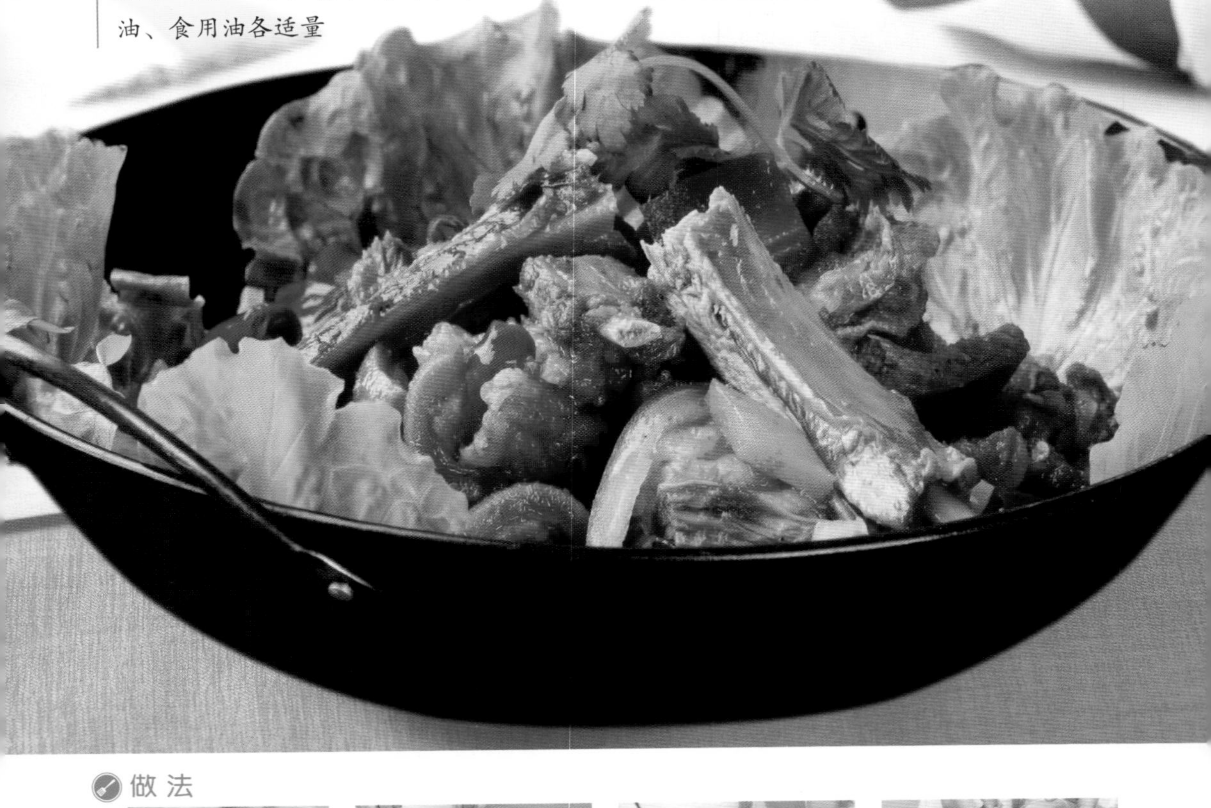

做 法

1 将卤羊排斩成块；洋葱洗净切成丝。

2 起油锅，倒入洋葱丝炒熟，加盐、鸡粉炒匀，盛入干锅中垫底。

3 用油起锅，爆香姜片、葱白，加入辣椒酱、干辣椒炒香。

4 放卤羊排块、料酒、味精、蚝油、盐，炒匀，盛入干锅，撒上香菜。

做法

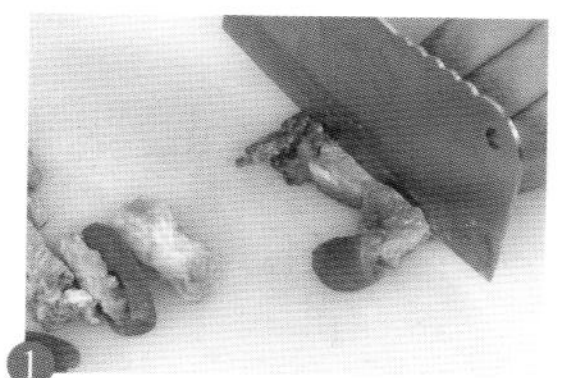

1 卤羊排洗净斩块，放入盘中，加入生抽、生粉抓匀后腌制至入味。

2 将卤羊排块放入油锅，炸黄，捞出装盘。

3 起油锅，倒入葱姜、花椒、朝天椒末爆香。

4 放入卤羊排块、盐、味精、料酒、辣椒油、花椒油。

5 撒入葱叶炒匀，盛出装盘，撒熟白芝麻即成。

烹饪时间 Times 6分钟

辣子羊排

◉难易度：★★☆ ◉营养功效：保肝护肾

原料

卤羊排500克，朝天椒末40克，熟白芝麻3克，姜片、葱段各10克，花椒15克

调料

盐、味精、生抽、生粉、料酒、辣椒油、花椒油、食用油各适量

烹饪小提示

羊排应先用淘米水清洗，将表面脏物洗净后，放热水中氽烫，去除血水，再烹饪。

爆炒羊肚丝

◉难易度：★☆☆ ◉营养功效：开胃消食

原料

熟羊肚250克，洋葱120克，青椒丝20克，红椒丝、姜丝各15克

调料

盐2克，味精、料酒、辣椒酱、食用油各适量

烹饪小提示

切洋葱前可以将刀放入凉水中浸一下再切，这样可以避免洋葱刺激眼睛。

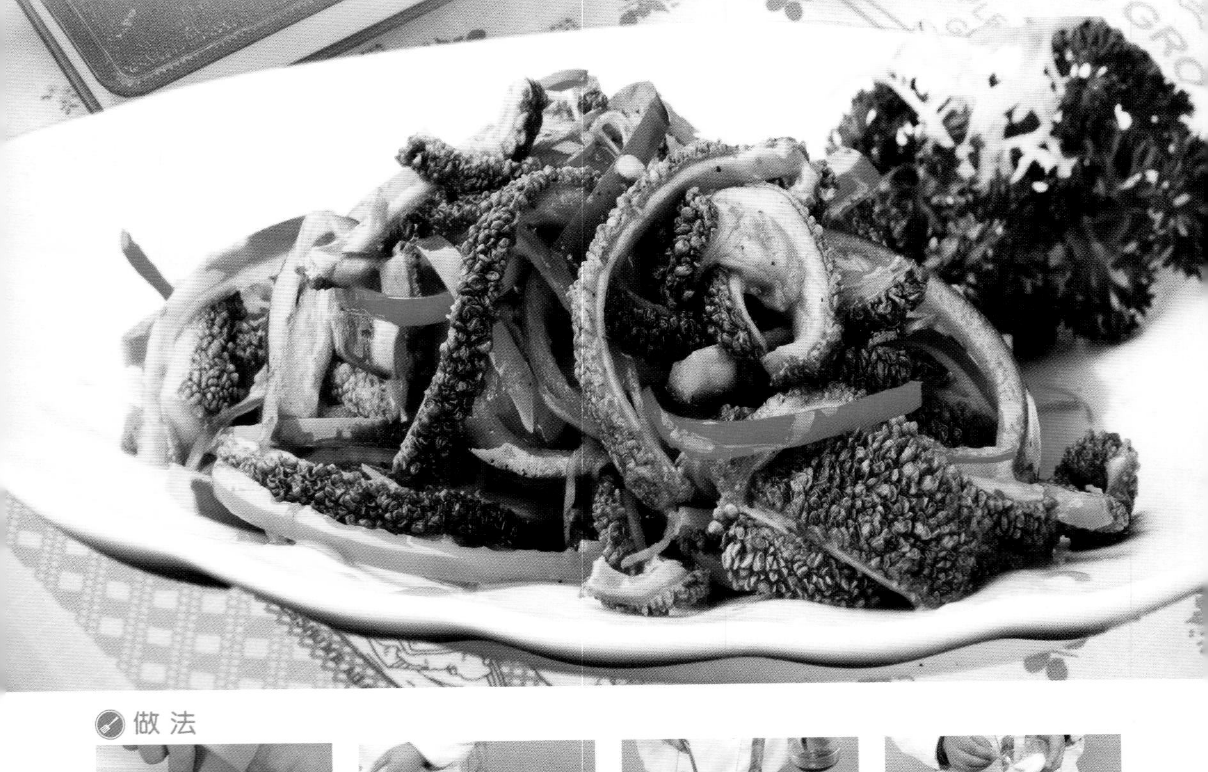

做法

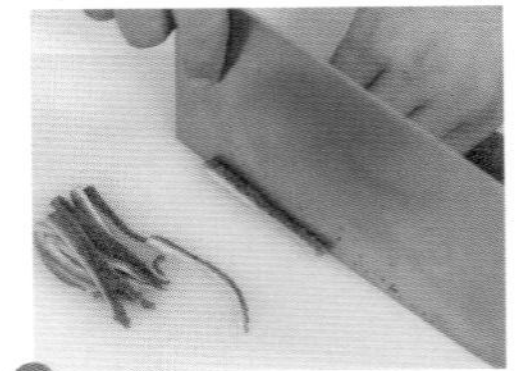

1. 熟羊肚切细丝；洋葱洗净切丝。

2. 用油起锅，下入姜丝爆香，放入熟羊肚丝、辣椒酱，炒匀。

3. 淋入料酒，炒匀，倒入洋葱，用大火快速翻炒至熟。

4. 放入盐、味精、青椒丝、红椒丝，炒匀，用水淀粉勾芡即可。

做法

1 用油起锅，倒入洗净的兔肉块，炒至变色。

2 放入姜片、八角、葱段、花椒，炒出香味。

3 加柱侯酱、花生酱、老抽、生抽、料酒炒匀。

4 注入清水，焖1小时，加入鸡粉拌匀，收汁。

5 拣出八角、姜片、葱段，放香菜梗煮软，盛出后撒上香菜叶即可。

烹饪时间
Times 63分钟

红焖兔肉

◉难易度：★☆☆　◉营养功效：益气补血

原料

兔肉块350克，香菜15克，姜片、八角、葱段、花椒各少许

调料

柱侯酱10克，花生酱12克，老抽、生抽、料酒、鸡粉、食用油各适量

烹饪小提示

兔肉可先汆煮一下再焖煮，这样能减轻腥味。

香辣兔丁

◉难易度：★☆☆　◉营养功效：益气补血

原料

熟兔肉500克，红椒15克，蒜末、葱花各少许

调料

盐2克，鸡粉、生抽、辣椒油各适量

烹饪小提示

把兔肉切成如芸豆大小的肉丁，可使每一块兔肉都更易入味。

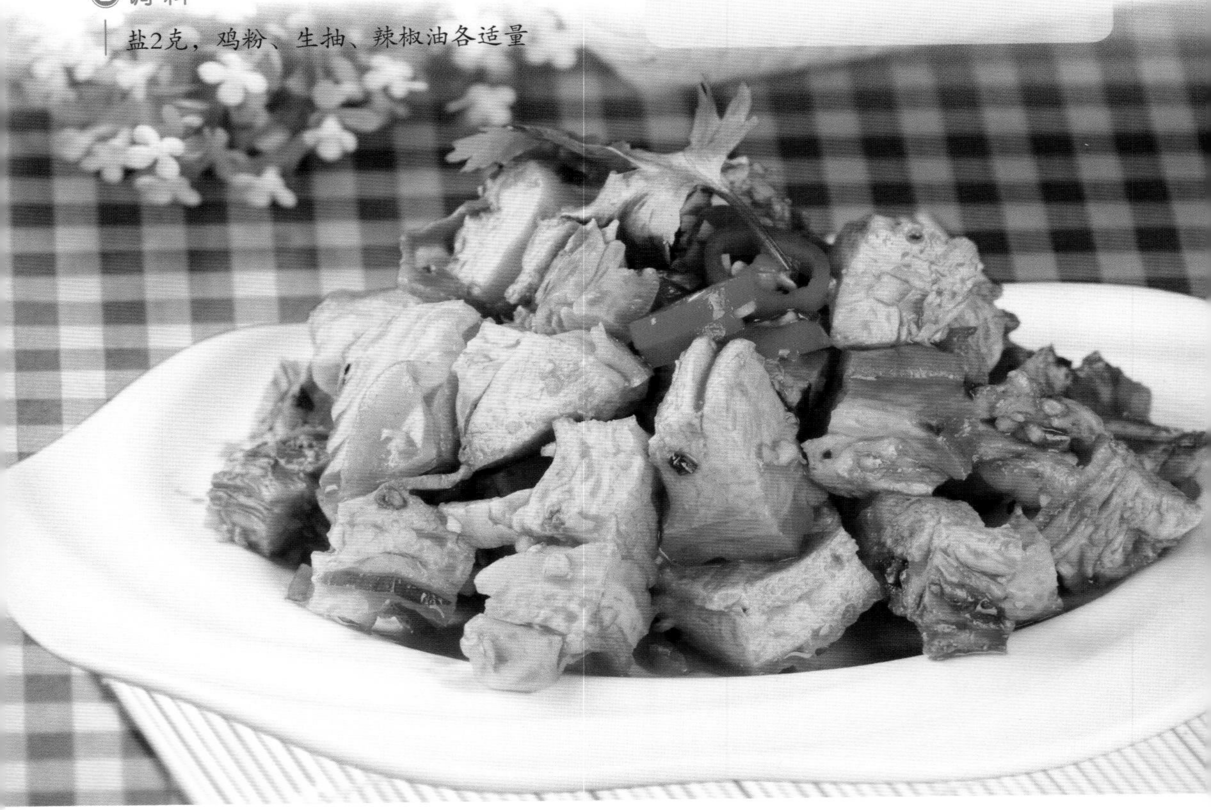

做法

1. 把熟兔肉斩成块，再斩成丁；洗净的红椒切成圈。

2. 将熟兔肉丁装入碗中，加入红椒圈、蒜末、葱花。

3. 倒入少许辣椒油，加入适量的盐、鸡粉、生抽。

4. 用勺子拌匀至食材入味，将拌好的熟兔肉丁装入盘中即可。

Part 4

喷香禽蛋

川菜是我国八大菜系之一，它取材广泛，菜式多样，口味清鲜，醇浓并重，以善用麻辣著称，享誉中外。禽蛋类川菜在保存食材的本身风韵的同时，搭配以浓墨重彩的辣味，再加上川菜的其他调味料，使得菜肴味道变化多端、风情万种，真可谓是色香味俱全。本章节精选了既实用又具代表性的川菜禽蛋佳肴，让您在家也能做出媲美川菜馆的美味禽蛋盛宴，让家庭温馨的小厨房，也飘出川菜那令人垂涎欲滴的味道。

蜀香鸡

◉难易度：★★☆　◉营养功效：益智健脑

原 料

鸡翅根350克，鸡蛋1个，青椒15克，干辣椒5克，花椒3克，蒜末、葱花各少许

调 料

盐、鸡粉各2克，豆瓣酱8克，辣椒酱12克，料酒、生抽、生粉、食用油各适量

烹饪小提示

腌渍鸡肉时可以用竹签在鸡肉上扎些小洞，这样更易入味。

做 法

1. 青椒切圈；鸡蛋搅成蛋液；鸡翅斩块，用蛋液、盐、鸡粉、生粉腌制。

2. 锅中注油烧热，倒入鸡块，炸至鸡肉呈金黄色，捞出。

3. 蒜末、干辣椒、花椒爆香，放入青椒圈、鸡块、料酒，炒匀。

4. 加入豆瓣酱、生抽、辣椒酱、葱花，翻炒均匀即可。

辣子鸡丁

◉难易度：★☆☆ ◉营养功效：增强免疫力

原 料

鸡胸肉300克，干辣椒2克，蒜头、姜片少许

调 料

盐5克，味精2克，鸡粉3克，料酒3毫升，生粉、辣椒油、花椒油、食用油各适量

做 法

1.鸡胸肉洗净切成丁，装碗，加入适量盐、味精、鸡粉、料酒、生粉拌匀，腌制10分钟至入味。2.将鸡丁入油锅炸至金黄色捞出。3.用食用油起锅，倒入姜片、蒜头炒香，倒干辣椒、鸡丁炒匀。4.加入盐、味精、鸡粉、辣椒油、花椒油，炒至食材入味，盛出来装入盘中即可。

棒棒鸡

◉难易度：★★☆ ◉营养功效：降低血脂

原 料

鸡胸肉350克，熟芝麻15克，蒜末、葱花各少许

调 料

盐4克，料酒10毫升，鸡粉2克，辣椒油5毫升，陈醋5毫升，芝麻酱10克

做 法

1.锅中注水烧开，放入整块鸡胸肉，放入盐，淋入适量料酒，加盖，小火煮15分钟至熟，捞出。2.鸡胸肉用擀面杖敲打松散，用手把鸡胸肉撕成鸡丝。3.把鸡丝装入碗中，放入蒜末和葱花，加入盐、鸡粉，淋入辣椒油、陈醋，放入芝麻酱，拌匀调味。4.装入盘中，撒上熟芝麻和葱花即可。

麻酱拌鸡丝

◉难易度：★☆☆　◉营养功效：益气补血

原料

鸡胸肉200克，生姜30克，红椒15克，葱10克

调料

盐3克，鸡粉1克，芝麻酱10克，芝麻油、料酒各适量

烹饪小提示

鸡胸肉煮熟捞出后，可放入冰水中浸泡一会儿，让其迅速冷却，可使肉质更滑嫩。

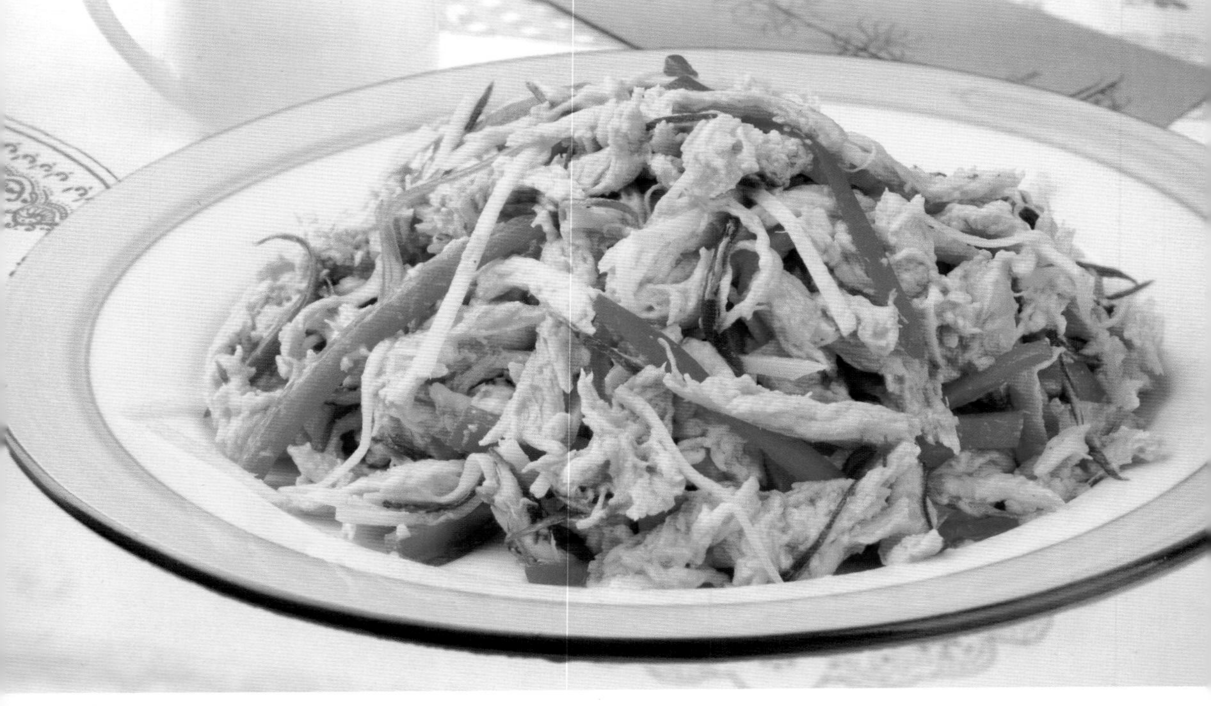

做法

1. 锅中加入水烧开，放入鸡胸肉、料酒烧开，煮熟捞出。

2. 生姜去皮，洗净切丝；葱、红椒均洗净切丝；鸡胸肉撕丝。

3. 鸡胸肉加红椒、生姜、葱、盐、鸡粉、芝麻酱拌入味。

4. 装盘，淋入少许芝麻油，搅拌均匀即成。

鱼香鸡丝

◉难易度：★★☆　◉营养功效：养心润肺

原料

鸡胸肉300克，莴笋200克，竹笋60克，木耳30克，葱段、姜丝、蒜末各少许

调料

豆瓣酱10克，盐7克，鸡粉4克，白糖3克，陈醋4毫升，料酒5毫升，水淀粉、食用油各适量

做法

1.竹笋、莴笋、木耳、鸡胸肉均洗净切丝。2.鸡胸肉丝中加入盐、鸡粉、水淀粉、食用油腌制；水烧开，加盐，下竹笋、木耳焯熟。3.用食用油起锅，放入葱段、姜丝、蒜末、鸡肉丝、莴笋丝、竹笋丝、木耳丝炒匀。4.加入料酒、豆瓣酱、陈醋、盐、鸡粉、白糖，倒入水淀粉勾芡即可。

脆笋鸡丝

◉难易度：★★☆　◉营养功效：开胃消食

原料

竹笋200克，鸡胸肉150克，红椒15克，姜片、蒜末、葱白各少许

调料

盐3克，鸡粉、水淀粉、料酒、食用油各适量

做法

1.竹笋洗净切丝；红椒去籽切丝。2.鸡胸肉洗净切丝，装碗，加入盐、鸡粉、水淀粉、食用油腌制。3.锅中注入水烧开，加入食用油、盐，下竹笋丝焯水；用油起锅，倒入鸡肉丝，滑油后捞出。4.锅底留油，爆香姜片、蒜末、葱白，倒入红椒丝、竹笋丝、鸡胸肉丝、料酒、盐、鸡粉，加入水淀粉勾芡即可。

板栗辣子鸡

◉难易度：★★☆　◉营养功效：保肝护肾

原料

鸡肉300克，蒜苗、青椒、红椒各20克，板栗100克，姜片、蒜末、葱白各少许

调料

盐5克，味精、鸡粉各2克，辣椒油、生粉、生抽、料酒、辣椒酱、食用油各适量

烹饪小提示

板栗不可煮得太烂，以免影响其外观和口感。

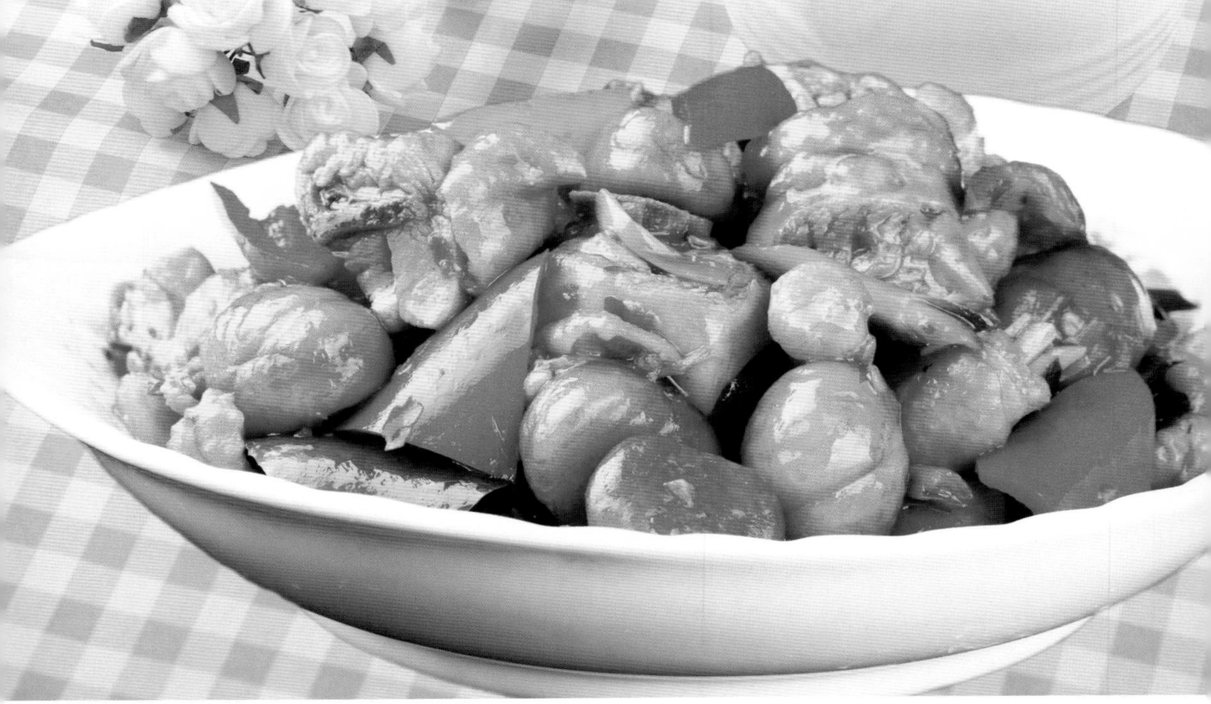

做法

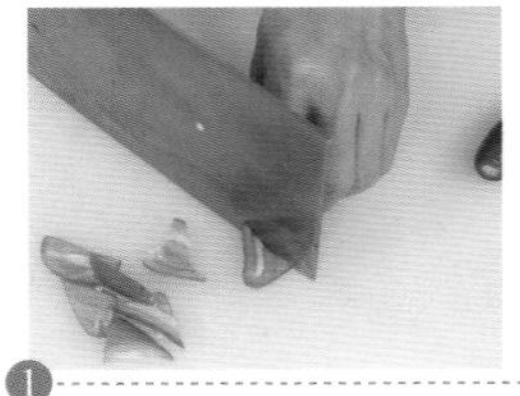

1. 青椒、红椒均洗净切片；蒜苗洗净切段；鸡肉斩块。

2. 鸡块用盐、生抽、鸡粉、料酒、生粉腌制；板栗用沸盐水焯熟。

3. 用油起锅，放入姜末、蒜末、葱白、蒜苗、鸡肉、料酒、水、板栗煮熟。

4. 加入辣椒酱、辣椒油、盐、味精、青椒、红椒、蒜苗、水淀粉炒匀。

做法

1 锅中加入水，放入洗净的皮蛋、鸡胸肉，加盖焖15分钟，取出。

2 将皮蛋剥壳，切丁；鸡胸肉撕成丝，装碗中。

3 鸡胸肉丝中加入盐、味精、白糖、蒜末拌匀。

4 倒入切好的皮蛋丁、香菜段。

5 加入生抽、陈醋、芝麻油、辣椒油拌匀，装入盘中即可。

烹饪时间 Times 2分钟

皮蛋拌鸡肉丝

◉难易度：★☆☆　◉营养功效：清热解毒

原料

皮蛋2个，鸡胸肉300克，蒜末、香菜段各少许

调料

盐3克，味精1克，白糖5克，生抽、陈醋、芝麻油、辣椒油各适量

烹饪小提示

在食用皮蛋时，可加点陈醋，醋即能杀菌，又能中和皮蛋的一部分碱性，吃起来味道也会更好。

脆笋干锅鸡

◉难易度：★★☆　◉营养功效：防癌抗癌

烹饪时间 Times 6分钟

原料

鸡肉400克，竹笋、芦笋各50克，红椒、干辣椒、八角、桂皮、姜片、蒜末、葱白各适量

调料

豆瓣酱10克，料酒、生抽、老抽、盐、鸡粉、生粉、食用油各适量

烹饪小提示

烹饪此菜时，鸡肉一定要先腌制，更易入味。

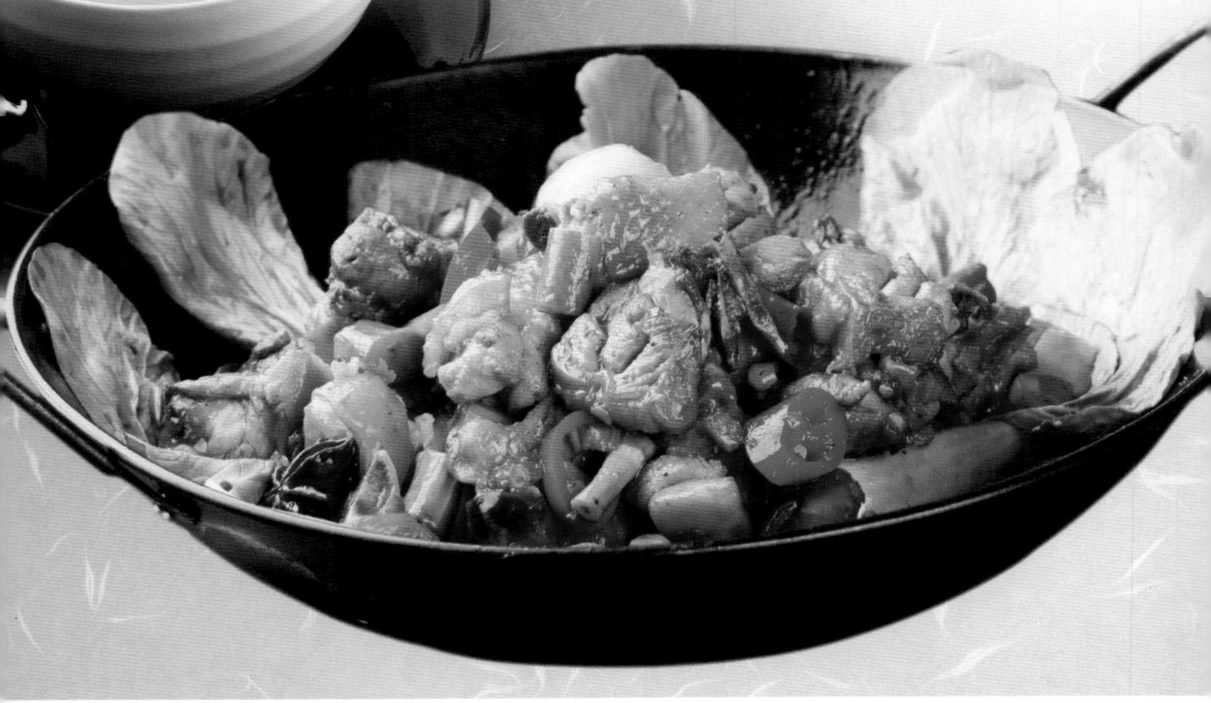

做法

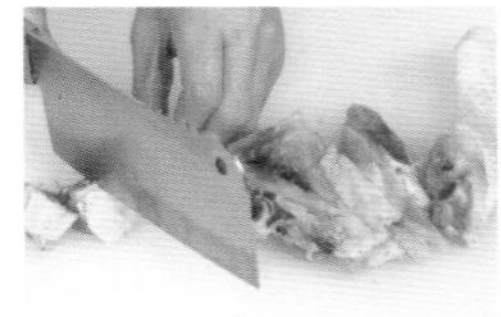

1. 红椒洗净切圈；竹笋、芦笋均洗净切丁；鸡肉洗净斩小块。

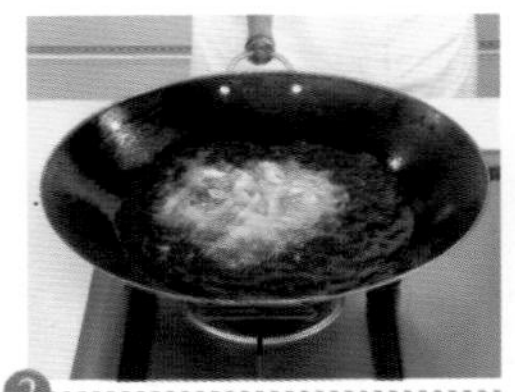

2. 鸡肉用料酒、盐、生抽、鸡粉、生粉腌制，入油锅滑油捞出。

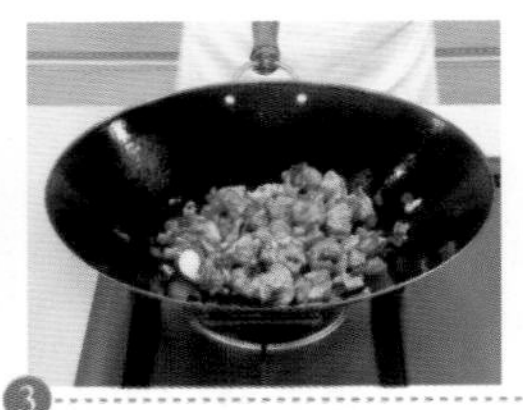

3. 炒香八角、桂皮、葱白、姜片、蒜末、红椒、干辣椒、竹笋、芦笋、鸡肉。

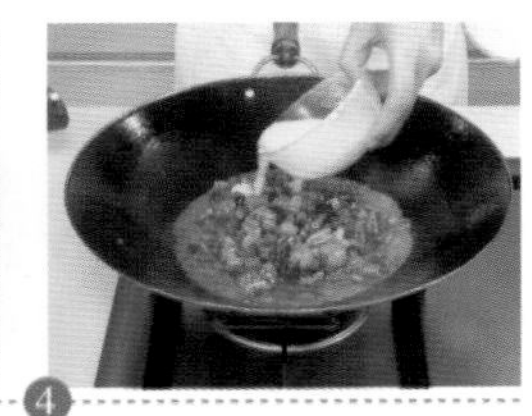

4. 放入老抽、豆瓣酱、盐、鸡粉、料酒、水、水淀粉，拌匀。

干锅土鸡

◉难易度：★★☆　◉营养功效：增强免疫力

原 料

光鸡750克，干辣椒10克，花椒、姜片、葱段各少许

调 料

盐3克，味精、蚝油、豆瓣酱、辣椒酱、料酒、食用油各适量

做 法

1.将洗好的光鸡斩块。2.锅中注入食用油烧热，倒入光鸡块，翻炒出油，倒入姜片、葱段，加入花椒、干辣椒炒匀。3.加入豆瓣酱、辣椒酱炒匀，倒入料酒和少许清水拌匀，中火焖煮至入味，加入盐、味精。4.淋入蚝油炒匀，盛入干锅，撒上葱段即成。

板栗烧鸡

◉难易度：★★☆　◉营养功效：降低血压

原 料

鸡肉200克，板栗80克，鲜香菇20克，蒜末、姜片、葱段、蒜苗段各少许

调 料

老抽、盐、味精、白糖、生抽、水淀粉、料酒、生粉各适量

做 法

1.鸡肉洗净斩块，加入料酒、生抽、盐、生粉腌制；板栗洗净切开；鲜香菇洗净切丝。2.将板栗滑油捞出；鸡肉块滑熟捞出。3.锅底留油，放入葱段、姜片、蒜末、鲜香菇丝、鸡肉块、料酒、老抽炒匀。4.加入板栗、水煮熟，调入盐、味精、白糖，加入生抽、水淀粉、蒜苗段炒匀，盛入干锅即成。

椒麻鸡

◉难易度：★★☆　◉营养功效：增强免疫力

原料

鸡腿150克，花椒、八角、桂皮、香叶、干辣椒、姜片、葱段、蒜末各适量

调料

盐、鸡粉各2克，辣椒油、花椒油、生粉、料酒、生抽、水淀粉、食用油各适量

烹饪小提示

切辣椒时先将刀在水中蘸一下再切，这样可避免刺激眼睛。

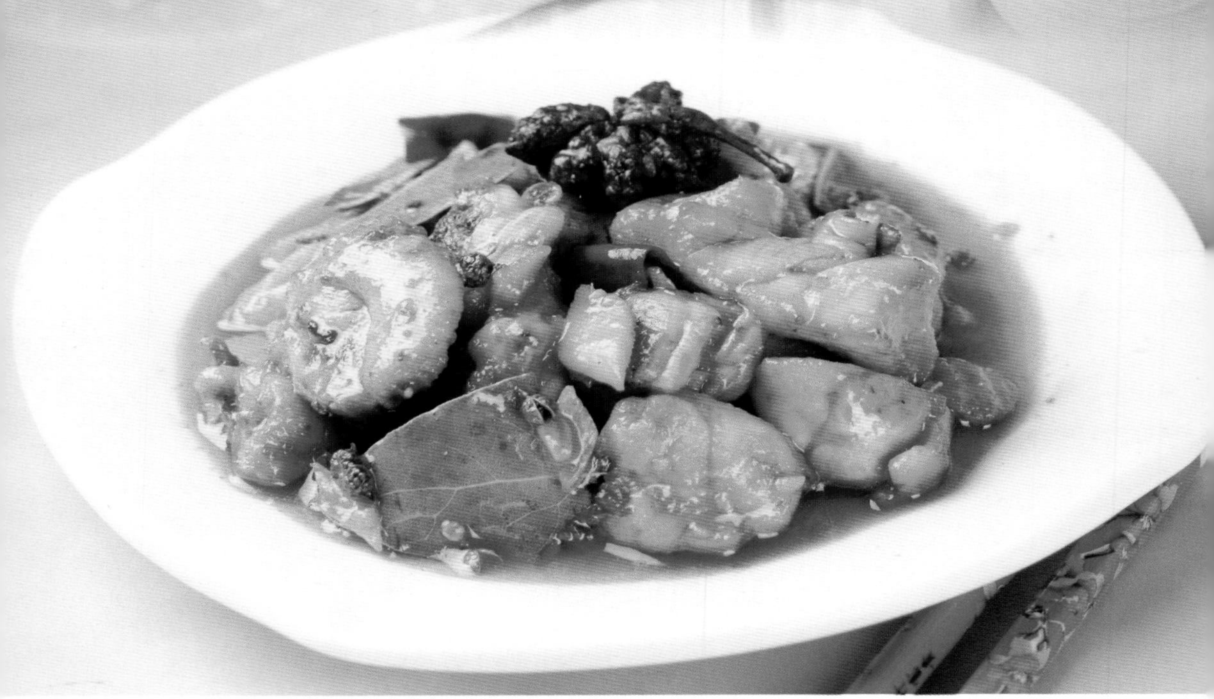

做法

① 鸡腿洗净斩小块，加入生抽、盐、鸡粉、料酒、生粉腌制。

② 用油起锅，倒入鸡腿块拌匀，捞出沥干油；锅底留油，倒入姜片。

③ 加入葱段、蒜末、八角、桂皮、香叶、花椒、干辣椒、鸡腿炒匀。

④ 放入料酒、生抽、水、盐、鸡粉、辣椒油、花椒油、水淀粉炒匀。

白果炖鸡

◉难易度：★☆☆　◉营养功效：养心润肺

烹饪时间 Times 125分钟

原料

光鸡1只，猪骨头450克，猪瘦肉100克，白果120克，葱、香菜、姜、枸杞各适量

调料

盐4克，胡椒粉少许

做法

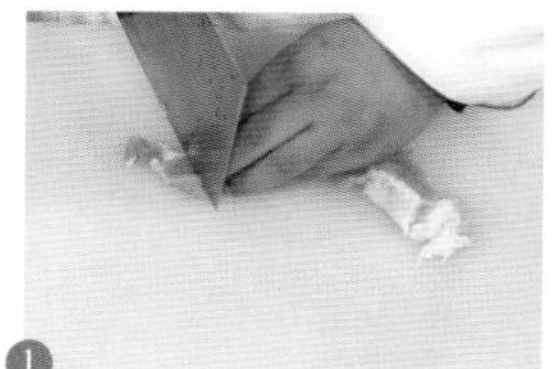

1 猪瘦肉洗净，切块；姜拍扁。

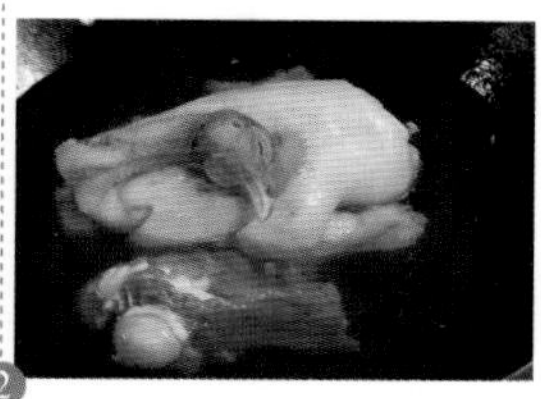

2 锅中放入水、猪骨头、光鸡肉和猪瘦肉块，用大火煮开，捞起。

3 砂煲加水、姜、葱、猪骨头、光鸡肉、猪瘦肉块和白果。

4 烧开后小火煲2小时。

5 放入盐、胡椒粉、枸杞拌匀，除去葱、姜，撒入香菜即可。

烹饪小提示

鸡肉汆水时，加入适量料酒、醋、姜蒜同煮，不仅能去掉鸡肉的腥味，还可使鸡肉肉质变嫩。

米椒酸汤鸡

◉难易度：★☆☆　◉营养功效：开胃消食

原 料

鸡肉300克，酸笋150克，米椒40克，红椒15克，蒜末、姜片、葱白各少许

调 料

盐5克，鸡粉3克，辣椒油、白醋、生抽、料酒、食用油各适量

烹饪小提示

烹饪后将鸡肉去皮，这样不仅可减少脂肪摄入，还可以让鸡肉的味道更加鲜美。

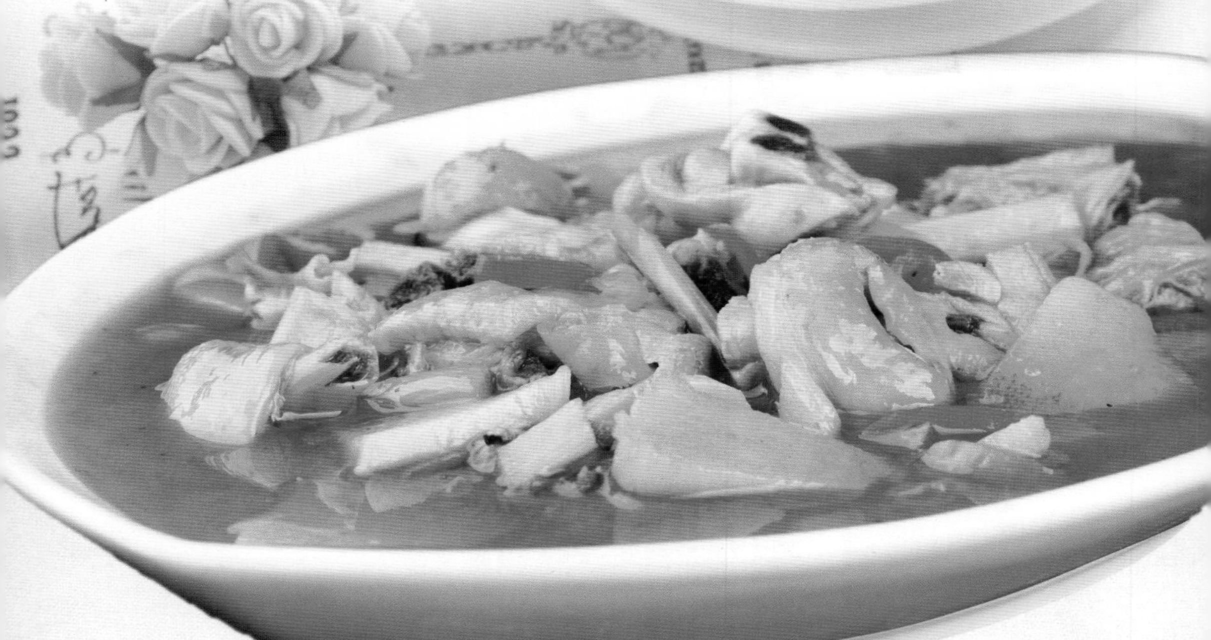

做 法

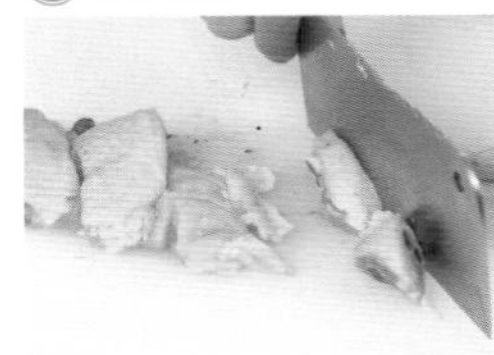

1. 米椒切碎；红椒切圈；洗净的鸡肉斩块；酸笋切片。

2. 锅加水烧开，倒入酸笋片，煮沸后捞出；用油起锅，放入姜片。

3. 放入葱白、蒜末、鸡肉、料酒、酸笋、米椒、红椒圈一起炒。

4. 加入清水、辣椒油、白醋、盐、鸡粉、生抽，煮至入味，盛出即可。

做法

1 洗净的红椒切开，再切成小块；洗好的鸡肉斩成小块。

2 鸡肉用生抽、盐、鸡粉、料酒、生粉腌制。

3 用油起锅，倒入鸡肉块炸熟，捞出沥干油。

4 锅底留油，放入蒜末、红椒、鸡肉、花椒粉、辣椒粉、葱花，炒匀。

5 加入盐、鸡粉、辣椒油炒匀即可。

烹饪时间 Times 3分钟

麻辣怪味鸡

◉难易度：★★☆　◉营养功效：增强免疫力

原料

鸡肉300克，红椒20克，蒜末、葱花各少许

调料

盐2克，鸡粉2克，生抽、辣椒油、料酒、生粉、花椒粉、辣椒粉、食用油各适量

烹饪小提示

在放入调味料调味的时候，应该将火调小，以避免鸡肉被炒糊。

麻辣干炒鸡

◉难易度：★★☆ ◉营养功效：增强免疫力

原料

鸡腿300克，干辣椒10克，花椒7克，葱段、姜片、蒜末各少许

调料

盐、鸡粉、生粉、料酒、生抽、辣椒油、花椒油、五香粉、食用油各适量

烹饪小提示

炸鸡腿块油温不宜过高，否则容易将鸡腿的表面炸焦而里面却没有熟透。

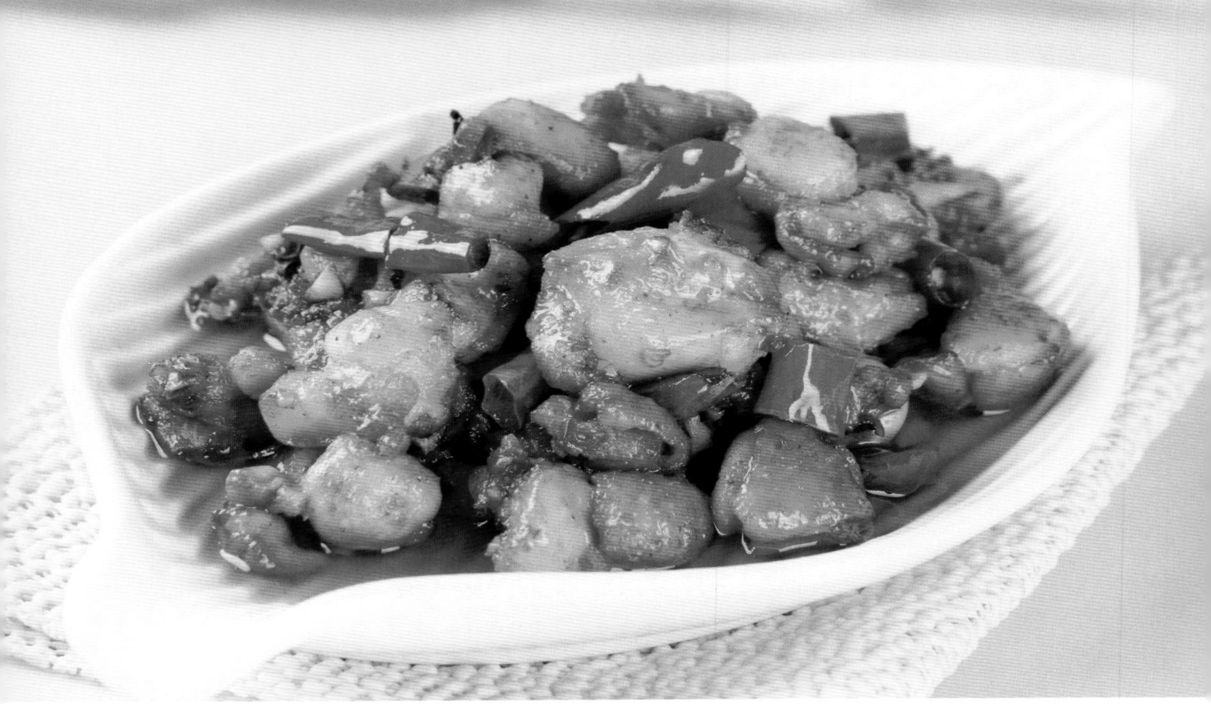

做法

1. 鸡腿洗净斩小块，加入盐、鸡粉、生抽、生粉、食用油腌制。

2. 用油起锅，倒入鸡腿，滑油捞出；锅底留油，放入葱段。

3. 加入姜片、蒜末、干辣椒、花椒、鸡腿块、料酒、生抽。

4. 加入盐、鸡粉、辣椒油、花椒油、五香粉，炒匀即可。

做法

1 鸡尖洗净，汆去血水，捞出；用油起锅，爆香姜片、葱结。

2 加入干辣椒、草果、香叶、桂皮、干姜、八角、花椒炒匀。

3 加入豆瓣、水、麻辣鲜露、盐、味精、生抽拌匀。

4 加老抽烧开，小火煮30分钟，制成麻辣卤水。

5 卤水中放入鸡尖，卤15分钟，装盘，浇上卤水。

烹饪时间 Times 18分钟

川香卤鸡尖

◉难易度：★☆☆　◉营养功效：益气补血

原料

鸡尖300克，干辣椒、草果、香叶、桂皮、八角、干姜、花椒、姜片、葱结各适量

调料

盐15克，麻辣鲜露4毫升，豆瓣5克，味精20克，生抽、老抽、食用油各适量

烹饪小提示

因为此菜肴用到的香料种类较少，所以可以不用隔渣袋装香料。

红烧鸡翅

◉难易度：★★☆　◉营养功效：益气补血

烹饪时间 Times 5分钟

原 料

鸡翅150克，土豆200克，姜片、葱段、干辣椒各适量

调 料

盐4克，白糖2克，水淀粉10毫升，料酒、蚝油、糖色、豆瓣酱、辣椒油、花椒油、食用油各适量

烹饪小提示

鸡翅的水一定要沥干，否则在炸时会溅油。另外，炸鸡翅时要控制好火候，以免炸焦。

做 法

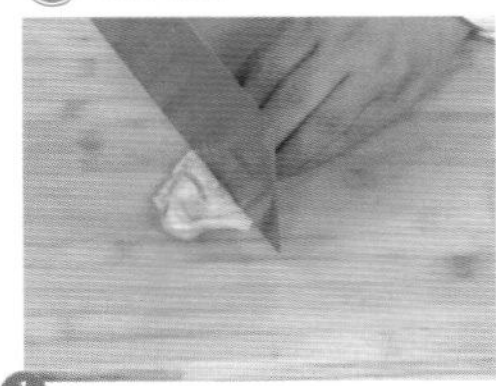

1. 鸡翅打花刀；土豆切块；鸡翅加盐、料酒、糖色腌制。

2. 用油起锅，倒入鸡翅略炸捞出；倒入土豆块，炸熟后捞出。

3. 锅底留油，放干辣椒、姜片、葱段、豆瓣酱、水、鸡翅、土豆炒匀焖熟。

4. 用盐、白糖、蚝油、水淀粉勾芡，放入辣椒油、花椒油、葱段炒匀即可。

小炒鸡爪

◉难易度：★★☆ ◉营养功效：防癌抗癌

原料

鸡爪200克，蒜苗90克，青椒70克，红椒50克，姜片、葱段各少许

调料

料酒16毫升，豆瓣酱15克，生抽、老抽、辣椒油、水淀粉、鸡粉、盐、食用油各适量

做法

1.青椒洗净切段；红椒洗净切块；蒜苗洗净切段；鸡爪洗净切块，氽水。2.用油起锅，放入姜片、葱段爆香，倒入鸡爪翻炒，淋入料酒，加入豆瓣酱、生抽、老抽炒匀调味。3.加入少许清水，淋入辣椒油，小火焖至食材入味，再放入鸡粉、盐，炒匀。4.倒入青椒、红椒、蒜苗翻炒，淋入水淀粉，快速翻炒匀即可。

麻辣鸡爪

◉难易度：★☆☆ ◉营养功效：防癌抗癌

原料

鸡爪200克，大葱70克，土豆120克，干辣椒、花椒、姜片、蒜末、葱段各少许

调料

料酒、老抽、辣椒油、芝麻油、鸡粉、盐、豆瓣酱、生抽、食用油、水淀粉各适量

做法

1.大葱洗净切段；土豆洗净切块；鸡爪斩块，入沸水锅中，加入料酒煮沸，捞出。2.用油起锅，放入姜片、蒜末、葱段、干辣椒、花椒、鸡爪块，淋上料酒炒匀。3.加土豆块、生抽、豆瓣酱、水、老抽炒匀。4.加入鸡粉、盐、辣椒油、芝麻油，焖至入味，加入大葱段炒匀，淋入水淀粉勾芡。

春笋炒鸡胗

◉难易度：★☆☆　◉营养功效：降低血压

原 料

鸡胗350克，春笋300克，红椒15克，姜片、蒜末、葱白各少许

调 料

料酒、盐、生粉、味精、鸡粉、生抽、水淀粉、食用油各适量

烹饪小提示

春笋质地细嫩，不宜炒制过久，否则影响口感。

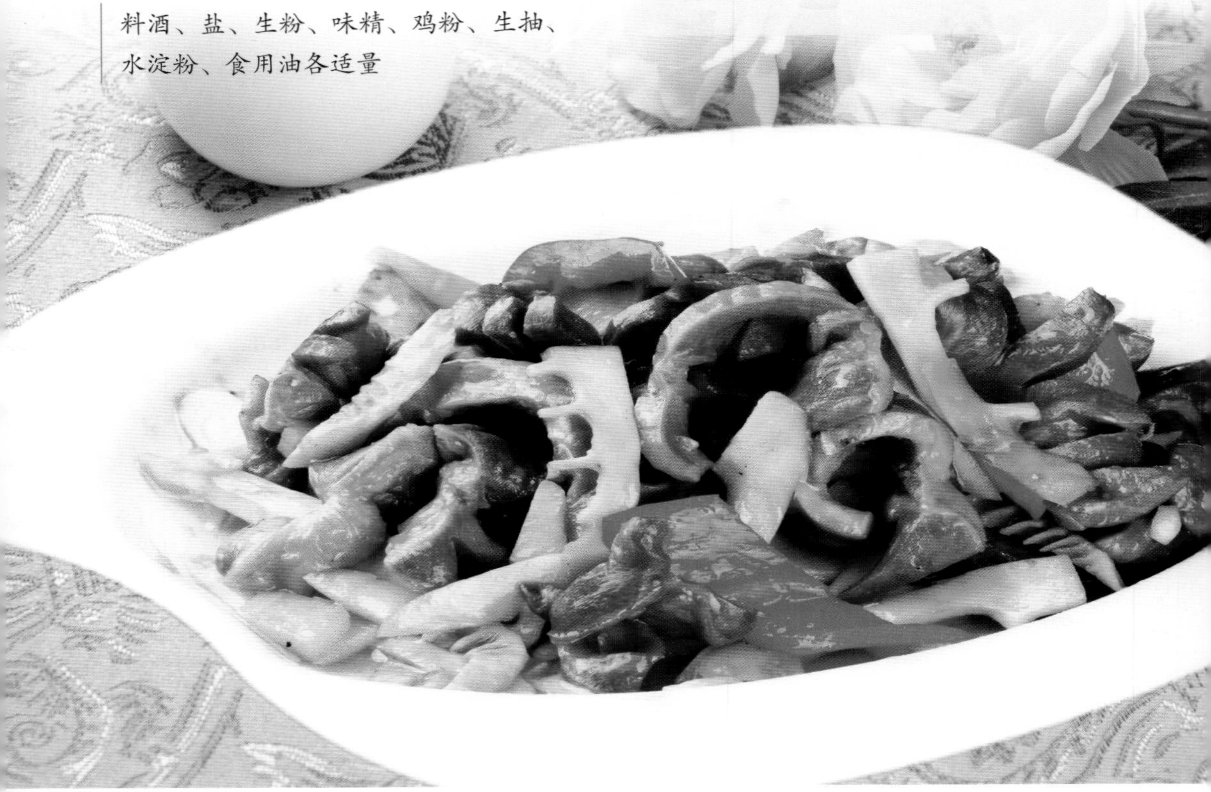

做 法

1. 春笋洗净切片；红椒洗净，去籽切片；鸡胗治净切片，装碗。

2. 将鸡胗加入料酒、盐、味精、生粉腌制；春笋片焯水。

3. 用油起锅，放入姜片、蒜末、葱白、红椒片、鸡胗片，炒熟。

4. 加入料酒、春笋片、盐、鸡粉、生抽、水淀粉，炒匀即可。

泡椒鸡胗

◉难易度：★☆☆　◉营养功效：开胃消食

原料

鸡胗200克，泡椒50克，红椒圈、姜片、蒜末、葱白各少许

调料

盐3克，味精、蚝油各3克，老抽、食用油、水淀粉、料酒、生粉各适量

做法

1.鸡胗洗净切片；泡椒切段；鸡胗中加入少许盐、味精、料酒、生粉拌匀，腌制约10分钟。2.锅注入水烧开，鸡胗片汆熟捞出。3.用油起锅，倒入鸡胗片滑油捞出。4.锅底留油，爆香姜片、蒜末、葱白、红椒圈，倒入泡椒段、鸡胗片炒至熟透。5.加入盐、味精、蚝油、老抽炒匀，加入水淀粉勾芡，淋入烧热的食用油即可。

山椒鸡胗拌青豆

◉难易度：★☆☆　◉营养功效：养心润肺

原料

鸡胗100克，青豆200克，泡椒30克，红椒15克，姜片、葱白各少许

调料

盐3克，鸡粉1克，鲜露、食用油、芝麻油、辣椒油、料酒各适量

做法

1.锅中加入水烧开，加入食用油、盐，倒入洗净的青豆煮至熟，捞出。2.原汤汁加鲜露，倒入鸡胗、料酒、姜片、葱白，煮约15分钟，将鸡胗捞出。3.红椒洗净切丁；泡椒切丁；鸡胗切块。4.将青豆、鸡胗块、泡椒丁、红椒丁倒入碗中，加入盐、鸡粉调味。5.淋入辣椒油、芝麻油，拌匀即可。

辣炒鸭丁

◉难易度：★★☆ ◉营养功效：开胃消食

原 料

鸭肉350克，朝天椒25克，干辣椒10克，姜片、葱段各少许

调 料

盐、料酒、味精、蚝油、水淀粉、辣椒酱、辣椒油、食用油各适量

烹饪小提示

腌制鸭肉时，加入少许白酒，更易去除鸭腥味。

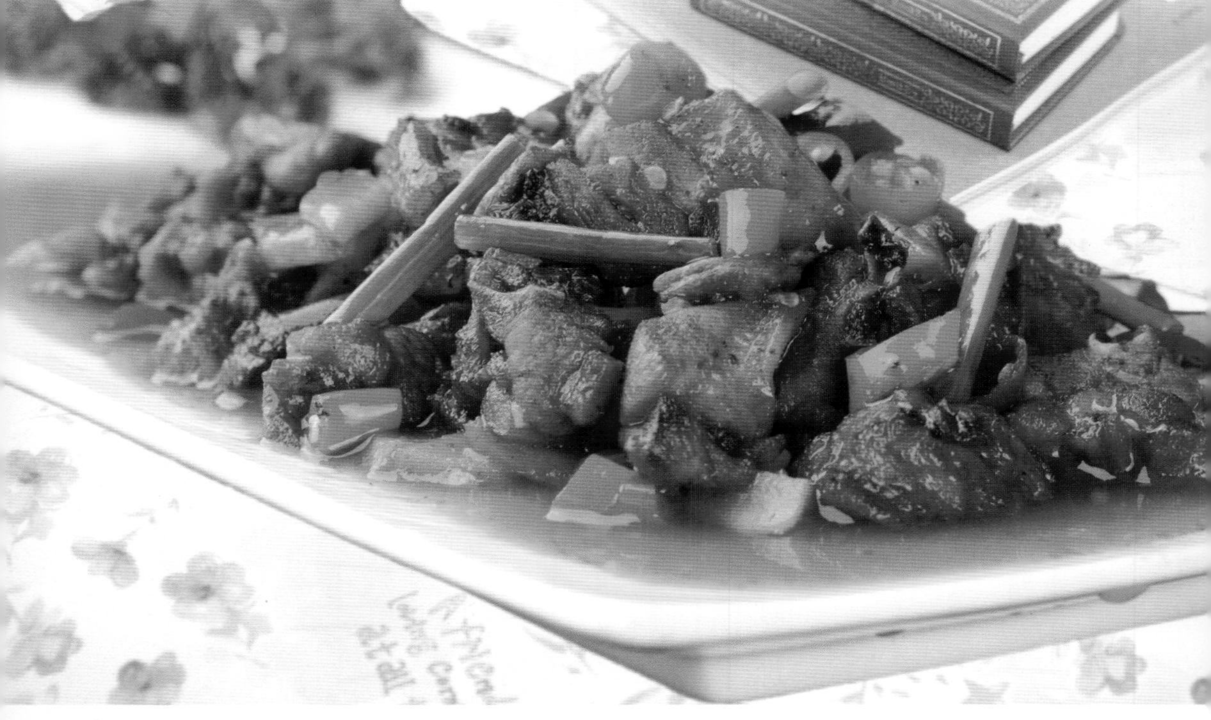

做 法

1. 鸭肉洗净斩成丁；朝天椒洗净切圈。

2. 用油起锅，倒入鸭肉丁、料酒、盐、味精、蚝油，炒熟。

3. 倒入清水，加入辣椒酱、姜片、葱段、朝天椒圈、干辣椒炒香。

4. 用水淀粉勾芡，淋入辣椒油翻炒匀，装入盘中即可。

辣椒豆豉煸鸭块

◉难易度：★★☆　◉营养功效：益气补血

原 料

鸭肉400克，青椒40克，红椒15克，豆豉20克，姜片、蒜末、葱白各少许，青椒40克

调 料

盐、鸡粉各2克，生抽5毫升，豆瓣酱10克，老抽、水淀粉、料酒、食用油各适量

做 法

1.鸭肉洗净斩块；青椒、红椒洗净切块；切好的材料装入盘中备用。2.沸水锅中放入鸭肉块，氽水捞出。3.用油起锅，炒香豆豉、姜片、蒜末、葱白，倒入鸭肉块、生抽、豆瓣酱、料酒、盐、鸡粉、清水炒匀，焖15分钟。4.放入青椒块、红椒块，收汁，调入老抽，加入水淀粉勾芡即可。

泡椒炒鸭肉

◉难易度：★☆☆　◉营养功效：降低血脂

原 料

鸭肉200克，灯笼泡椒60克，泡小米椒40克，姜片、蒜末、葱段各少许

调 料

豆瓣酱10克，盐3克，鸡粉2克，料酒5毫升，生抽、水淀粉、食用油各适量

做 法

1.灯笼泡椒切块；泡小米椒切段；鸭肉洗净切块，加入生抽、盐、鸡粉、料酒、水淀粉拌匀，腌制10分钟，入沸水锅中煮1分钟捞出。2.用油起锅，放入鸭肉块炒匀，加入蒜末、姜片、料酒、生抽炒匀。3.加入泡小米椒段、灯笼泡椒块、豆瓣酱、鸡粉炒匀，注入水用中火煮3分钟。

红油鸭块

◉难易度：★☆☆　◉营养功效：瘦身排毒

原料

烤鸭600克，红椒15克，蒜末、葱花各少许

调料

盐3克，生抽、鸡粉、辣椒油、食用油各适量

烹饪小提示

买回的烤鸭肉如果已经变凉，将凉烤鸭放入电烤箱内，用低温烤5分钟，再用高温烤5分钟即可恢复酥脆。

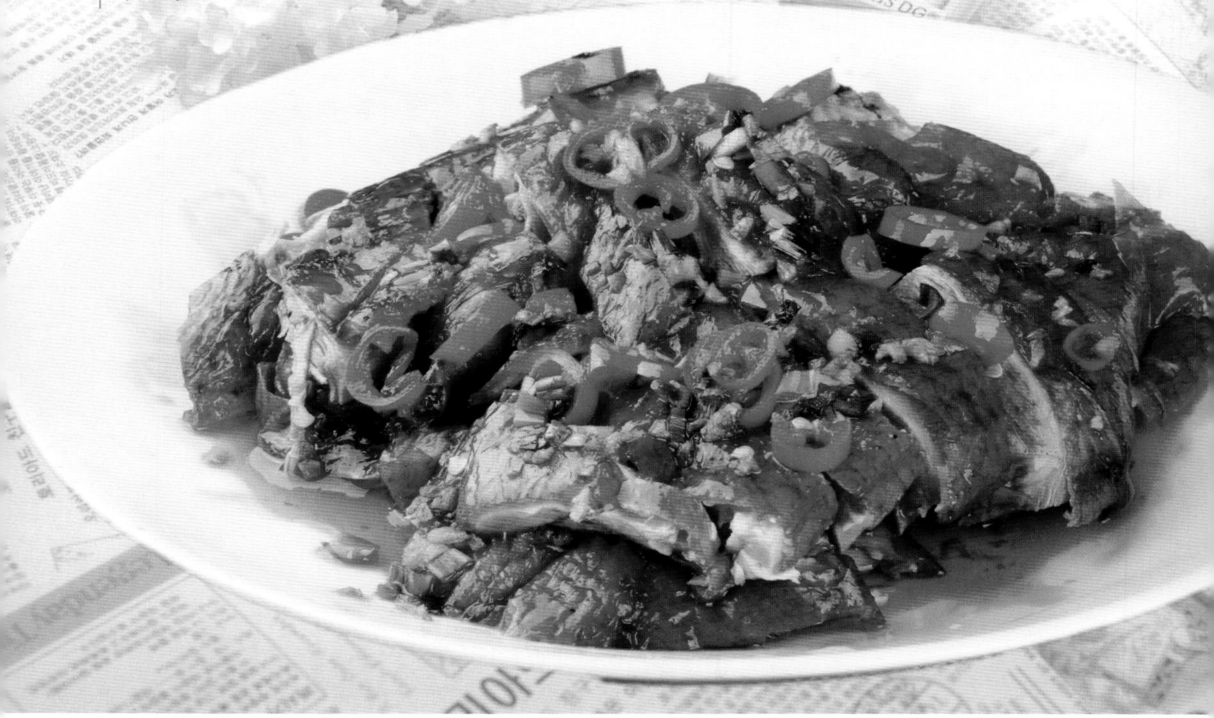

做法

1. 把洗净的红椒切成圈；烤鸭斩块。

2. 用油起锅，爆香蒜末，加入生抽、盐、鸡粉、红椒圈炒匀。

3. 淋入辣椒油，撒上葱花翻炒均匀，调制成味汁。

4. 盛出味汁浇在鸭肉块上，摆好盘即成。

做法

1 鸭肉斩块；魔芋切块；锅注水，加盐、魔芋焯熟捞出；鸭肉氽熟捞出。

2 锅注油，放入蒜、姜、葱段、干辣椒、八角、桂皮、花椒、鸭肉炒匀。

3 放入料酒、酱油、生抽、盐、味精、白糖、柱侯酱。

4 倒入魔芋块、水焖熟，加入水淀粉勾芡。

5 撒上葱叶，拣出桂皮、八角，盛入盘中即成。

烹饪时间 Times 13分钟

魔芋烧鸭

◉难易度：★★☆ ◉营养功效：瘦身排毒

原料

鸭肉、魔芋各400克，姜30克，葱段、干辣椒段、蒜、桂皮、花椒、八角各适量

调料

盐4克，味精2克，白糖、水淀粉、酱油、生抽、柱侯酱、料酒、食用油各适量

烹饪小提示

洗魔芋前可将双手抹上白醋，待醋干了后再洗魔芋，这样可避免手受到刺激而发痒。

野山椒炒鸭肉丝

◉难易度：★☆☆　◉营养功效：降低血脂

烹饪时间 Times 1分30秒

原 料

泡小米椒60克，鸭肉200克，红椒15克，姜片、蒜片、葱段各少许

调 料

盐4克，鸡粉3克，辣椒酱10克，生抽4毫升，料酒、水淀粉、食用油各适量

烹饪小提示

炒制鸭肉时，可以加入少许陈皮，不仅能有效去除鸭肉的腥味，还能增加香味。

做 法

1. 红椒、鸭肉切丝；鸭肉用盐、鸡粉、生抽、料酒、水淀粉、油腌制。

2. 用油起锅，放入姜片、蒜片、葱段、鸭肉、料酒，炒入味。

3. 倒入泡小米椒、红椒、盐、鸡粉、辣椒酱，炒匀至入味。

4. 用少许水淀粉勾芡，炒熟至入味，盛出装盘即可。

爆炒鸭丝

◉难易度：★★☆ ◉营养功效：开胃消食

烹饪时间 Times 2分钟

原料

鸭胸肉250克，香菇、蒜蓉、姜丝、葱段、青椒、红椒、姜片、干辣椒段、桂皮各适量

调料

豆瓣酱25克，味精、生抽、料酒、水淀粉、食用油各适量

做法

1 青椒、红椒、鲜香菇均洗净切丝；豆瓣酱切碎。

2 锅中加水、姜片、干辣椒段、桂皮、鸭肉煮熟捞出。

3 鸭肉切丝，用生抽、水淀粉腌制；香菇焯熟捞出。

4 用油起锅，放姜丝、蒜蓉、葱段、青红椒、香菇。

5 倒入鸭肉丝、豆瓣酱、料酒、味精、生抽，炒熟透即可。

烹饪小提示

煮鸭胸肉时，可以加入少许大蒜、陈皮一起煮，能有效去除鸭胸肉的腥味。

干锅鸭头

◉难易度：★★☆　◉营养功效：益气补血

原料

鸭头300克，青椒20克，红椒15克，干辣椒段15克，姜片、蒜末、葱白各少许

调料

盐3克，鸡粉2克，辣椒酱15克，料酒、生抽、水淀粉、老抽、食用油各适量

烹饪小提示

氽煮鸭头时可以加入少许料酒，不仅有利于去除腥味，还可使菜品味道更加鲜美。

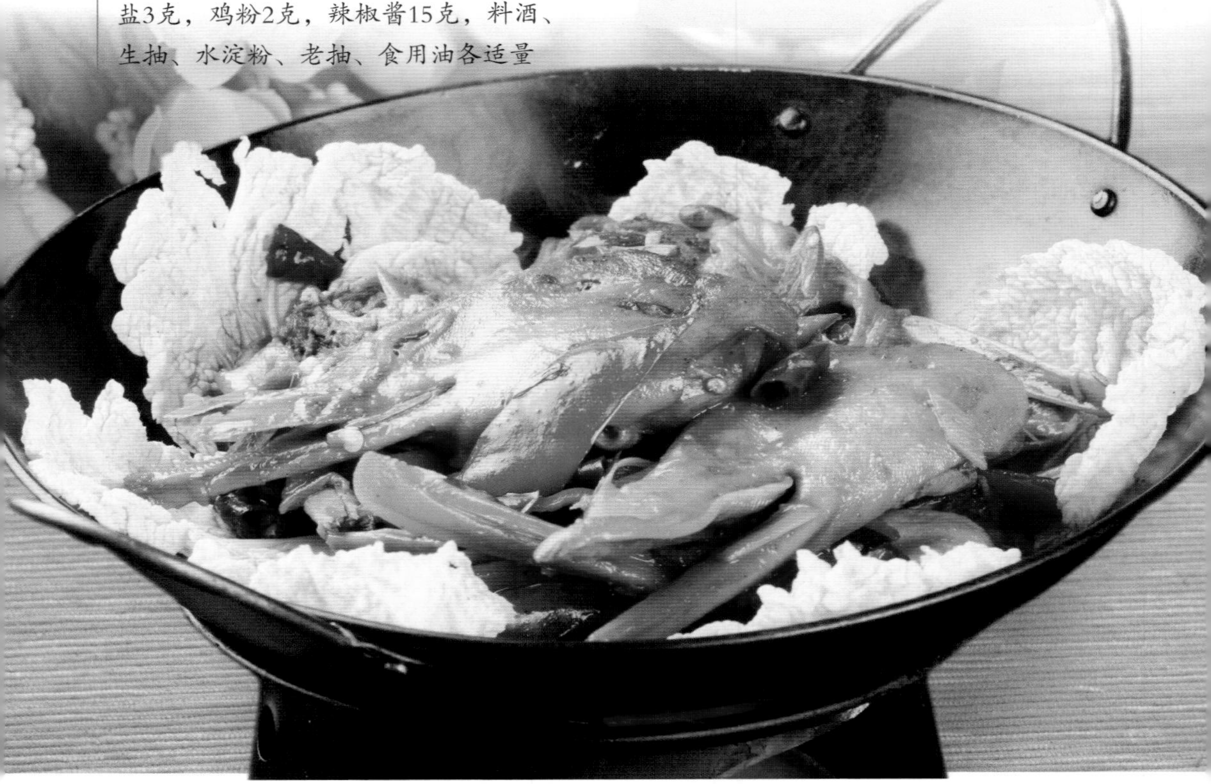

做法

1 红椒、青椒洗净切块；鸭头洗净，对切成半，焯熟捞出。

2 用油起锅，炒香姜片、葱白、蒜末、干辣椒。

3 放鸭头、料酒、辣椒酱、生抽、老抽、青椒、红椒，炒熟。

4 加入水、盐、鸡粉，焖4分钟，倒入水淀粉，炒匀即可。

做法

1 锅注水烧开，加入盐、鸡粉、料酒、鸭下巴，小火煮至入味，捞出。

2 鸭下巴装入碗中，倒入生抽、生粉，拌匀。

3 用油起锅，倒入鸭下巴，炸至焦黄色捞出。

4 锅底留油，放入蒜末、辣椒粉、花椒粉、鸭下巴炒匀。

5 放入葱花、白芝麻、辣椒油、盐，炒匀即可。

烹饪时间 Times 2分钟

椒麻鸭下巴

◉难易度：★★★　◉营养功效：清热解毒

原料

鸭下巴100克，辣椒粉15克，白芝麻17克，花椒粉7克，蒜末、葱花各少许

调料

盐4克，鸡粉2克，料酒8毫升，生抽8毫升，生粉20克，辣椒油4毫升，食用油适量

烹饪小提示

鸭下巴的腥味比较重，需要多加些调料才能将鸭下巴的腥味去除。

干锅鸭杂

◉难易度：★★★ ◉营养功效：增强免疫力

烹饪时间 Times 12分钟

原料

净鸭杂300克，青椒、蒜苗段各50克，红椒20克，姜片15克，蒜末10克，干辣椒段25克

调料

料酒、盐、味精、生粉、辣椒酱、鸡粉、水淀粉、食用油各适量

烹饪小提示

鸭杂的腥味较重，可将其放入沸水锅中汆烫3～4分钟，再用调味料腌渍约5分钟，味道不仅鲜美，而且也没有异味。

做法

1 青椒、红椒、鸭肝、鸭心均切片；鸭胗切花刀，加入料酒、盐、味精。

2 加入生粉腌制；用油起锅，放入蒜末、姜片、干红椒、青椒炒匀。

3 放入红椒、鸭杂、料酒、辣椒酱、水、盐、鸡粉、味精，炒匀。

4 用水淀粉勾芡，放入蒜苗段炒熟，盛入干锅即可。

做法

1 卤水锅中加入鲜鸭胗、姜片、盐、鸡粉、生抽、料酒卤好捞出。

2 花生米炸熟捞出；黄瓜切片；红椒切块；香菜切段；葱切粒。

3 鸭胗切片，加入黄瓜片、红椒块、香菜段、葱粒、姜末、盐、鸡粉。

4 加入生抽、辣椒油、陈醋。

5 淋入芝麻油，放入花生米，拌匀即可。

烹饪时间 Times 16分钟

香辣鸭胗

◉难易度：★★☆ ◉营养功效：保肝护肾

原料

鲜鸭胗200克，黄瓜100克，花生米60克，红椒15克，姜片、姜末、葱、香菜各适量

调料

盐13克，鸡粉、生抽、辣椒油、陈醋、芝麻油、料酒、卤水、食用油各适量

烹饪小提示

炸花生米的时候，要注意火候，炸至花生米表面呈金黄色最佳。

香芹拌鸭肠

◉难易度：★☆☆ ◉营养功效：增强免疫力

原料

熟鸭肠150克，红椒15克，芹菜70克

调料

盐3克，生抽3毫升，陈醋5毫升，鸡粉2克，芝麻油适量，食用油少许

烹饪小提示

在切红椒时，先将刀在冷水中蘸一下，再切就不会辣眼睛了。

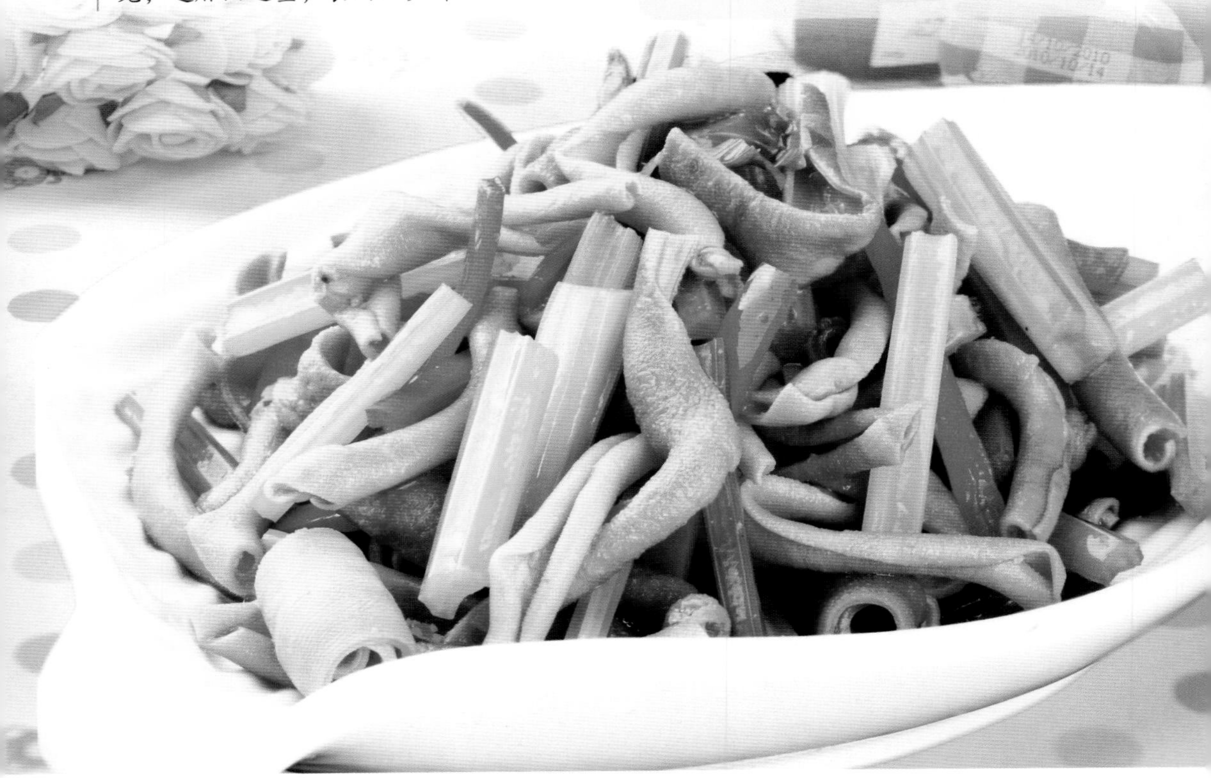

做法

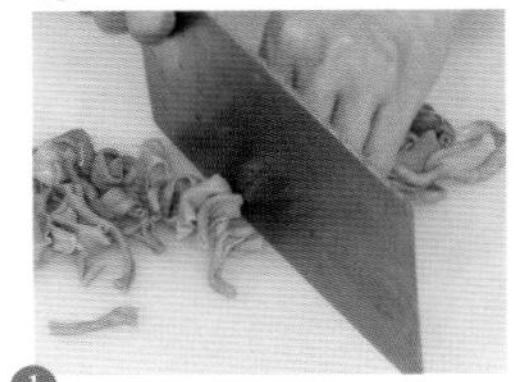

1. 芹菜洗净切段；红椒洗净切丝；鸭肠切段入沸水锅中汆水捞出。

2. 沸水锅中倒入芹菜段、红椒丝，焯煮至熟，捞出沥干。

3. 将芹菜段、红椒丝装入碗中，放入熟鸭肠段、生抽、陈醋。

4. 加入盐、鸡粉，淋上少许芝麻油拌匀至入味，盛入盘中即可。

香拌鸭肠

◉难易度：★★☆　◉营养功效：保肝护肾

烹饪时间 Times 10分钟

原料

鲜鸭肠250克，芹菜60克，青椒、红椒各15克，蒜末20克

调料

盐3克，鸡粉2克，陈醋8毫升，辣椒油8毫升，卤水2000毫升

做法

1 洗净的鲜鸭肠放入煮沸的卤水中。

2 烧开后转小火卤至入味，捞出晾凉。

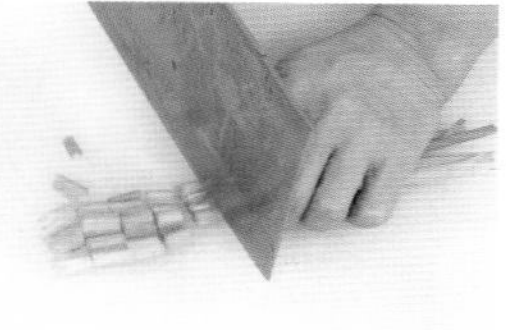

3 芹菜洗净切段；红椒、青椒洗净切圈；鸭肠切块。

4 取一碗，倒入切好的食材、蒜末，加入盐、鸡粉、陈醋、辣椒油。

5 搅拌均匀，盛出装入盘中即可。

烹饪小提示

卤鸭肠的时间不能太长，否则会让鸭肠失去韧脆的口感，鸭肠切块时也不宜切得太大。

小炒仔鹅

◉难易度：★★☆　◉营养功效：增强免疫力

原 料

鹅胸肉350克，香芹段50克，蒜苗段、朝天椒圈各少许

调 料

盐5克，味精2克，生抽、料酒各10毫升，食用油35毫升

烹饪小提示

鹅胸肉先用花生油炸好，再炒制成菜肴，味道会更香嫩。

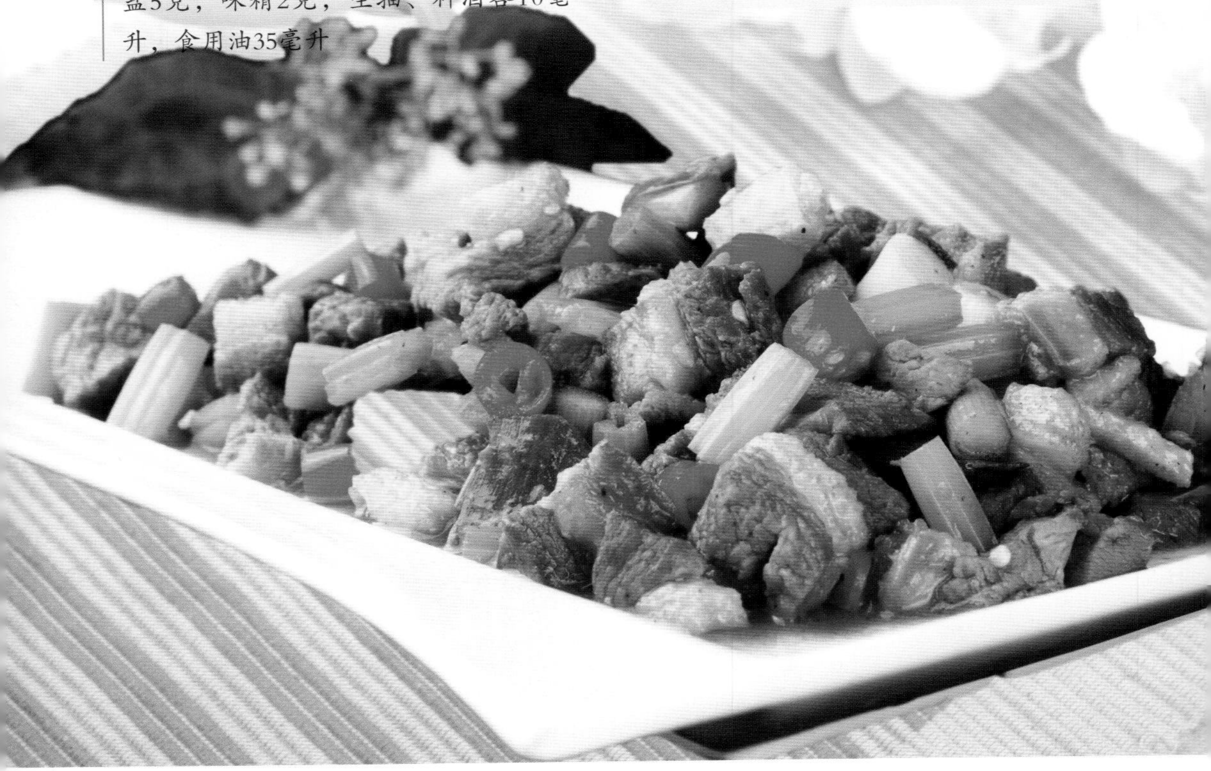

做 法

1 鹅胸肉洗净切丁，装碗中，加入料酒、盐、味精、生抽腌制。

2 用油起锅，放入鹅胸肉丁爆香，淋入料酒，炒匀。

3 倒入朝天椒圈、蒜苗段，炒香，加入盐、味精调味。

4 放入香芹段、生抽，炒熟，用水淀粉勾芡，盛入盘中即成。

小炒鹅肠

◉难易度：★★☆ ◉营养功效：开胃消食

原料

鹅肠350克，青椒片、红椒片各10克，生姜片、蒜末各15克，葱白少许

调料

盐、味精、辣椒酱、胡椒粉、料酒、蚝油、食用油各适量

做法

1.鹅肠用盐水洗净，切段。2.锅中倒入适量清水烧开，倒入鹅肠，汆煮至断生捞出。3.热锅中注入食用油，放入生姜片、蒜末爆香，倒入鹅肠段略炒，加入料酒翻炒熟。4.加入适量盐、味精、辣椒酱调味，倒入青椒片、红椒片拌炒匀，加入蚝油提鲜，撒入胡椒粉拌匀，出锅即成。

泡菜炒鹅肠

◉难易度：★☆☆◉营养功效：增强免疫力

原料

鹅肠200克，泡菜80克，干辣椒10克，姜片、蒜苗段各少许

调料

盐、味精、蚝油、料酒、水淀粉、辣椒油、食用油各适量

做法

1.鹅肠洗净，切段，装盘。2.用油起锅，放入姜片爆香，倒入鹅肠段、干辣椒炒香。3.倒入泡菜，炒约2分钟至鹅肠段熟透。4.加入盐、味精、蚝油、料酒，炒匀。5.放入蒜苗梗炒匀，倒入少许水淀粉勾芡，撒入蒜苗叶拌炒匀。6.淋入少许辣椒油，快速拌炒匀，盛入盘中即可。

泡椒鹅肠

◉难易度：★☆☆　◉营养功效：益气补血

原 料

鹅肠400克，灯笼泡椒、泡小米椒各20克，葱段、姜片各少许

调 料

盐3克，水淀粉10毫升，味精、蚝油、芝麻油、食用油各适量

烹饪小提示

鹅肠切段时应稍微切得长一些，因为鹅肠入沸水氽烫后会收缩变短。

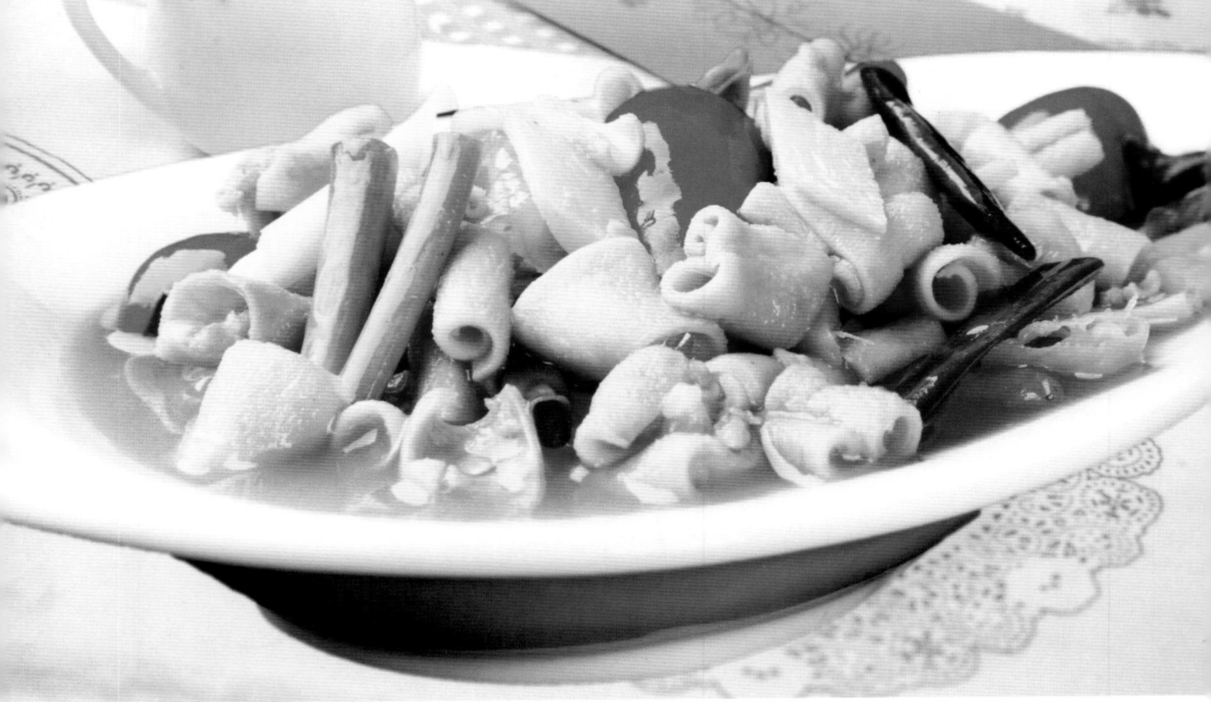

做 法

1 鹅肠洗净切段；泡小米椒切段；灯笼泡椒切半。

2 锅中注水烧开，放入鹅肠段氽熟捞出；锅注油，爆香葱白、姜片。

3 倒入鹅肠、料酒，炒香、盐、味精、蚝油炒匀，放入灯笼泡椒。

4 倒入泡小米椒段拌炒匀，撒入葱叶炒入味，盛出即可。

香芹鹅肠

烹饪时间
Times
4分钟

◉难易度：★☆☆ ◉营养功效：益气补血

原料

香芹100克，鹅肠200克，干辣椒、姜片、蒜末、红椒丝、葱白各少许

调料

盐、味精、鸡粉、蚝油、辣椒酱、水淀粉、料酒、食用油各适量

做法

1 将洗净的香芹切段；鹅肠切段。

2 用油起锅，爆香干辣椒、姜片、蒜末、葱白、红椒丝。

3 放入鹅肠段、料酒、香芹段，拌炒约2分钟至熟。

4 加入盐、味精、鸡粉、蚝油、辣椒酱，炒匀。

5 倒入水淀粉勾芡，淋入熟油拌匀，盛出即成。

烹饪小提示

芹菜易熟，所以炒制芹菜的时间不要太长，否则成菜口感不脆嫩。

香辣炒乳鸽

◉难易度：★★☆ ◉营养功效：益气补血

原 料

鸽肉120克，干辣椒10克，青椒、红椒各15克，豆瓣酱、生姜片、蒜末各少许

调 料

盐、味精、料酒、生抽、生粉、辣椒酱、辣椒油、水淀粉各适量

烹饪小提示

倒入姜片、蒜末时用大火爆香，炒香后再倒入鸽肉，不断翻炒更易入味。

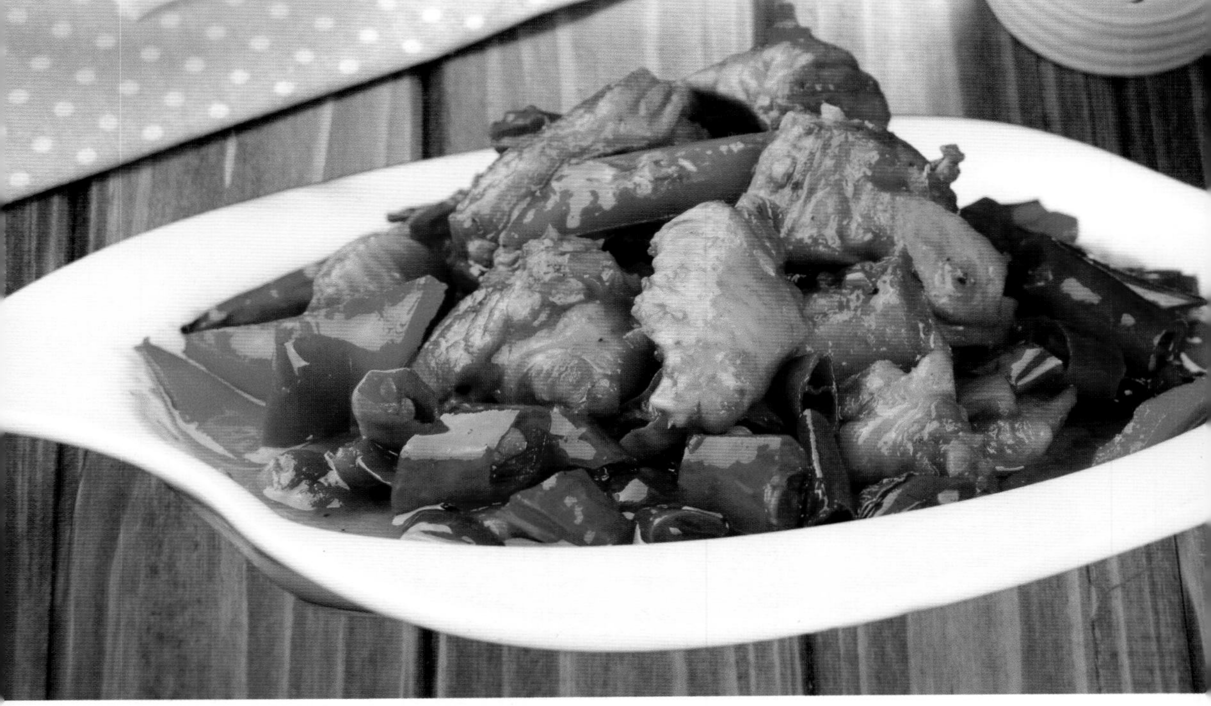

做 法

1. 将洗净的鸽肉斩块；洗净的青椒、红椒均切片。

2. 鸽肉块用盐、味精、料酒、生抽、生粉腌制，入油锅炸熟捞出。

3. 锅底留油，放入生姜片、蒜末、青椒、红椒、豆瓣酱、干辣椒。

4. 放入鸽肉块、料酒、辣椒酱、辣椒油、味精、盐、水淀粉炒匀即可。

小炒乳鸽

◉难易度：★☆☆　◉营养功效：保肝护肾

原料

乳鸽1只，青椒片、红椒片各20克，生姜片、蒜蓉各15克

调料

盐、味精、蚝油、料酒、食用油、辣椒酱、辣椒油各适量

做法

1.乳鸽洗净，斩成块状，备用。2.用油起锅，放入乳鸽块翻炒片刻，调入料酒炒匀，加入辣椒酱炒2~3分钟。3.倒入生姜片、蒜蓉，翻炒约5分钟至乳鸽块熟透。4.加入适量盐、味精、蚝油调味。5.放入青椒片、红椒片炒熟。6.淋入少许辣椒油拌匀即成。

干锅乳鸽

◉难易度：★★★　◉营养功效：开胃消食

原料

乳鸽120克，青椒、红椒、蒜苗、干辣椒、豆瓣酱、蒜末、姜片、葱段各适量

调料

盐、鸡粉、料酒、水淀粉、味精、食用油、生抽、生粉各适量

做法

1.乳鸽洗净斩块；蒜苗洗净切段；青椒、红椒均洗净切片；鸽肉中加入盐、味精、料酒、生抽、生粉腌制，入油锅炸熟捞出。2.用食用油起锅，倒入蒜末、姜片、青椒片、红椒片、干辣椒、乳鸽块、料酒。3.加入豆瓣酱、盐、鸡粉、水炒匀。4.放入蒜苗、水淀粉、葱段炒熟即可。

辣椒炒鸡蛋

◉难易度：★☆☆ ◉营养功效：开胃消食

烹饪时间 Times 3分30秒

原料

青椒50克，鸡蛋2个，红椒圈、蒜末、葱白各少许

调料

食用油30毫升，盐3克，鸡粉3克，水淀粉、味精、食用油各适量

烹饪小提示

在打散的鸡蛋里放入少量清水，待搅拌后放入锅里，炒出的鸡蛋较嫩。

做法

1 洗净的青椒切块；鸡蛋打入碗中，加入盐、鸡粉打散调匀。

2 用油起锅，倒入蛋液拌匀，翻炒至熟，盛入盘中备用。

3 用食用油起锅，倒入蒜末、葱白、红椒圈炒匀。

4 放入青椒块、盐、味精、鸡蛋，炒匀，加入水淀粉勾芡即可。

豆豉荷包蛋

◉难易度：★☆☆ ◉营养功效：保肝护肾

原料

鸡蛋3个，蒜苗80克，小红椒1个，豆豉20克，蒜末少许

调料

盐3克，鸡粉3克，生抽、食用油各适量

做法

1.小红椒洗净切圈；蒜苗洗净切段。2.用油起锅，打入鸡蛋，翻炒几次，煎至成形，把煎好的荷包蛋放入碗中。按同样方法再煎2个荷包蛋。3.锅底留油，放入蒜末、豆豉，炒香。加入切好的小红椒、蒜苗，炒匀。4.放入荷包蛋，炒匀，放入少许盐、鸡粉、生抽，炒匀调味，然后盛出炒好的荷包蛋，装入盘中即可。

香辣金钱蛋

◉难易度：★☆☆ ◉营养功效：益气补血

原料

熟鸡蛋3个，圆椒55克，泡小米椒25克，蒜末、葱花各少许

调料

生抽、水淀粉各5毫升，盐、鸡粉各2克，料酒10毫升，芝麻油2毫升，食用油适量

做法

1.将泡小米椒切碎；圆椒洗净切粒；熟鸡蛋去皮，切片。2.用油起锅，放入蒜末、圆椒、泡小米椒，翻炒匀，倒入鸡蛋，加入少许生抽，炒匀上色。3.淋入料酒，放入盐、鸡粉，炒匀调味。4.倒入水淀粉，翻炒片刻，淋入芝麻油炒匀至食材入味，把炒好的菜肴盛出即可。

鹌鹑蛋烧豆腐

◉难易度：★☆☆　◉营养功效：益气补血

原料

熟鹌鹑蛋150克，豆腐200克，葱花少许

调料

盐5克，鸡粉2克，生抽5毫升，老抽2毫升，豆瓣酱10克，水淀粉10毫升，食用油适量

烹饪小提示

豆腐入锅翻炒时，尽量采用轻推的方法，以免豆腐碎烂。

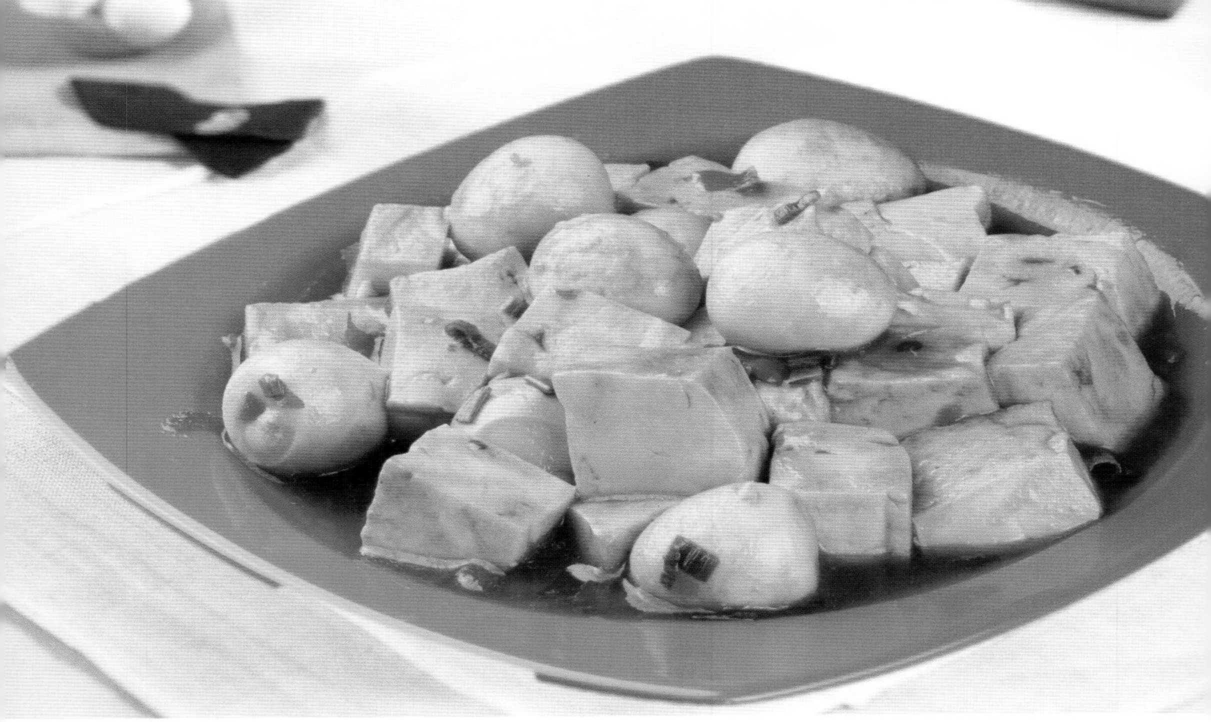

做法

1. 豆腐切块；水烧开，加入盐、食用油、豆腐块，汆水后捞出。

2. 用油起锅，放入去壳鹌鹑蛋、老抽、水、豆瓣酱、鸡粉、盐。

3. 放入生抽、豆腐，煮约1分钟，大火收汁，倒入水淀粉勾芡。

4. 撒入葱花快速拌炒匀，盛出装盘即成。

Part 5

鲜美水产

水产一直是人们喜爱的食物，它们含有丰富的优质蛋白质，而且胆固醇的含量普遍较低，具有鲜香爽口、易于消化的特点，与畜肉类相比具有更高的调养滋补的价值。川菜中水产的做法多种多样，无论是干烧，还是焖煮，或者水蒸，通常离不开青椒、红椒、豆瓣酱、花椒等调味料。本章推荐了川菜中最正宗的水产类美食，它们味香色浓，口感或辣爽，或清淡，总之继续彰显了川菜原汁原味的特色，十分诱人，值得每一位读者去用心品味和品尝。

豆花鱼片

◉难易度：★☆☆ ◉功效：养颜美容

原 料

草鱼500克，豆花200克，葱段、姜片各少许

调 料

鸡粉、味精、盐、蛋清、水淀粉、食用油各适量

烹饪小提示

事先将豆花放入蒸锅用小火蒸一会儿，可以增加成菜的风味。

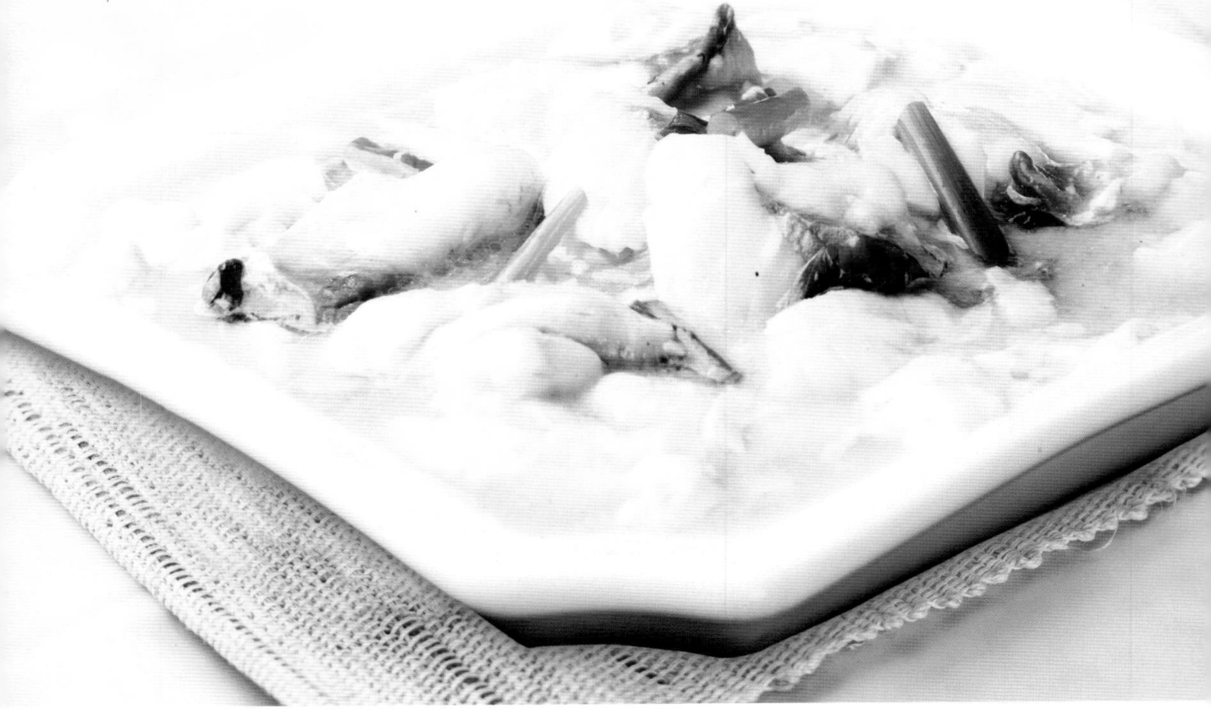

做 法

1. 草鱼洗净去骨，切片，加味精、盐、蛋清、水淀粉、食用油腌制。

2. 用油起锅，倒入姜片爆香，注入适量清水煮沸，加入鸡粉、盐。

3. 倒入鱼肉煮熟，用水淀粉勾芡，淋入食用油，撒上葱段拌匀。

4. 豆花装盘，放上鱼肉片，浇入原锅汤汁即成。

烹饪时间 Time 3分钟

外婆片片鱼

◉难易度：★★☆ ◉功效：开胃消食

原料

草鱼肉180克，黄豆芽150克，蒜片、葱段、姜片各25克，干辣椒段15克，蛋清少许

调料

盐3克，鸡粉、味精、胡椒粉、水淀粉、食用油各适量

做法

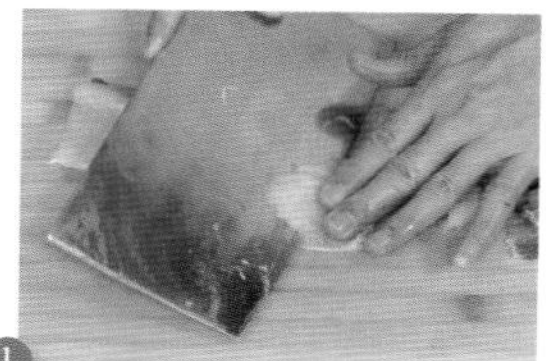

1 鱼洗净切片；豆芽洗净；鱼用盐、味精、鸡粉、胡椒粉、水淀粉、蛋清、油腌渍。

2 锅注水加盐、鸡粉、油烧沸，黄豆芽焯熟装碗。

3 锅注油，加姜、蒜、葱、干辣椒炒匀。

4 加入水、盐、鸡粉、草鱼肉片煮熟。

5 加入水淀粉勾芡，拌匀，盛入碗中即成。

烹饪小提示

鱼肉片下锅前要先将汤汁调好味，入锅后煮制的时间也不能太久，否则鱼肉容易碎。

干烧岩鲤

◉难易度：★★☆　◉功效：防癌抗癌

原 料

鲤鱼150克，肥肉、腊肉、蒜蓉、姜片、灯笼泡椒、葱段、葱花各适量

调 料

盐、味精、醪糟汁、白糖、料酒、辣椒油、豆瓣酱、生粉、肉汤、食用油各适量

烹饪小提示

炸制鲤鱼的油温不可太高，以免炸焦，影响成品外观和口感。

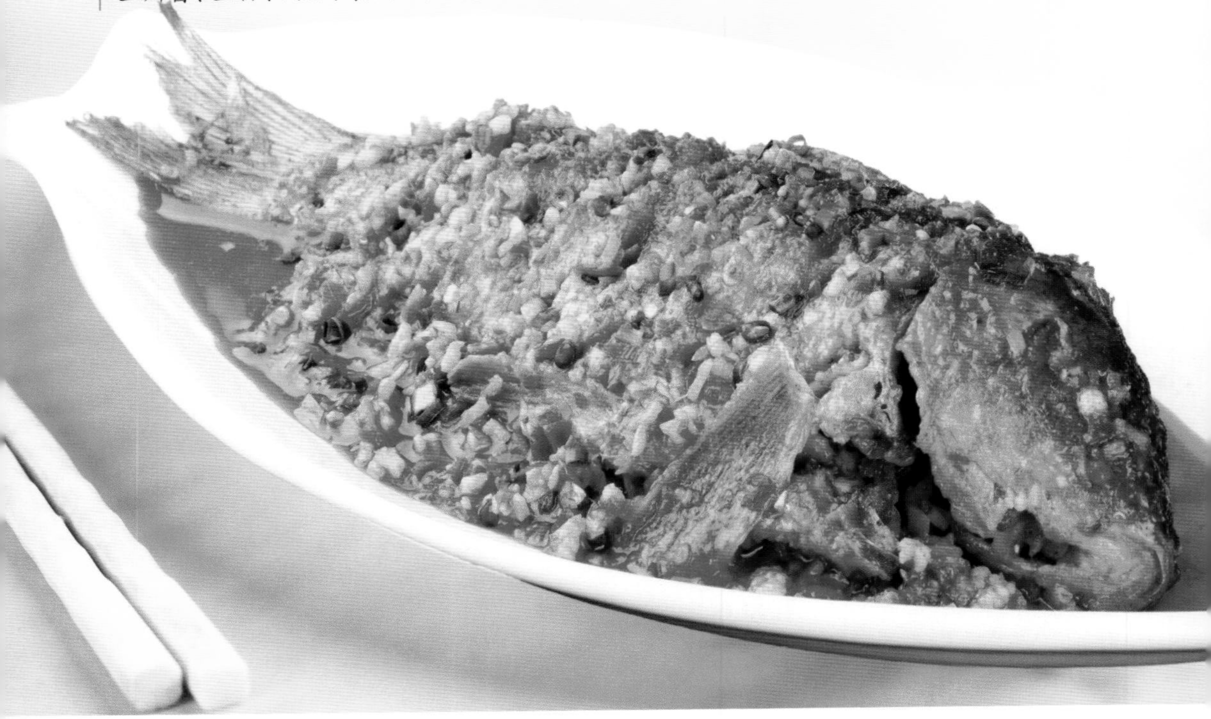

做 法

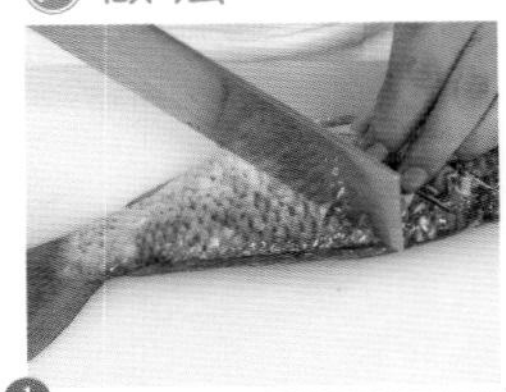

1. 鲤鱼治净打花刀；肥肉、腊肉切末；灯笼泡椒、豆瓣酱切碎。

2. 鱼加盐、味精、白糖、料酒、葱、姜、生粉腌制，略炸。

3. 锅留油，爆香肉末、姜、蒜，放豆瓣酱、料酒、醪糟、肉汤煮沸。

4. 下鲤鱼焖煮，加盐、味精、辣椒油拌匀，盛出，撒葱花即成。

爆炒生鱼片

◉难易度：★☆☆ ◉功效：保肝护肾

原料

生鱼550克，青椒、红椒各15克，葱、生姜、大蒜各适量

调料

盐3克，味精、水淀粉、白糖、料酒、辣椒酱、食用油各少许

做法

1.生鱼治净去骨，取肉切片；青椒、红椒洗净切片；大蒜、生姜去皮切片；葱洗净切段。2.鱼加盐、味精、水淀粉、油腌渍。3.锅加水、油煮沸，放青椒、红椒焯水捞出；生鱼片滑油捞出。4.锅留底油，加入姜片、蒜片和辣椒酱炒香，加入青椒、红椒、葱、生鱼片、盐、味精、白糖和料酒炒匀即可。

水煮财鱼

◉难易度：★☆☆ ◉功效：增强免疫力

原料

生鱼300克，泡椒、姜片、蒜末、蒜苗段各少许

调料

味精、盐、鸡粉、豆瓣酱、辣椒油、生粉、水淀粉、食用油各适量

做法

1.泡椒切碎；生鱼洗净切下头，将肉切片，再将鱼骨、头斩块。2.鱼骨加盐、味精、生粉腌制；鱼片加盐、味精、水淀粉、油腌制。3.起油锅，下蒜、姜、蒜梗、泡椒、豆瓣酱炒香，放入鱼骨块，加水煮沸，加味精、盐、鸡粉煮入味，捞出。4.放鱼肉片煮沸，加辣椒油、蒜叶拌匀，盛出，浇入汤汁即可。

川江鲇鱼

◉难易度：★★☆　◉功效：增强免疫力

原料

鲇鱼700克，泡小米椒、灯笼泡椒各30克，蒜苗100克，姜片、葱白各少许

调料

盐4克，鸡粉3克，生抽、料酒各少许，豆瓣酱15克，生粉、食用油各适量

烹饪小提示

蒜苗梗比蒜苗叶更不易炒熟，所以烹饪时不能同时放锅里炒，避免出现蒜苗梗半生不熟的情况。

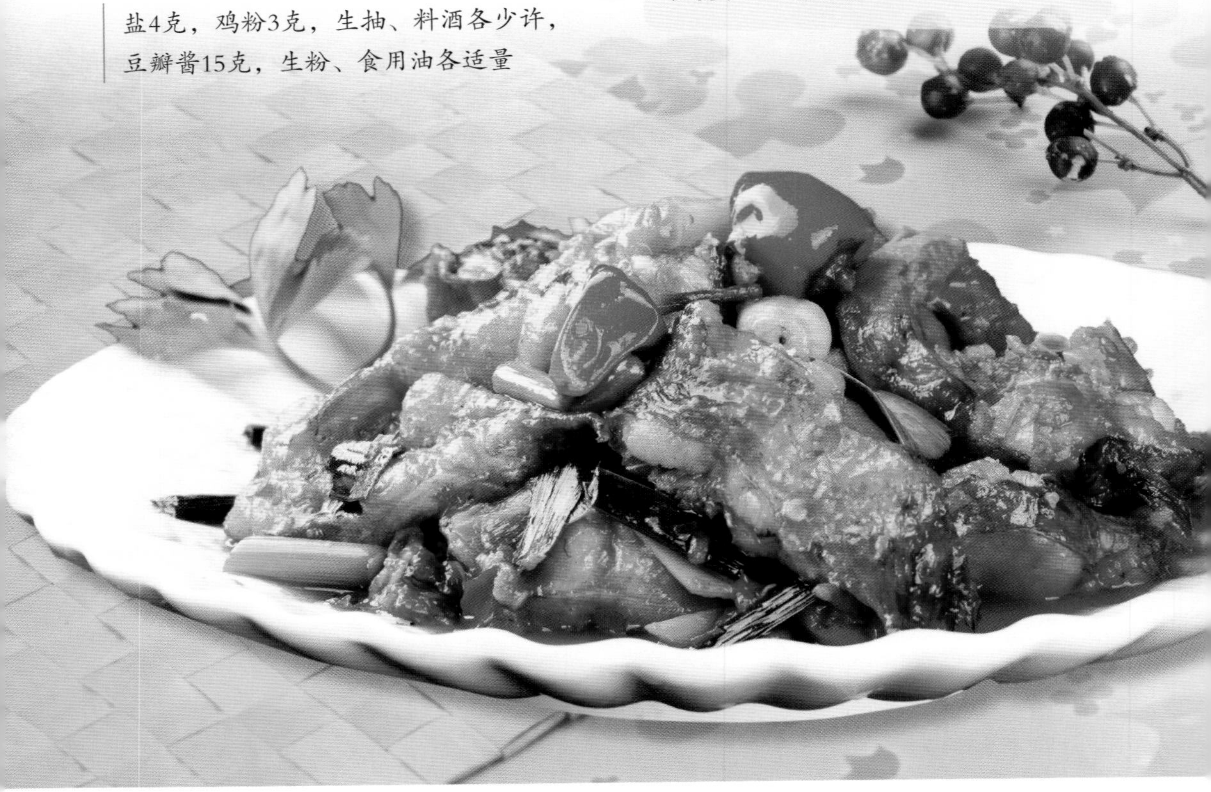

做法

1 小米椒切丁；蒜苗切段；鲇鱼切段，加盐、鸡粉、生抽、料酒、生粉腌制。

2 鲇鱼段入油锅炸至两面焦黄，捞出；起油锅，炒香姜片、葱白。

3 加小米椒、灯笼泡椒、蒜苗梗、水、豆瓣、盐、鸡粉、生抽煮沸。

4 倒入鲇鱼，煮至入味，放入蒜苗叶炒匀，大火收汁即可。

红烧鲇鱼

◉难易度：★★☆ ◉功效：益气补血

烹饪时间 Time 2分30秒

原料

鲇鱼150克，冬笋50克，干辣椒、姜片、葱白、葱段、香菇丝各少许

调料

盐5克，白糖、味精、水淀粉、蚝油、料酒、生粉、老抽、葱油、食用油各适量

做法

1. 鲇鱼切块；冬笋去皮洗净切丝；鲇鱼加盐、白糖、料酒、生粉腌制。

2. 鲇鱼块炸至金黄色。

3. 油锅放姜、葱、鲇鱼、冬笋、干辣椒、香菇。

4. 加料酒、水、盐、味精、蚝油、老抽。

5. 用水淀粉勾芡，淋入葱油，撒入葱段炒匀即可。

烹饪小提示

冬笋切好后，放入淡盐水中清洗，可去其涩味。

干烧鲈鱼

◉难易度：★★☆ ◉功效：保肝护肾

原 料

鲈鱼600克，红椒15克，泡小米椒40克，姜片、蒜末、葱段各少许

调 料

陈醋20毫升，盐2克，鸡粉、生抽、生粉、水淀粉、老抽、料酒、食用油各适量

烹饪小提示

将鲈鱼去鳞剖腹洗净后，放入盆中，倒一些黄酒或牛奶腌渍，可除去鱼的腥味，并能使鱼滋味鲜美。

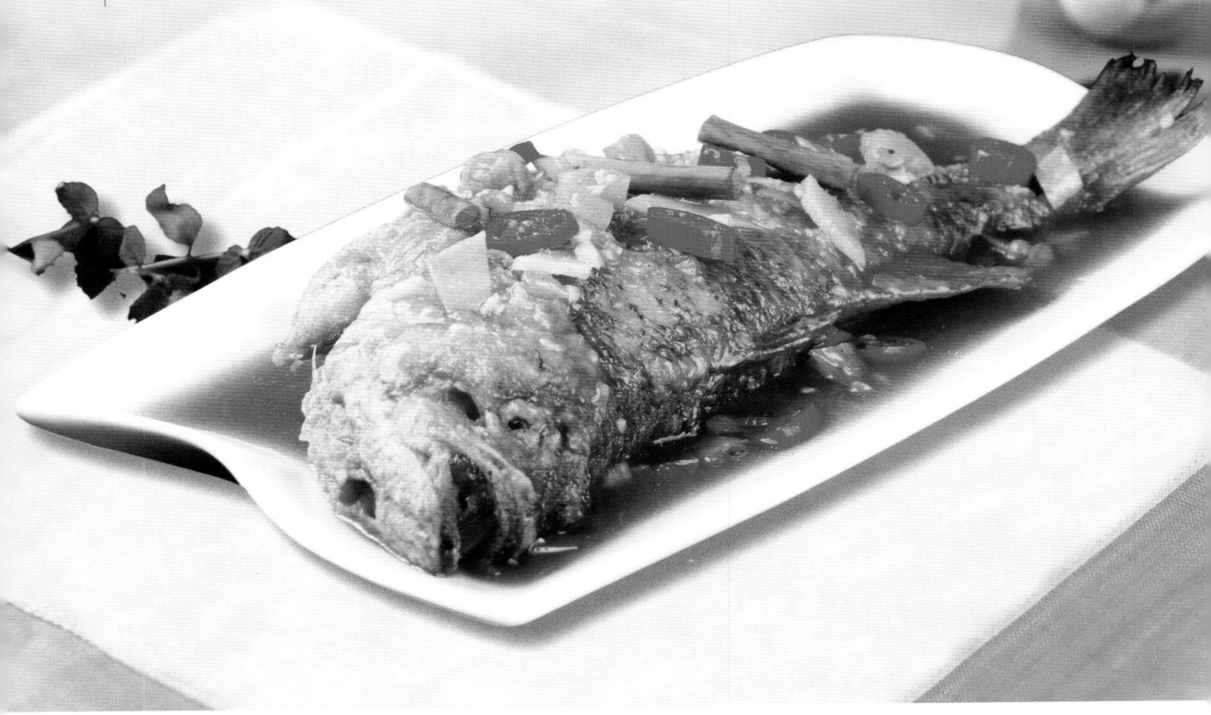

做 法

1 红椒、泡小米椒切圈；鲈鱼加盐、生粉抹匀，炸至金黄色。

2 油锅炒香姜、蒜、红椒、小米椒、料酒、水、盐、鸡粉。

3 加生抽、老抽煮沸，加陈醋、鲈鱼，慢火烧煮3分钟，盛盘。

4 原汤加水淀粉勾芡，浇在鲈鱼上，撒上葱段即可。

烹饪时间 Time 5分钟

功夫鲈鱼

◉难易度： ◉功效：开胃消食

原料

鲈鱼1条，菜心150克，青椒、红椒各20克，泡椒30克

调料

盐5克，味精2克，胡椒粉、生粉、食用油各适量

烹饪小提示

鲈鱼洗净后，放入盆中倒入黄酒略微腌制，就能除去鱼的腥味，并能使鱼肉滋味鲜美。

做法

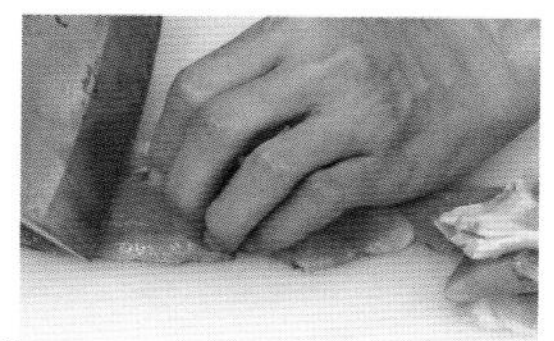

1. 泡椒切碎；红椒、青椒切圈；鲈鱼治净，取肉切片，将鱼骨斩块。

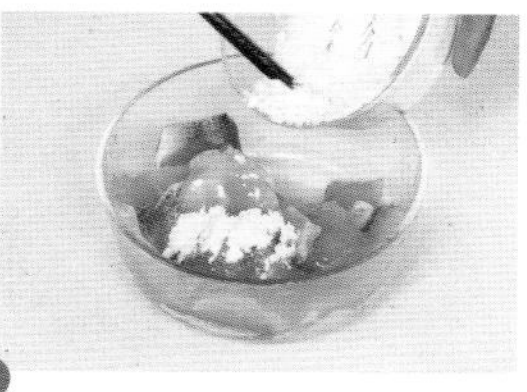

2. 鱼肉、鱼骨加盐、味精、胡椒粉、生粉腌制。

3. 鱼头、尾用盐、生粉拌匀；青椒、红椒用盐、味精拌匀。

4. 菜心焯熟；鲈鱼头、尾入热油锅稍炸捞出。

5. 鱼肉、鱼骨滑油；食材摆盘，淋入热油即可。

泡椒黄鱼

◉难易度：★★☆ ◉功效：益气补血

原料

灯笼泡椒、泡小米椒各50克，黄鱼450克，姜片、蒜末、葱白各少许

调料

豆瓣酱、辣椒酱、盐、味精、鸡粉、生粉、料酒、老抽、水淀粉、食用油各适量

烹饪小提示

烹饪前，可先将黄鱼放入牛奶中浸泡一下，这样既能去腥，又能增加鱼的鲜味。

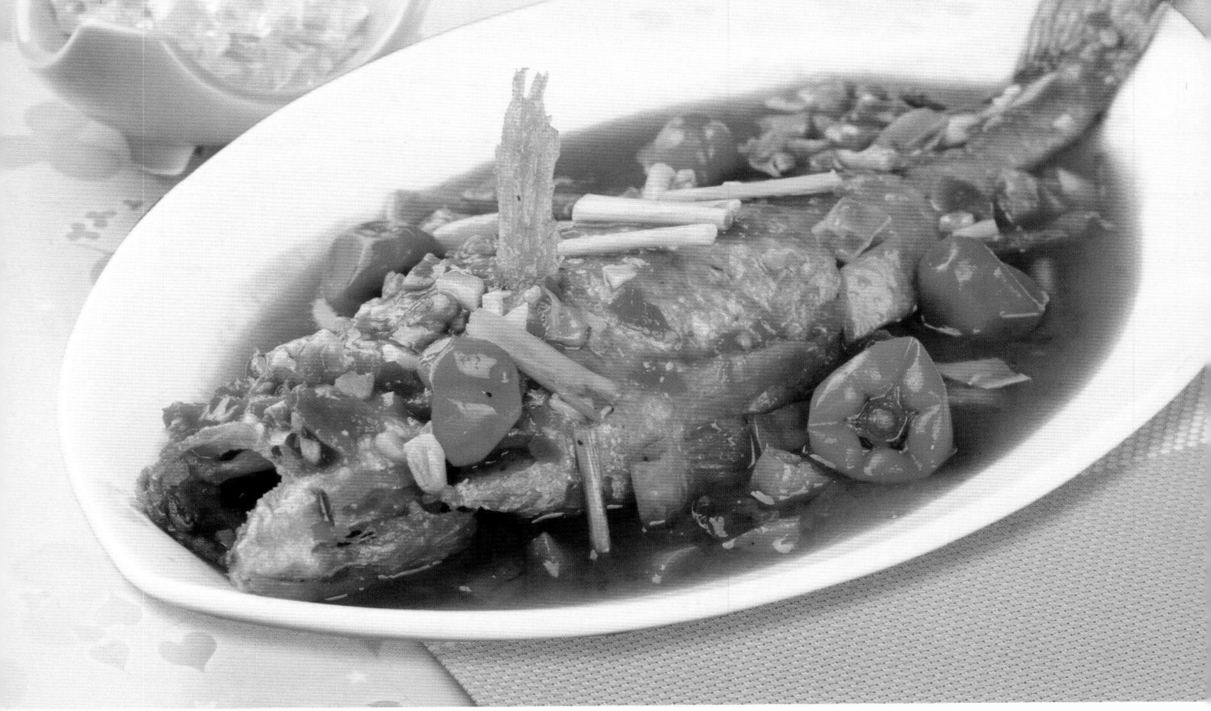

做法

1. 小米椒切丁；黄鱼治净，加盐、味精、料酒、生粉腌制，炸熟。

2. 用油起锅，炒香姜片、蒜末、泡小米椒丁、灯笼泡椒。

3. 加水、豆瓣酱、辣椒酱、盐、鸡粉、老抽、黄鱼煮入味，装盘。

4. 原汤汁加入水淀粉勾芡，放入葱段拌匀，浇在黄鱼身上即成。

做法

1 酸菜洗净切碎；小黄鱼洗净，加盐、鸡粉、生抽、料酒、生粉腌制。

2 小黄鱼下入油锅炸至金黄色后捞出。

3 锅留油，爆香葱段、姜片、蒜末、剁椒、酸菜。

4 加豆瓣、鸡粉、盐、料酒、水、小黄鱼煮入味。

5 将鱼盛出，汤汁加水淀粉调成浓汁，浇在黄鱼身上即可。

烹饪时间 Time 6分钟

酸菜剁椒小黄鱼

◉难易度：★★☆ ◉功效：降低血糖

原料

小黄鱼230克，酸菜80克，剁椒20克，姜片、蒜末、葱段各少许

调料

豆瓣酱5克，盐、鸡粉各2克，生粉7克，生抽、料酒、水淀粉、食用油各适量

烹饪小提示

酸菜切碎后可用清水多冲洗几次，这样才能将其杂质去除干净。

干烧福寿鱼

◉难易度：★★☆ ◉功效：养心润肺

原料

福寿鱼400克，蒜苗30克，干辣椒8克，姜片、蒜末、葱段各少许

调料

鸡粉5克，盐6克，面粉10克，豆瓣酱20克，生抽、老抽、水淀粉、食用油各适量

烹饪小提示

福寿鱼剖开洗净后，在牛奶中泡一会儿，既可除腥，又能增加鲜味。

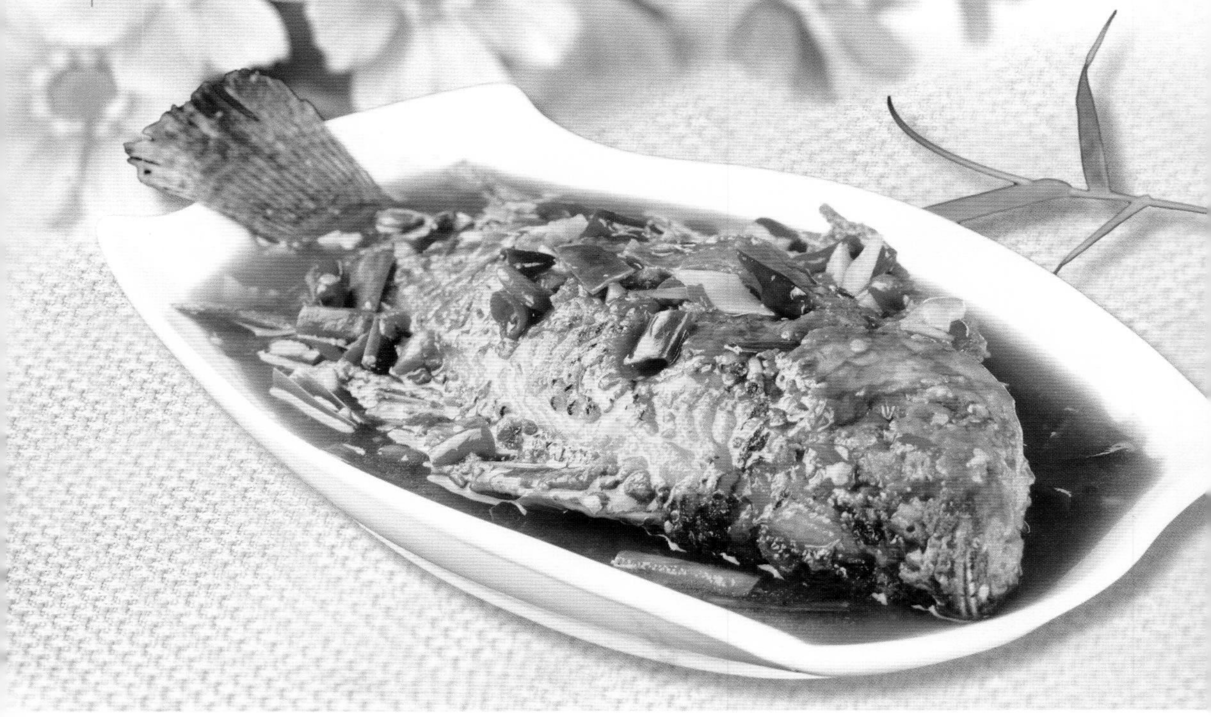

做法

1. 蒜苗洗净切段；鱼洗净切花刀，加生抽、盐、鸡粉、面粉腌制。

2. 福寿鱼入油锅炸熟；锅留油，爆香姜片、蒜末、葱段、干辣椒。

3. 加水、豆瓣、生抽、老抽、鸡粉、盐、福寿鱼煮入味，盛出。

4. 原汤汁中放入蒜苗，加入水淀粉勾芡，浇在福寿鱼身上即可。

川椒鳜鱼

◉难易度：★★☆　◉功效：开胃消食

原料

鳜鱼600克，青椒、红椒各20克，花椒、姜片、蒜末、葱段各少许

调料

花椒油、料酒、盐、味精、白糖、鸡粉、生抽、水淀粉、生粉、食用油各适量

做法

1.青椒、红椒均洗净切片；鳜鱼宰杀洗净，加入盐、生粉，入油锅炸至断生。2.锅中留油，爆香姜片、葱段、蒜末、花椒。3.加入料酒、水、鳜鱼、青椒片、红椒片煮沸，淋入花椒油、盐、味精、白糖、鸡粉、生抽。4.盛出鳜鱼，原汤中加入水淀粉、食用油调成浓汁，浇在鳜鱼肉上，撒入葱段即成。

豆瓣酱焖红衫鱼

◉难易度：★★☆　◉功效：降低血糖

原料

净红衫鱼200克，姜片、蒜末、红椒圈、葱丝各少许

调料

豆瓣酱6克，盐2克，鸡粉2克，料酒5毫升，生抽7毫升，水淀粉、食用油各适量

做法

1.红衫鱼治净，加盐、鸡粉、生抽、料酒、生粉腌制，入油锅炸断生捞出。2.锅底留油，爆香姜片、蒜末、红椒圈，淋入料酒。3.注水，加入豆瓣酱、盐、鸡粉、生抽烧沸，放入红衫鱼，煮至入味，装盘。4.锅中汤汁加水淀粉勾芡，调成稠汁浇在红杉鱼上，撒上葱丝即成。

麻辣豆腐鱼

◉难易度：★★☆　◉功效：益气补血

原料

鲫鱼300克，豆腐200克，醪糟汁40克，干辣椒3克，花椒、姜片、蒜末、葱花各少许

调料

盐、豆瓣酱、胡椒粉、老抽、生抽、陈醋、水淀粉、花椒油、食用油适量

烹饪小提示

豆瓣酱有咸味，烹饪此菜时可以少放点盐。

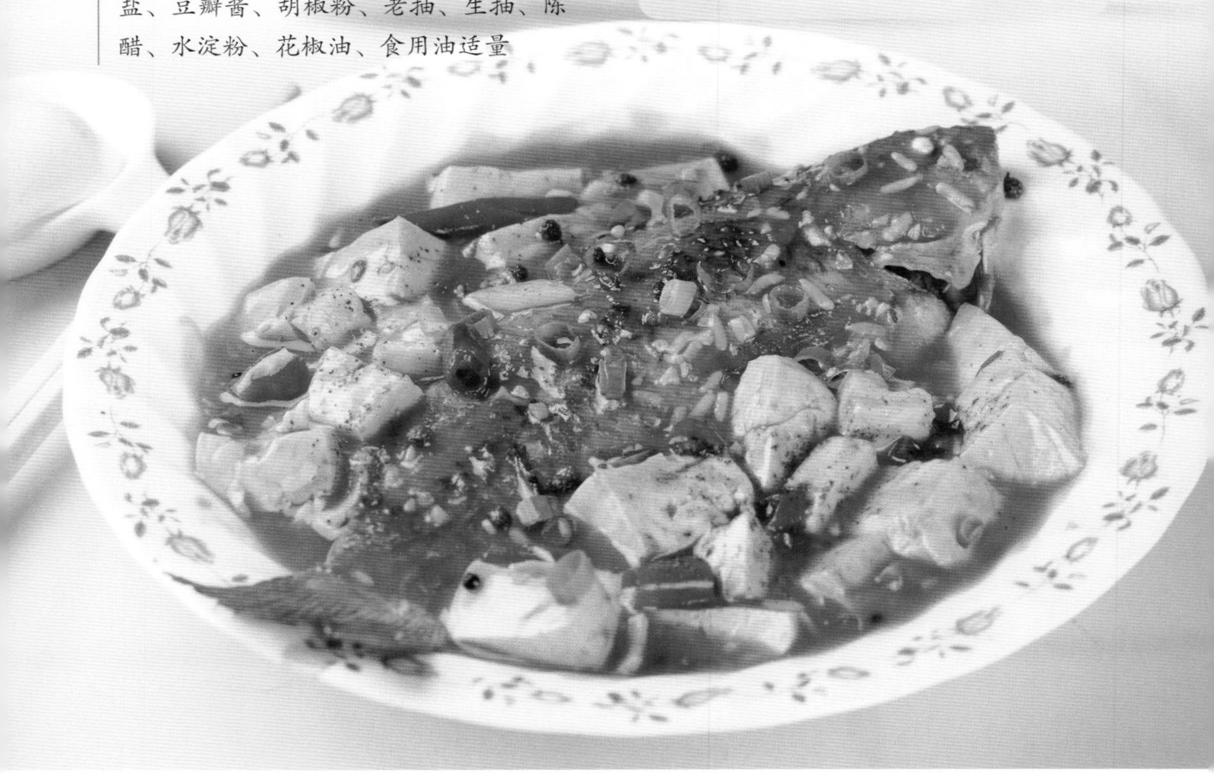

做法

1. 豆腐洗净切块；鲫鱼治净，放入热油锅中，小火煎至断生。

2. 加干辣椒、花椒、姜片、蒜末、醪糟汁、水、豆瓣、生抽、盐。

3. 淋入花椒油，放入豆腐块煮熟，加陈醋，小火焖煮5分钟，盛出。

4. 原汤加老抽、水淀粉勾芡，浇在鱼身上，撒葱花、胡椒粉即可。

烹饪时间 Time 2分钟

双椒淋汁鱼

◉难易度：★★☆ ◉功效：养颜美容

原料

草鱼300克，红椒、青椒、豆豉、姜片、蒜末、葱花各适量

调料

鸡粉3克，盐4克，生抽、豆瓣酱、料酒、水淀粉、食用油各适量

做法

1 红椒切圈；青椒切块；鱼肉切片，加盐、鸡粉、料酒、水淀粉、油腌制。

2 起油锅，倒草鱼片滑油捞出，摆盘，撒上葱花。

3 锅底留油，倒入豆豉、姜片、蒜末，爆香。

4 加豆瓣酱、红椒、青椒、生抽、鸡粉炒匀。

5 加入盐、水、水淀粉勾芡成味汁，浇在草鱼片上即可。

烹饪小提示

草鱼片入油锅滑油的时间不宜过长，以免肉质变老，影响口感。

爆炒鳝鱼

◉难易度：★★☆　◉功效：养颜美容

原 料

鳝鱼500克，蒜苗30克，青椒20克，红椒30克，干辣椒、姜片、蒜末、葱白各少许

调 料

盐、豆瓣酱、辣椒酱、鸡粉、生粉、水淀粉、料酒、生抽、老抽、食用油各适量

烹饪小提示

倒入鳝鱼后，要用大火快炒，以保证鳝鱼的鲜嫩口感。

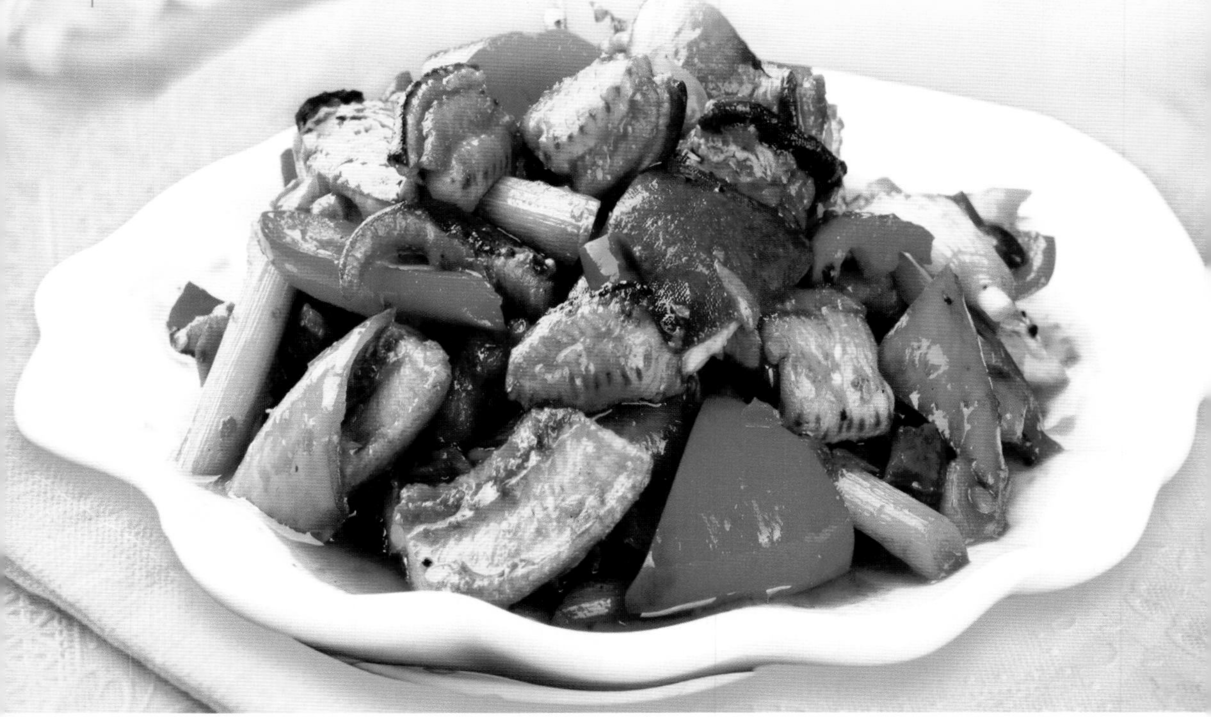

做 法

1. 青椒、红椒均洗净切片；蒜苗洗净切段；鳝鱼洗净切段，装碗。

2. 鳝鱼加盐、料酒、生粉腌制入味，入沸水锅中汆水捞出。

3. 热油爆香姜片、蒜末、葱白、干辣椒，放入洗净切好的食材。

4. 加料酒、盐、鸡粉、豆瓣、辣椒酱、生抽、老抽、水淀粉炒匀即可。

口味鳝片

◉难易度：★★☆ ◉功效：增强免疫力

原料

鳝鱼肉150克，蒜薹60克，红椒、干辣椒、姜片、蒜末、葱白各少许

调料

料酒、盐、味精、辣椒酱、水淀粉、食用油各适量

做法

1.蒜薹、红椒、干辣椒均洗净切段；鳝鱼肉洗净切片，加入盐、味精、料酒、水淀粉腌制。2.沸水锅中加入食用油、盐，将蒜薹煮熟捞出；再将鳝鱼片焯水，捞出。3.锅底留油，放入蒜末、姜片、葱白、干辣椒、红椒、蒜薹、鳝鱼肉片炒匀。4.淋上料酒，放入盐、味精、辣椒酱，加入水淀粉勾芡，淋入熟油拌匀即可。

水煮鳝鱼

◉难易度：★★☆ ◉功效：开胃消食

原料

鳝鱼片250克，灯笼泡椒、小米椒、蒜梗、蒜片、姜片、葱花、豆瓣酱各适量

调料

盐、鸡粉、料酒、花椒粉、食用油、生粉各适量

做法

1.灯笼泡椒、小米椒均洗净剁碎；豆瓣酱剁碎；鳝鱼片洗净切段，加料酒、盐、鸡粉、生粉腌制入味。2.用油起锅，爆香姜片、蒜片、蒜梗，放入灯笼泡椒、豆瓣酱略炒。3.倒入鳝鱼段，加料酒炒匀，注水煮沸，放入小米椒煮熟，调入鸡粉、盐拌匀，装盘。4.撒入花椒粉和葱花，浇上热油即成。

烹饪时间
Time
15分钟

辣拌泥鳅

◉难易度：★☆☆　◉功效：益气补血

原料

泥鳅300克，干辣椒5克，蒜末、葱花各少许

调料

盐2克，鸡粉1克，辣椒酱10克，生抽4毫升，生粉、食用油各适量

烹饪小提示

泥鳅买来后，可先放在清水中，多次换水，让泥鳅吐净泥水后再治理干净，然后进行烹饪。

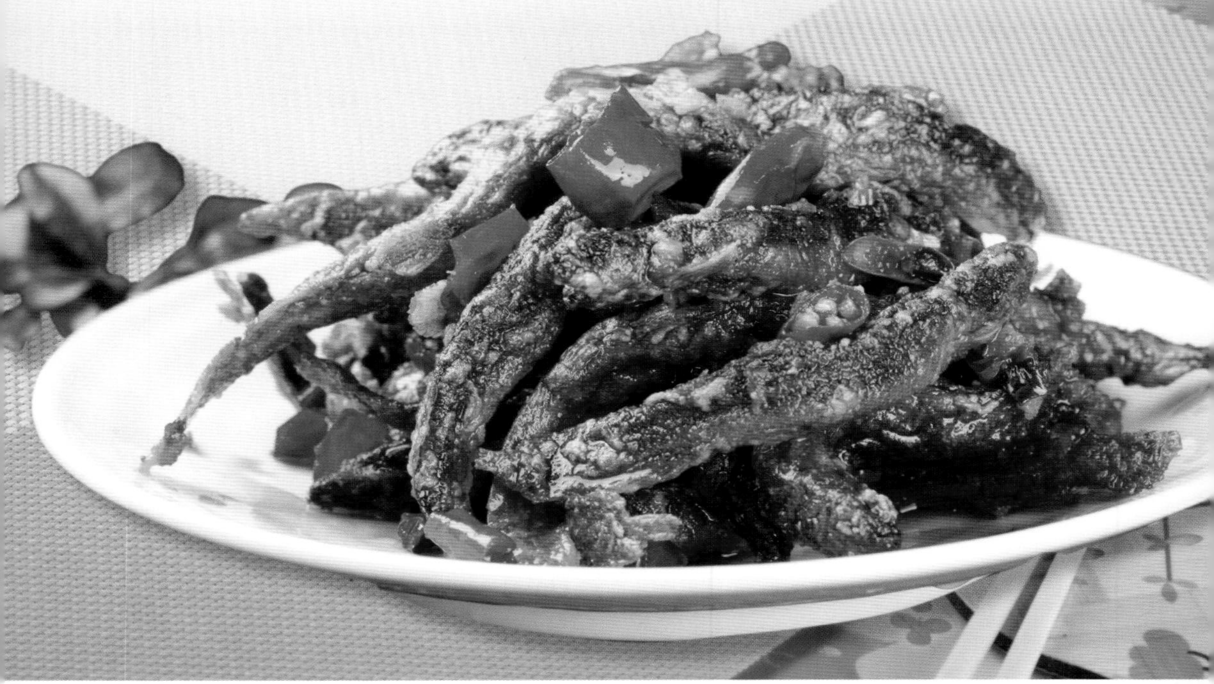

做法

1. 泥鳅装入盘中，撒上生粉拌匀，放入热油锅中炸3分钟，捞出。

2. 起油锅，爆香干辣椒、蒜末，调入辣椒酱、生抽、盐、鸡粉。

3. 加入葱花炒匀，将炒好的作料盛出。

4. 把泥鳅倒入一个干净的碗中，再倒入炒好的作料，拌匀即可。

做法

1. 泥鳅宰杀洗净，加入少许盐、味精、料酒拌匀腌制。

2. 泥鳅放入七成热的油锅，炸至熟。

3. 锅底留油，倒入姜片、水笋片、葱白，爆香。

4. 加入泥鳅、料酒、盐、味精、蚝油，翻炒调味。

5. 倒入泡椒炒匀，加入适量水淀粉勾芡，炒匀，盛出即成。

烹饪时间 Time 2分钟

泡椒泥鳅

◉难易度：★☆☆　◉功效：降低血糖

原料

泥鳅180克，泡椒50克，水笋片20克，姜片15克，葱白少许

调料

盐、味精、料酒、蚝油、水淀粉、食用油各适量

烹饪小提示

将鲜活的泥鳅放养在清水中，加入少许食盐和植物油，可以使泥鳅吐尽腹中的泥沙。

泡椒墨鱼

◉难易度：★☆☆　◉功效：益气补血

原料

墨鱼500克，灯笼泡椒、泡小米椒各20克，姜片、葱段各少许

调料

盐、味精、白糖、葱姜酒汁、水淀粉、芝麻油、食用油、耗油各适量

烹饪小提示

墨鱼烹制前要清除内脏，因为其内脏中含有大量的胆固醇，多食无益。

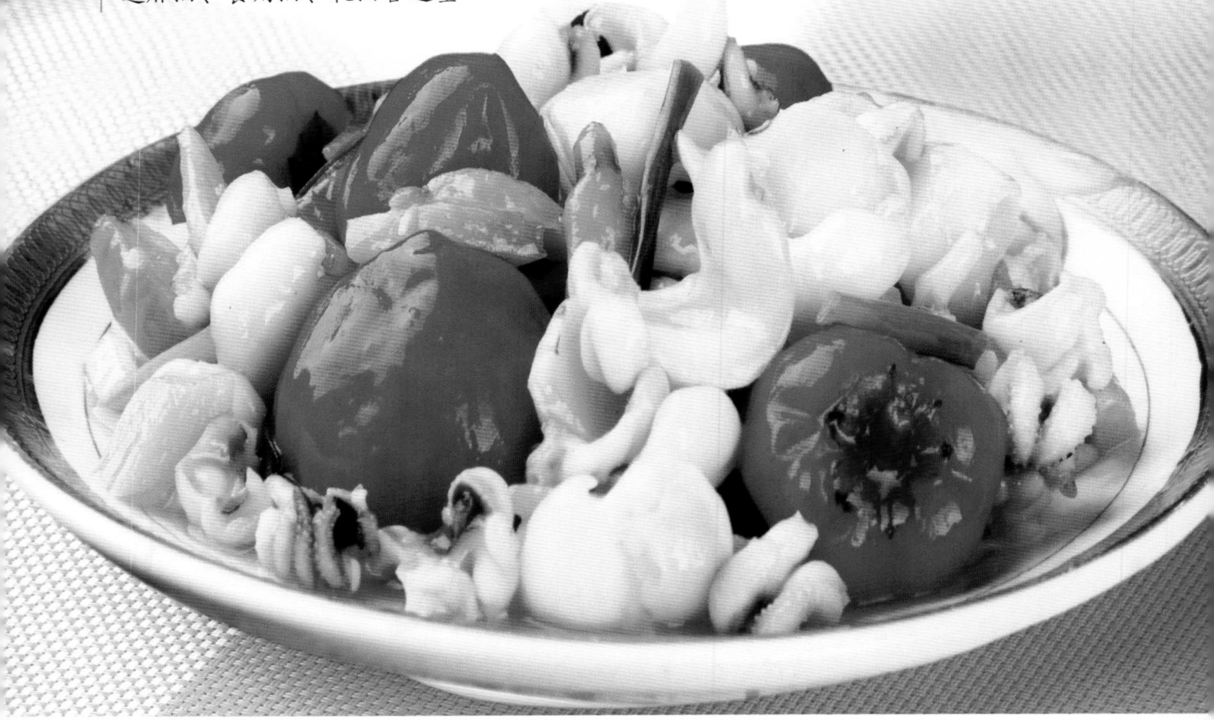

做法

1. 泡小米椒切开；取鱼片加盐、味精、白糖、葱姜酒汁、水淀粉。

2. 鱼片炸断生；锅留油炒香葱白、姜片，放入墨鱼，加蚝油炒匀。

3. 倒入灯笼泡椒、泡小米椒炒匀，用水淀粉勾芡。

4. 淋入芝麻油，撒上葱段，炒匀即成。

东坡墨鱼

◉难易度：★★☆　◉功效：防癌抗癌

原料

墨鱼300克，蒜末、姜末、红椒末、葱白、葱段各少许

调料

料酒、盐、生粉、盐、味精、白糖、陈醋、生抽、老抽、豆瓣酱、水淀粉、芝麻油、食用油各适量

做法

1.墨鱼洗净划开，切花刀，加料酒、盐拌匀，腌制入味；豆瓣酱切碎。2.热锅注水，放入墨鱼焯熟捞出，加生抽、生粉拌匀，入油锅炸熟捞出。3.爆香蒜末、姜末、红椒末、葱白，加水、陈醋、豆瓣酱、盐、味精。4.加白糖、生抽、老抽、水淀粉、芝麻油，淋在墨鱼上，撒上葱段即成。

干锅墨鱼仔

◉难易度：★★☆　◉功效：益气补血

原料

墨鱼仔300克，青椒、红椒各25克，蒜苗、干辣椒、姜片、蒜末、葱白各少许

调料

盐、味精、豆瓣酱、食用油、鸡粉、蚝油、老抽、料酒、生粉、水淀粉各适量

做法

1.青椒、红椒洗净切片；墨鱼仔治净切条，加入料酒、盐、味精、生粉腌制，焯水，加入生粉后入油锅滑油捞出。2.锅底留油，炒香蒜末、姜片、葱白。3.倒入干辣椒、蒜苗梗、墨鱼仔条炒匀。4.加入料酒、豆瓣酱、水、青椒片、红椒片、盐、味精、鸡粉、蚝油、老抽，加入蒜苗叶、水淀粉、热油炒匀即可。

辣炒鱿鱼

◉难易度：★★☆　◉功效：降低血脂

原 料

鱿鱼150克，青椒、红椒各25克，蒜苗梗20克，干辣椒7克，姜片6克

调 料

盐、味精、水淀粉、辣椒酱、料酒、食用油各适量

烹饪小提示

将鱿鱼切丁，这样炒后更容易入味，口感也较嫩滑。

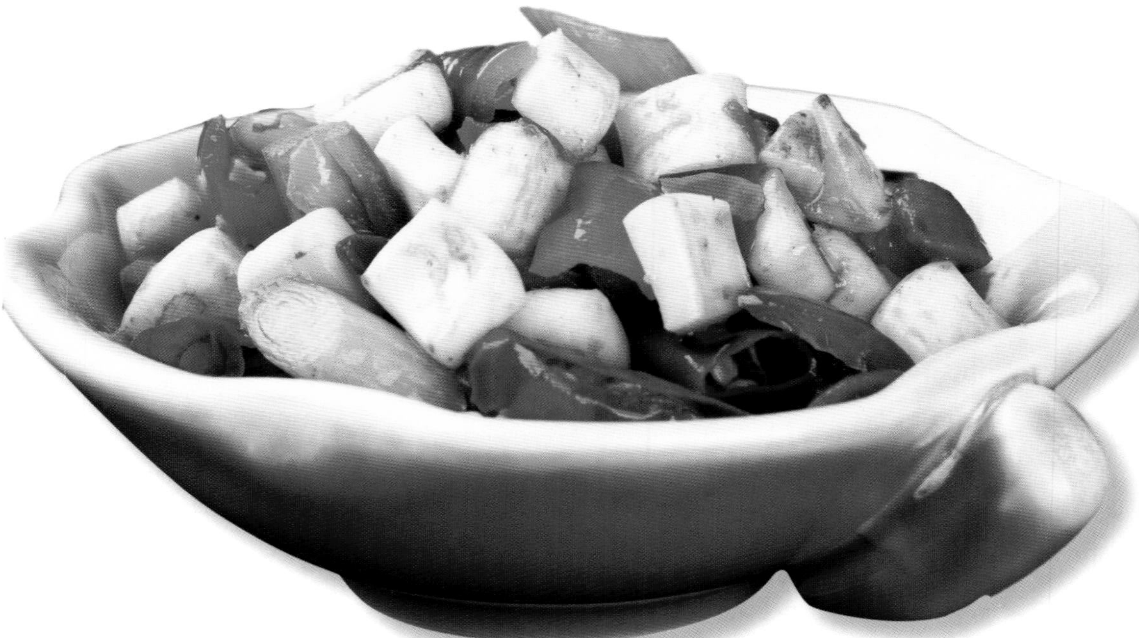

做 法

1 青椒、红椒洗净切丁；鱿鱼洗净切丁；干辣椒洗净。

2 鱿鱼加料酒、盐、味精、水淀粉腌制，入沸水锅中汆水捞出。

3 起油锅，放入姜片、蒜苗梗、鱿鱼、干辣椒、青椒、红椒。

4 加料酒、辣椒酱、盐、味精，倒水淀粉勾芡，淋入热油炒匀即可。

做法

1 将鱿鱼头切开，刻麦穗花刀，再切片；鱿鱼须切段。

2 水烧热，加入鱿鱼、料酒、盐，汆水捞出。

3 热油爆香姜片、蒜片、豆瓣酱，倒入干辣椒，加水、盐、味精、蚝油。

4 放入青椒、鱿鱼拌匀，煮约2分钟至熟透。

5 淋入辣椒油拌匀，收干汁后转到干锅即成。

烹饪时间 Time 8分钟

干锅鱿鱼

◉难易度：★★☆　◉功效：增强免疫力

原料

净鱿鱼300克，青辣椒片30克，干辣椒15克，姜片7克，蒜片6克

调料

盐、味精、料酒、豆瓣酱、蚝油、辣椒油、食用油各少许

烹饪小提示

鱿鱼在出锅前，可放上非常稀的水淀粉，能够使鱿鱼更有滋味。

香辣鱿鱼卷

◉难易度：★☆☆　◉功效：降低血脂

原料

鱿鱼200克，芹菜100克，老干妈酱20克，胡萝卜80克，姜片、蒜末、葱白各少许

调料

盐3克，鸡粉2克，水淀粉、料酒各适量

烹饪小提示

烹饪此菜时，要待老干妈酱炒出酱香味后再放入鱿鱼。

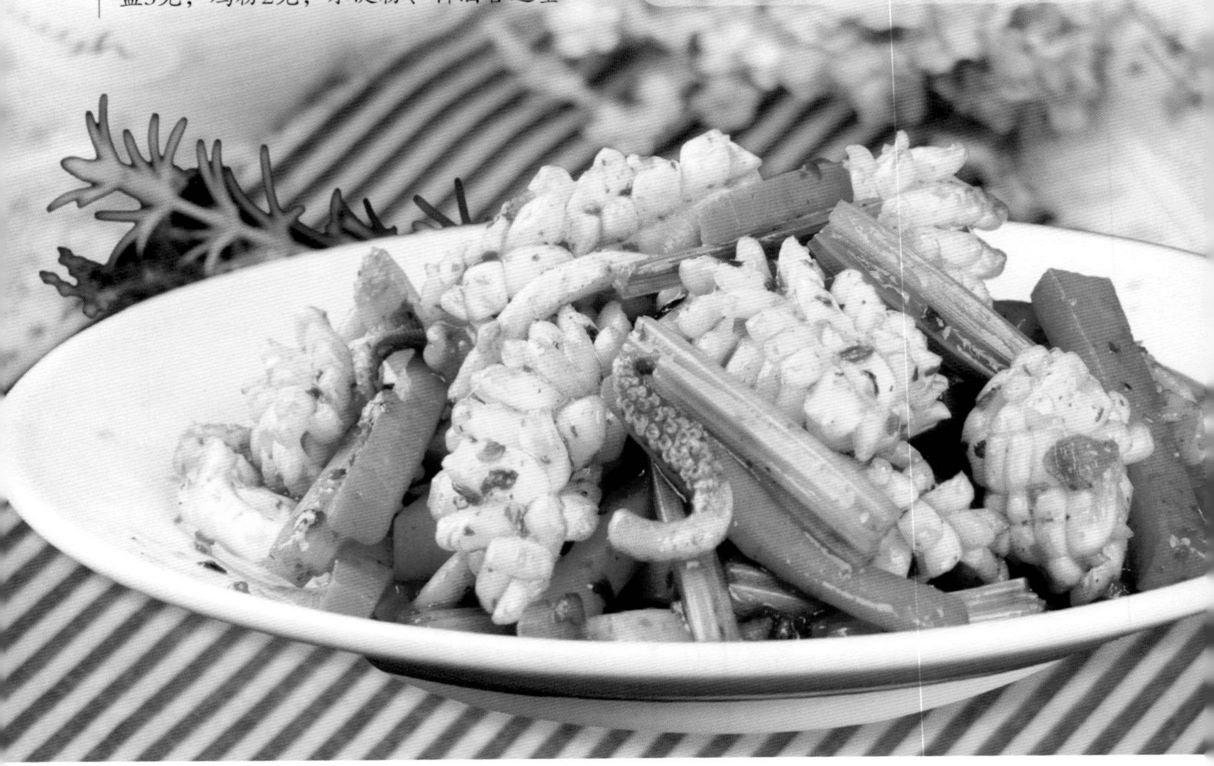

做法

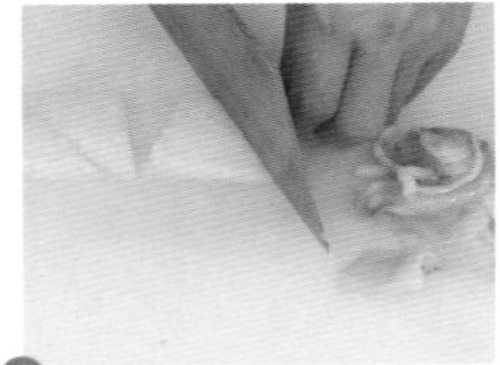

1. 芹菜洗净切段；胡萝卜去皮洗净切条；鱿鱼须洗净切段，鱿鱼切块。

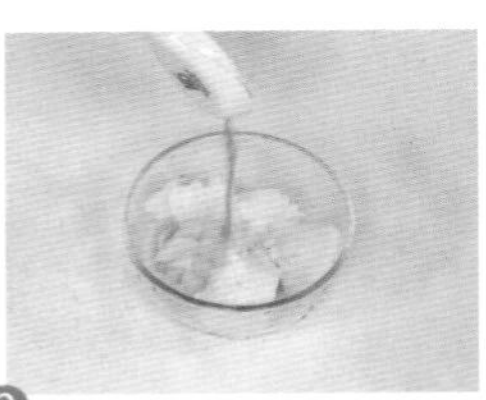

2. 将鱿鱼装碗，加料酒、盐、鸡粉拌匀，腌制5分钟。

3. 沸水锅中加胡萝卜、食用油、芹菜焯水捞出，再下鱿鱼汆水捞出。

4. 热油炒匀葱白、姜片、蒜末、老干妈酱、焯过水的食材、调料即可。

辣味鱿鱼须

◉难易度：★★☆ ◉功效：益气补血

原 料

鱿鱼须450克，干辣椒30克，生姜25克，葱10克，大蒜少许

调 料

豆瓣酱12克，盐3克，味精2克，胡椒粉、蚝油、料酒、水淀粉、辣椒油、食用油各适量

做 法

1.鱿鱼须均治净切段；生姜切丝；大蒜切末；葱切小段；2.葱白、姜丝加料酒，挤出汁水，浇在鱿鱼上；鱿鱼须加盐、味精抓匀，腌制10分钟。3.用油起锅，下姜丝、蒜末爆香，放入豆瓣酱炒匀，倒入干辣椒炒香。4.放入鱿鱼须炒熟，加盐、味精、蚝油炒匀，倒入水淀粉，加胡椒粉、辣椒油炒匀，撒上葱段炒匀即可。

沸腾虾

◉难易度：★☆☆ ◉功效：降低血压

原 料

基围虾300克，干辣椒10克，花椒7克，蒜末、姜片、葱段各少许

调 料

盐、味精、鸡粉、食用油、辣椒油、豆瓣酱各适量

做 法

1.基围虾洗净，切去头须、虾脚。2.用油起锅，倒入蒜末、姜片、葱段、干辣椒、花椒爆香。3.加入豆瓣酱炒匀，加水。4.放入辣椒油，加盐、味精、鸡粉调味。5.倒入基围虾，煮1分钟至熟，翻炒片刻，盛出装盘即可。

椒盐濑尿虾

◉难易度：★☆☆ ◉功效：开胃消食

原 料

濑尿虾350克，洋葱30克，红椒20克，蒜末、葱花各少许

调 料

辣椒酱10克，味椒盐5克，食用油适量

烹饪小提示

若选用自己炒制的椒盐，最好滴上少许芝麻油，不仅能增香，还可提味。

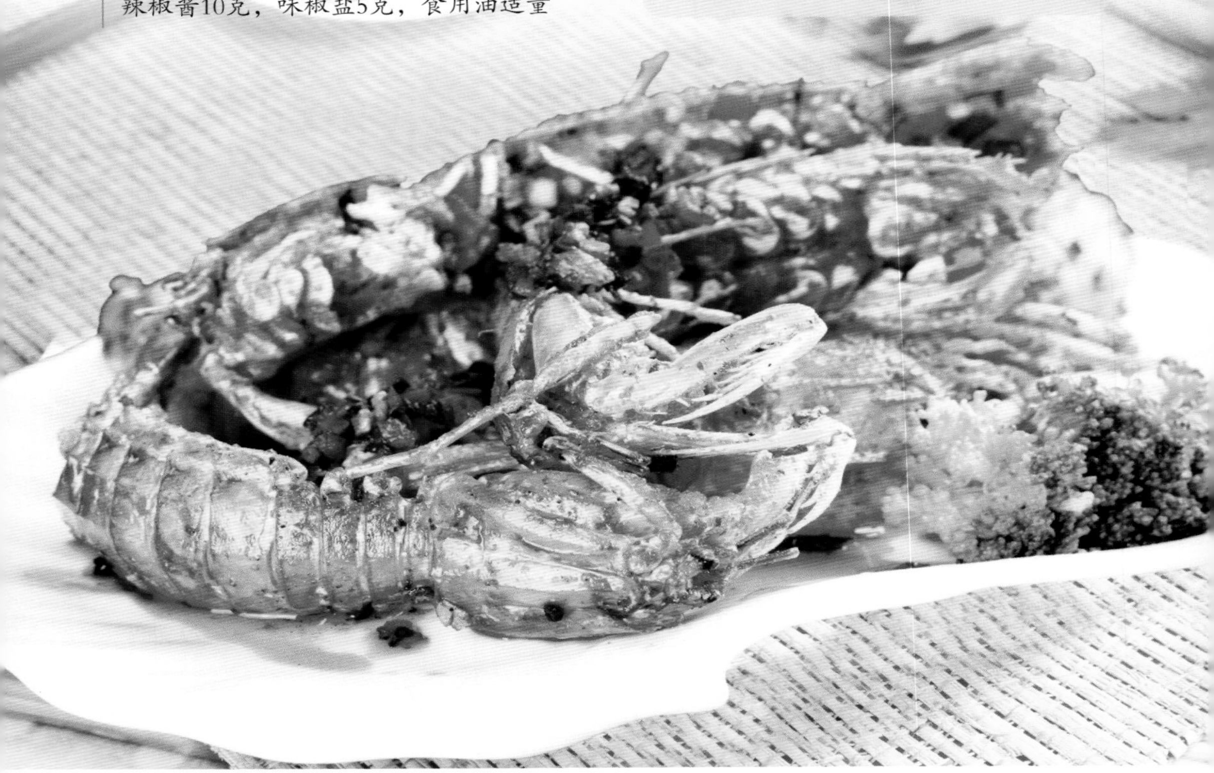

做 法

1. 洋葱、红椒均洗净切粒；处理干净的濑尿虾，焯水捞出沥干。

2. 濑尿虾入油锅中炸至虾肉外脆里嫩，捞出，沥干油。

3. 用油起锅，倒入红椒粒、洋葱粒、蒜末爆香，放入辣椒酱炒匀。

4. 倒入濑尿虾，撒上味椒盐，翻炒入味，撒上葱花，盛出装盘即可。

泡椒炒花蟹

烹饪时间 Time 6分钟

◉难易度：★☆☆ ◉功效：保肝护肾

原 料

花蟹2只，泡椒、灯笼泡椒各10克，姜片、葱段各少许

调 料

盐、白糖、水淀粉、生粉、食用油各少许

做 法

1.泡椒对半切开；生粉撒在已处理好的花蟹上。2.热锅中注油，倒入花蟹炸熟，捞出。3.锅底留油，放入姜片爆香，倒入清水，放入花蟹煮沸。4.调入盐、白糖，倒入灯笼泡椒炒匀。5.加入水淀粉勾芡，倒入熟油和葱段，拌匀即成。

姜葱炒花蟹

烹饪时间 Time 3分钟

◉难易度：★★☆ ◉功效：保肝护肾

原 料 花蟹2只，姜片15克，葱20克，蒜末少许

调 料 盐、味精、鸡粉、料酒、生抽、生粉、水淀粉、食用油各适量

做 法

1.花蟹洗净取壳，去鳃和内脏，斩块，把蟹脚拍破，撒入生粉。2.起油锅，倒入蟹壳滑油捞出，放姜片、蟹块滑油捞出。3.锅留油，放入葱白、蒜末、花蟹块、料酒、盐、味精、鸡粉、生抽、葱叶、水淀粉炒匀，盛出即成。

老黄瓜炒花甲

◉难易度：★☆☆　◉功效：保护视力

原 料

老黄瓜190克，花甲230克，青椒、红椒各40克，姜片、蒜末、葱段各少许

调 料

豆瓣酱5克，盐、鸡粉各2克，料酒4毫升，生抽6毫升，水淀粉、食用油各适量

烹饪小提示

处理花甲前，可将其放入淡盐水中浸泡1～2小时，以使它吐尽脏物。

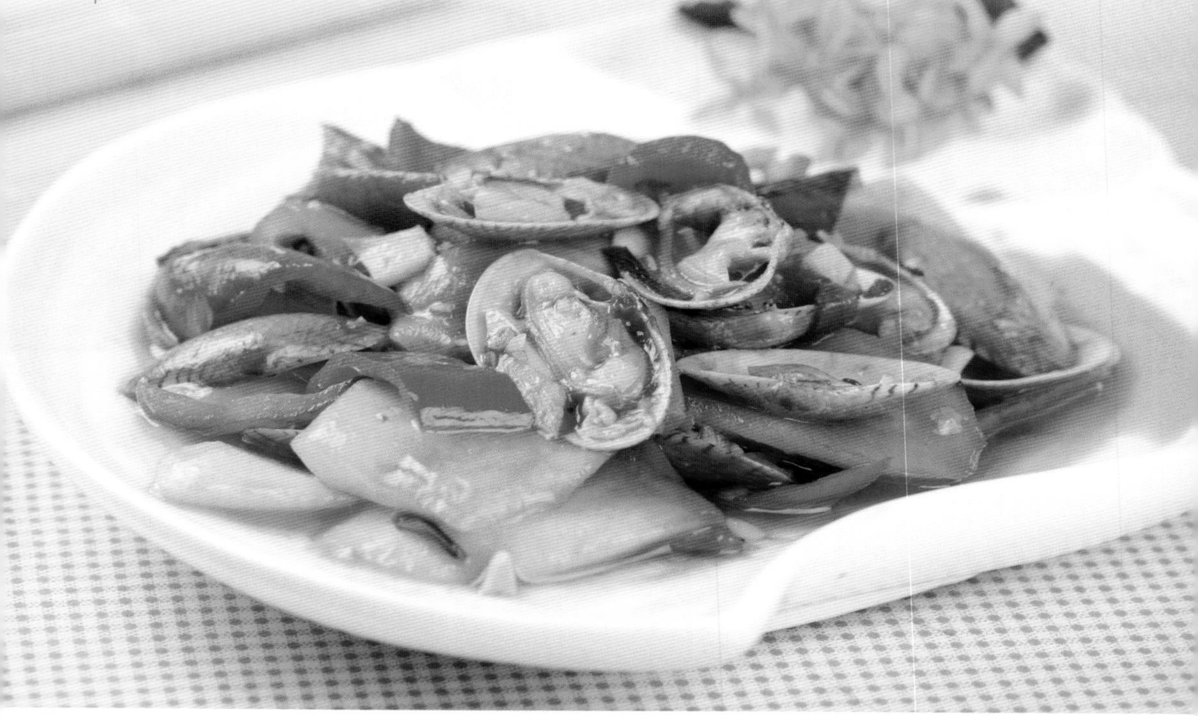

做 法

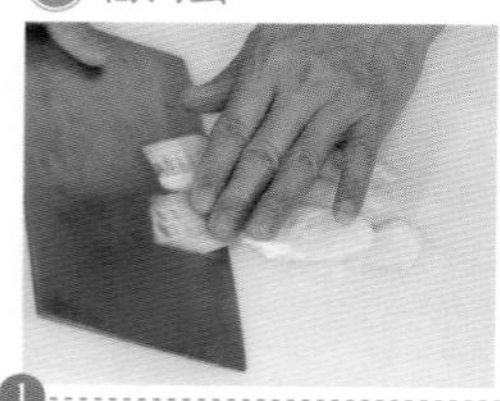

1. 老黄瓜洗净去皮、瓤，切片；青、红椒均洗净切块；花甲焯水捞出。

2. 起油锅，放入姜片、蒜末、葱段、老黄瓜、青椒、红椒翻炒。

3. 放入花甲，加入豆瓣酱、鸡粉、盐，淋入料酒、生抽，炒香。

4. 倒入水淀粉勾芡，炒至入味即成。

双椒爆花甲

◉难易度：★☆☆ ◉功效：增强免疫力

原料

花甲500克，青椒片、红椒片、干辣椒、蒜末、姜片、葱白各少许

调料

盐3克，料酒、味精、鸡粉、芝麻油、辣椒油、豆豉酱、豆瓣酱、水淀粉、食用油各适量

做法

1.锅中水烧开，倒入花甲煮至壳开。2.用食用油起锅，爆香干辣椒、姜片、蒜末、葱白。3.加入青椒片、红椒片、豆豉酱翻炒。4.放入花甲、味精、盐、鸡粉炒匀。5.加入料酒、豆瓣酱、辣椒油炒匀，倒入水淀粉勾芡。6.加入少许芝麻油炒匀，盛出即可。

麻辣水煮花蛤

◉难易度：★★☆ ◉功效：降低血脂

原料

花蛤蜊500克，豆芽、黄瓜、芦笋、青椒、红椒、去皮竹笋、姜片、葱段、蒜片各适量

调料

鸡粉、生抽、料酒、食用油、辣椒粉、干辣椒、花椒、香菜、豆瓣酱各适量

做法

1.红椒、青椒、竹笋、黄瓜、芦笋均洗净改刀。2.起油锅，加蒜片、姜片、花椒、干辣椒、豆瓣酱、辣椒粉、水、蛤蜊、鸡粉、生抽、料酒煮沸，捞出装碗。3.竹笋、豆芽、黄瓜、芦笋焯水后装碗；碗中依次放入青椒、红椒、汤汁、香菜、葱段、辣椒粉。4.起油锅，倒入剩余的花椒、干辣椒稍煮，盛出，浇在花蛤蜊上，放上香菜叶即可。

辣爆蛏子

◉难易度：★★☆　◉功效：益气补血

原 料

蛏子700克，红椒、青椒各20克，干辣椒2克，姜片、蒜末、葱白各少许

调 料

盐4克，味精2克，辣椒酱、水淀粉、料酒、生抽、老抽、食用油各适量

烹饪小提示

死亡变质的蛏子不可用于烹饪。此外，忌烹调时间过短、火力过大。

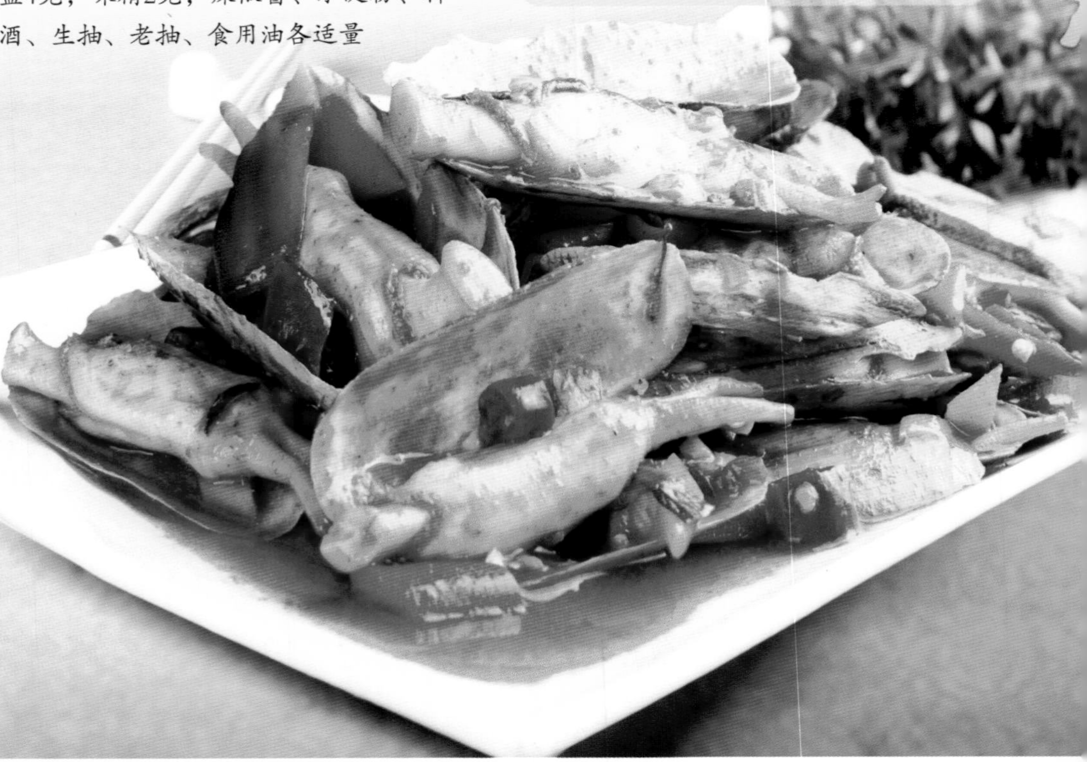

做 法

1. 红椒、青椒均洗净切块；水烧开，倒入蛏子煮至壳开，捞出洗净。

2. 起油锅，爆香姜片、蒜末、葱白，倒入干辣椒、青椒、红椒炒匀。

3. 倒入蛏子，淋入料酒，炒匀，放入辣椒酱，调入盐、味精。

4. 注入少许清水，淋上生抽、老抽翻炒至熟，用水淀粉勾芡即成。

做法

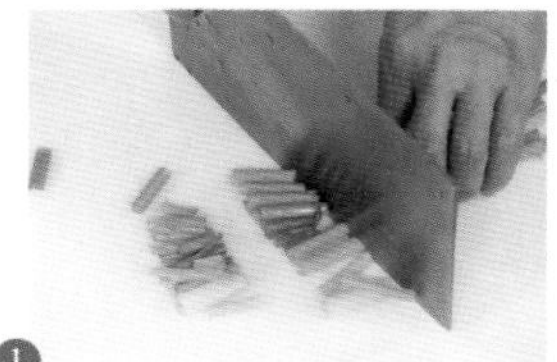

1 洗净的芹菜切段。

2 锅中注水，倒入洗净的扇贝煮半分钟，捞出取肉。

3 起油锅，放入姜片、蒜末、干辣椒爆香。

4 倒入芹菜段炒至断生，倒入扇贝肉、料酒炒香。

5 加入豆瓣酱炒匀，放入鸡粉、盐、水淀粉，炒匀即成。

烹饪时间 Time 1分30秒

香芹辣椒炒扇贝

◉难易度：★☆☆　◉功效：降低血脂

原料

扇贝300克，芹菜80克，干辣椒、姜片、蒜末各少许

调料

豆瓣酱15克，盐2克，鸡粉2克，料酒5毫升，水淀粉、食用油各适量

烹饪小提示

氽煮扇贝时，撒上少许食粉和白醋，能有效去除其腥味。

辣炒田螺

◉难易度：★★☆ ◉功效：开胃消食

原料

田螺1000克，紫苏叶、葱段各25克，干辣椒、生姜、桂皮、花椒、八角各适量

调料

盐、味精、白酒、蚝油、老抽、生抽、辣椒酱、食用油各适量

烹饪小提示

炒制田螺时，可以加些糯米酒，既可以提味，又能去除田螺的腥味。

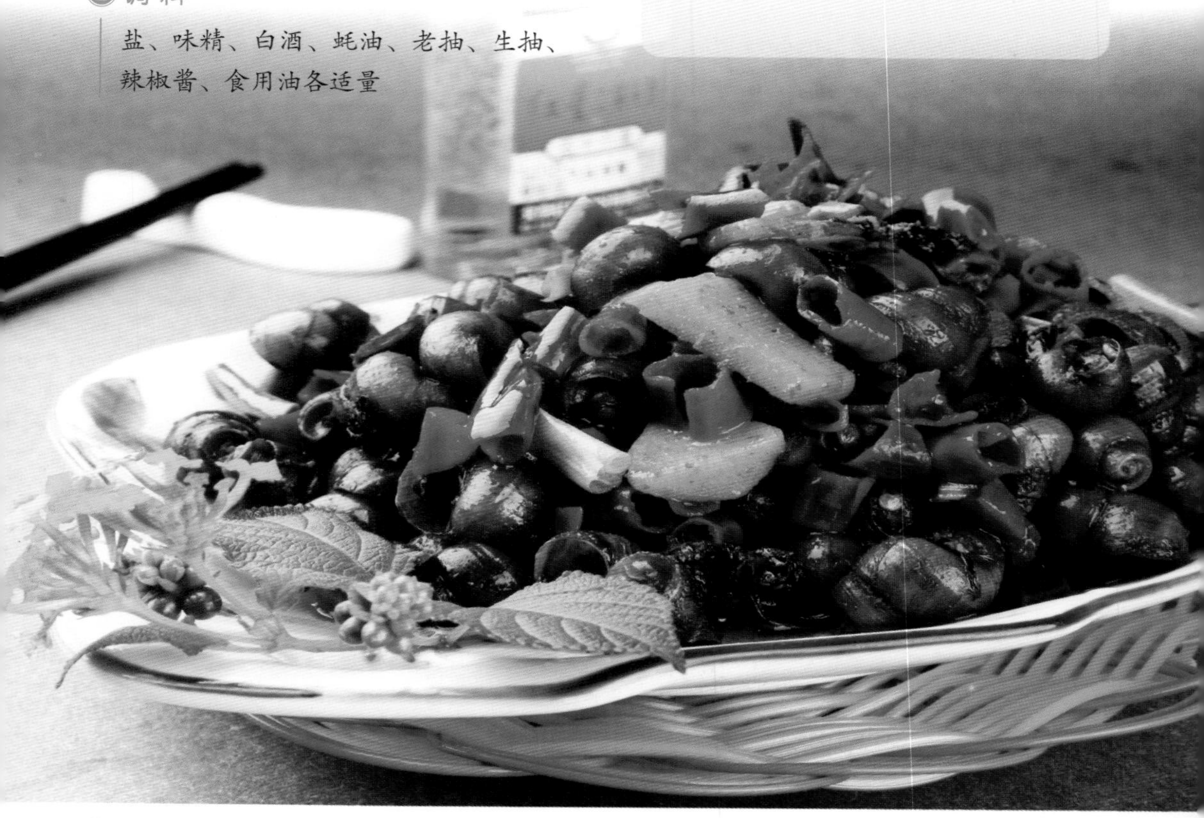

做法

1. 田螺洗净去尾，氽水2分钟，捞出沥干；生姜切片；紫苏叶切碎。

2. 起油锅，放入生姜片、花椒、桂皮、八角、葱白、辣椒酱炒匀。

3. 倒入干辣椒、田螺，加入白酒炒匀，倒入清水煮2分钟。

4. 放入紫苏叶、盐、味精、蚝油、老抽、生抽、葱段炒入味即成。

烹饪时间 Time 4分钟

双椒爆螺肉

◉难易度：★☆☆ ◉功效：增强免疫力

原 料

田螺肉250克，青椒片、红椒片各40克，姜末、蒜蓉各20克，葱末少许

调 料

盐、味精、料酒、水淀粉、辣椒油、芝麻油、食用油、胡椒粉各适量

做 法

1.用油起锅，倒入葱末、姜末、葱末爆香，倒入田螺肉翻炒约2分钟至熟。2.放入青椒片、红椒片拌炒均匀。3.放入盐、味精炒匀，加料酒调味。4.加入水淀粉勾芡，放入辣椒油、芝麻油，撒入胡椒粉拌炒均匀，盛出即可。

辣酒焖花螺

烹饪时间 Time 22分钟

◉难易度：★★☆ ◉功效：增强免疫力

原 料 花雕酒800毫升，花螺500克，青、红椒圈及干辣椒、姜片、葱段、蒜末各少许

调 料 鸡粉、蚝油、料酒、胡椒粉、豆瓣酱、食用油、香料各适量

做 法

1.沸水锅中加洗好的花螺、料酒，汆水捞出。2.起油锅，放入姜片、蒜末、葱段、香料、豆瓣酱炒香。3.放入青椒圈、红椒圈、花雕酒、花螺，加鸡粉、蚝油、胡椒粉。4.加盖，大火焖20分钟至熟，揭盖，拣出香料即可。

川味牛蛙

◉难易度：★★☆ ◉功效：开胃消食

原料

丝瓜180克，牛蛙200克，姜片15克，葱段15克，干辣椒段20克，花椒适量

调料

盐、豆瓣酱、蚝油、辣椒油、花椒油、料酒、水淀粉、白糖、味精、食用油各适量

烹饪小提示

牛蛙肉中易有寄生虫卵，烹饪时一定要加热至完全熟透才能食用。

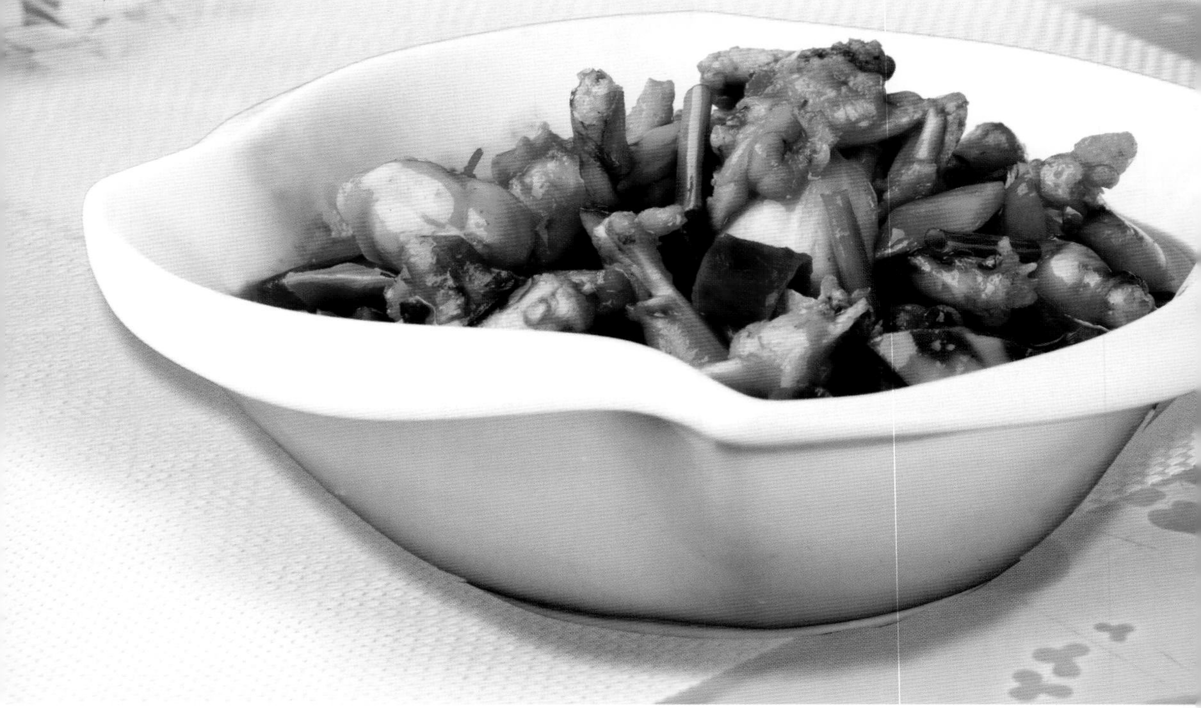

做法

1. 丝瓜去皮切块；牛蛙治净，加料酒、盐、味精、白糖、水淀粉腌制。

2. 锅中注水，加盐、味精、食用油烧开，倒入丝瓜焯熟，装碗。

3. 热油炒香姜片、葱段、干辣椒段、花椒、豆瓣、牛蛙，加料酒、水。

4. 加蚝油、盐、辣椒油、花椒油炒匀，盛出，倒在丝瓜块上即可。

做法

1 牛蛙治净斩块；灯笼泡椒切半；牛蛙加盐、鸡粉、料酒、食用油腌制。

2 起油锅，爆香姜片、蒜末、葱白、干辣椒。

3 倒入牛蛙炒至变色，加入料酒、蚝油炒匀。

4 倒入蒜苗梗、红椒段、灯笼泡椒炒匀。

5 调入生抽、鸡粉，加入水淀粉勾芡，淋入热油即可。

烹饪时间 Time 3分钟

泡椒牛蛙

◉难易度：★★☆ ◉功效：清热解毒

原料

牛蛙200克，灯笼泡椒20克，干辣椒、红椒段、蒜苗梗、姜片、蒜末、葱白各适量

调料

盐3克，水淀粉10毫升，鸡粉3克，生抽3毫升，蚝油3克，食用油、料酒各适量

烹饪小提示

腌制牛蛙时，要充分搅拌，使调料均匀黏附到牛蛙上，以去其腥味。

水煮牛蛙

◉难易度：★★☆　◉功效：开胃消食

原料

牛蛙300克，红椒50克，干辣椒2克，剁椒30克，花椒、姜片、蒜末、葱白各少许

调料

盐4克，鸡粉3克，生粉、料酒、水淀粉、花椒油、辣椒油、豆瓣酱、食用油各适量

烹饪小提示

牛蛙肉质滑嫩，腌渍牛蛙的时候生粉不要放太多，以免影响其口感。

做法

1. 红椒切圈；牛蛙洗净切块，加料酒、盐、鸡粉、生粉腌制，汆水捞出。

2. 热油锅爆香姜片、蒜末、葱白、花椒、干辣椒，倒入牛蛙，炒匀。

3. 倒入料酒、豆瓣酱，加水煮沸，调入辣椒油、剁椒、盐、鸡粉。

4. 放入花椒油、红椒圈，加入水淀粉勾芡即成。

Part 6

清新蔬菜

蔬菜是家家户户餐桌上的常青树。对于蔬菜，川烹的讲究程度丝毫不逊于其他菜系，比如食材的腌渍、刀工处理、焯水、调味等。川人擅长烹饪出麻、辣、咸、甜、酸、苦、香这七种味道，在蔬菜方面的烹饪技艺非常成熟，这是值得学习的地方。本章就传统的川式蔬菜做出了重新的整合，种类繁多，图文并茂，其烹饪的细节在文字和视频中均有充分的体现，能够帮助各位读者快速上手，学得川菜的烹饪精华。

泡椒炒包菜

◉难易度：★☆☆　◉功效：增强免疫力

原 料

包菜350克，灯笼泡椒50克，蒜蓉20克

调 料

盐2克，料酒、鸡粉、芝麻油、食用油、水淀粉各适量

烹饪小提示

包菜富含维生素C，炒包菜的时间不宜过长，否则维生素C会流失。

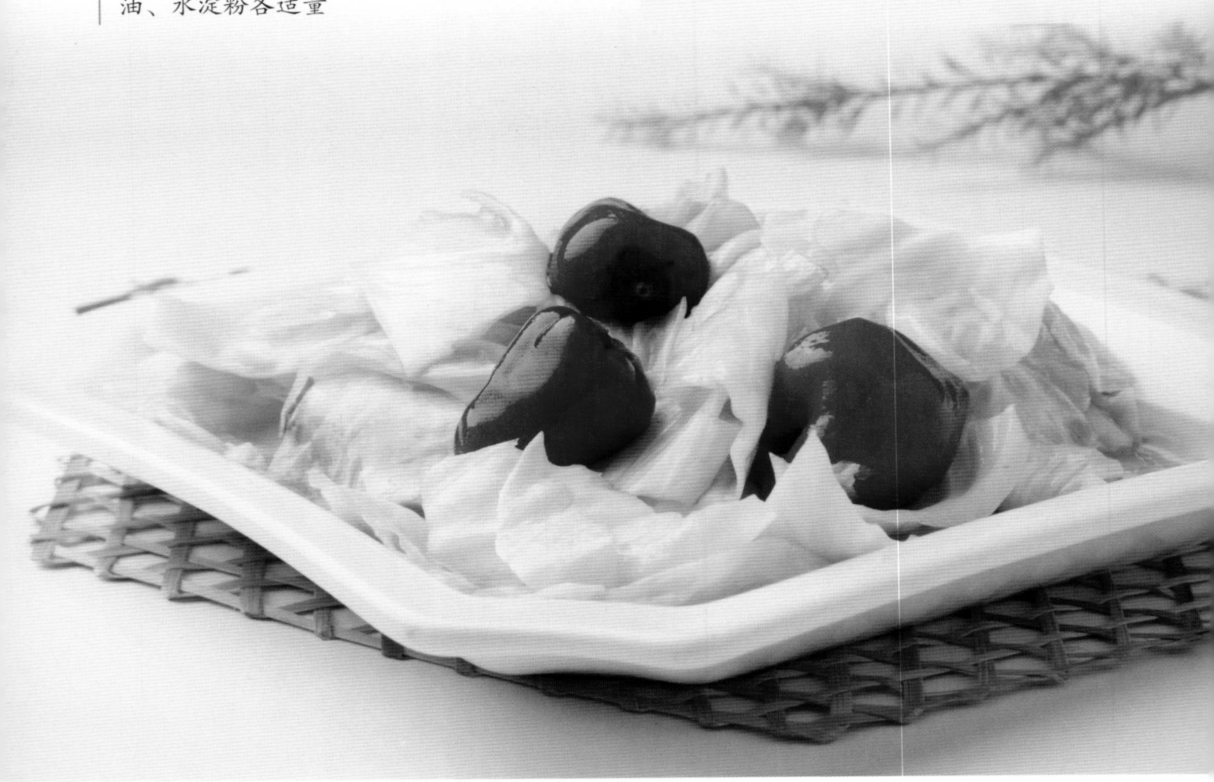

做 法

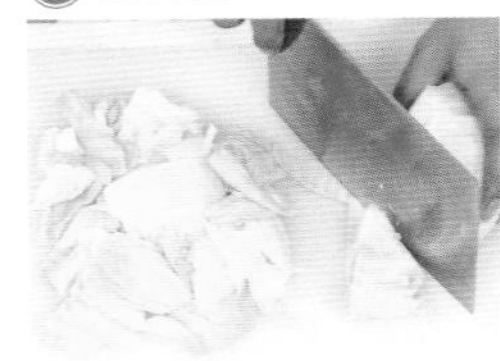

1. 把洗净的包菜切成小片；灯笼泡椒放入小碟中备用。

2. 炒锅注油烧热，倒入蒜蓉爆香，放入包菜片，炒至断生。

3. 加盐、鸡粉、料酒、灯笼泡椒，炒入味。

4. 加入水淀粉勾芡，淋入芝麻油，炒匀，盛盘即成。

做法

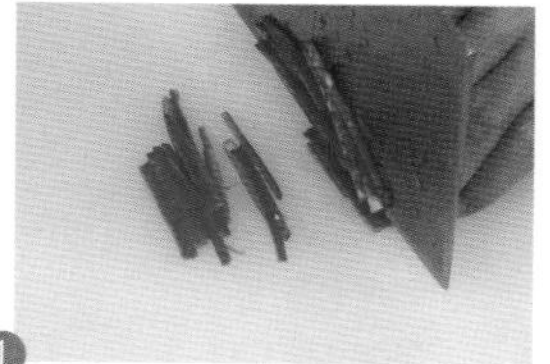

1 包菜洗净，切丝；青椒洗净，切丝；红椒洗净，切丝。

2 起油锅，放入蒜末、干辣椒、青椒、红椒炒香。

3 倒入包菜丝、豆瓣酱，翻炒几下，拌匀。

4 加入适量盐、味精，翻炒片刻，至食材入味。

5 加入适量水淀粉勾芡，淋入少许熟油，炒匀盛出即成。

烹饪时间 Time 4分钟

辣炒包菜

◉难易度：★☆☆ ◉功效：开胃消食

原料

包菜300克，青椒、红椒各15克，干辣椒、蒜末各少许

调料

豆瓣酱、盐、味精、水淀粉、食用油、熟油各适量

烹饪小提示

包菜富含维生素C，而维生素C不耐热，所以炒包菜的时间不宜过长，否则营养会流失。

剁椒白菜

◉难易度：★☆☆　◉功效：防癌抗癌

原料

大白菜300克，剁椒40克，蒜片10克

调料

盐2克，味精2克，水淀粉、食用油各适量

烹饪小提示

炒制白菜时，淋入少许芝麻油，味道会更鲜香。

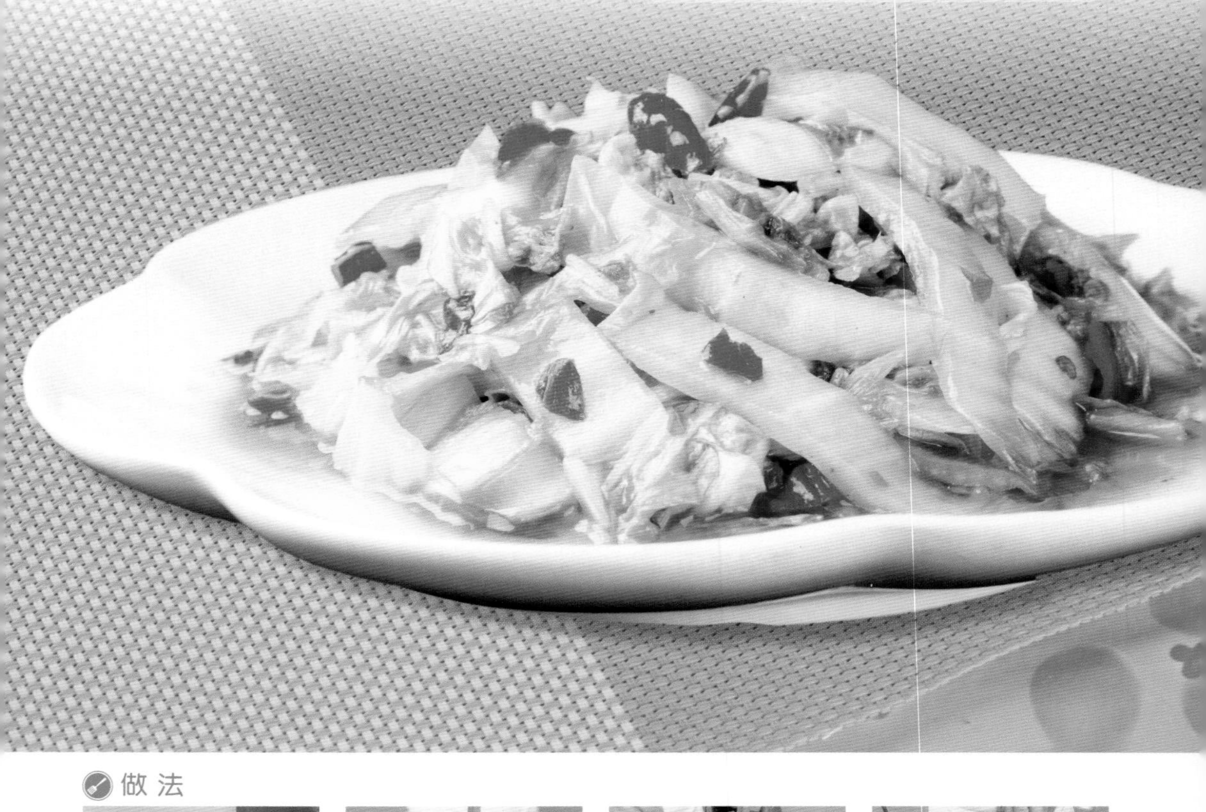

做法

1. 洗净的大白菜切条，装入盘中，备用。

2. 热锅注入食用油，爆香蒜片，放入大白菜条，炒约1分钟。

3. 倒入备好的剁椒，加入盐、味精炒匀。

4. 炒至大白菜条熟软，加入水淀粉炒匀，盛出即可。

烹饪时间 Time 1分30秒

珊瑚白菜

◉难易度：★☆☆ ◉功效：降低血脂

原料

大白菜300克，青椒15克，冬笋100克，水发香菇50克，姜片、蒜末各少许

调料

盐4克，鸡粉4克，生抽4毫升，水淀粉、食用油各适量

做法

1.大白菜洗净切条；青椒洗净，去籽切丝；香菇切丝；处理好的冬笋切丝。2.锅加水烧开，加食用油、盐、冬笋丝、香菇丝煮半分钟，放入大白菜条，再煮半分钟，捞出。3.起油锅，爆香姜片、蒜末，倒入青椒丝和冬笋丝、香菇丝、白菜条。4.加入生抽、盐、鸡粉、水淀粉炒匀，盛出即可。

酸辣白菜

烹饪时间 Time 2分钟

◉难易度：★☆☆ ◉功效：清热解毒

原料

大白菜300克，干辣椒、蒜末各少许

调料

盐3克，鸡粉2克，白醋、水淀粉、食用油各适量

做法

1.大白菜洗净去菜心，切块。2.锅注水烧热，加食用油、大白菜拌煮断生，捞出。3.起油锅，爆香蒜末、干辣椒。4.倒入大白菜块，炒匀，加入盐、鸡粉、白醋，炒入味。5.倒入水淀粉勾芡，炒至熟，盛出即成。

凉拌鱼腥草

◉难易度：★☆☆　◉功效：清热解毒

原料

鱼腥草150克，蒜末、青红椒丝、香菜叶各少许

调料

盐2克，味精、辣椒油、花椒油、芝麻油、食用油各适量

烹饪小提示

凉拌时，也可用花椒和辣椒炸香制成辣椒油，浇在鱼腥草上，可以有效减轻鱼腥草的腥味。

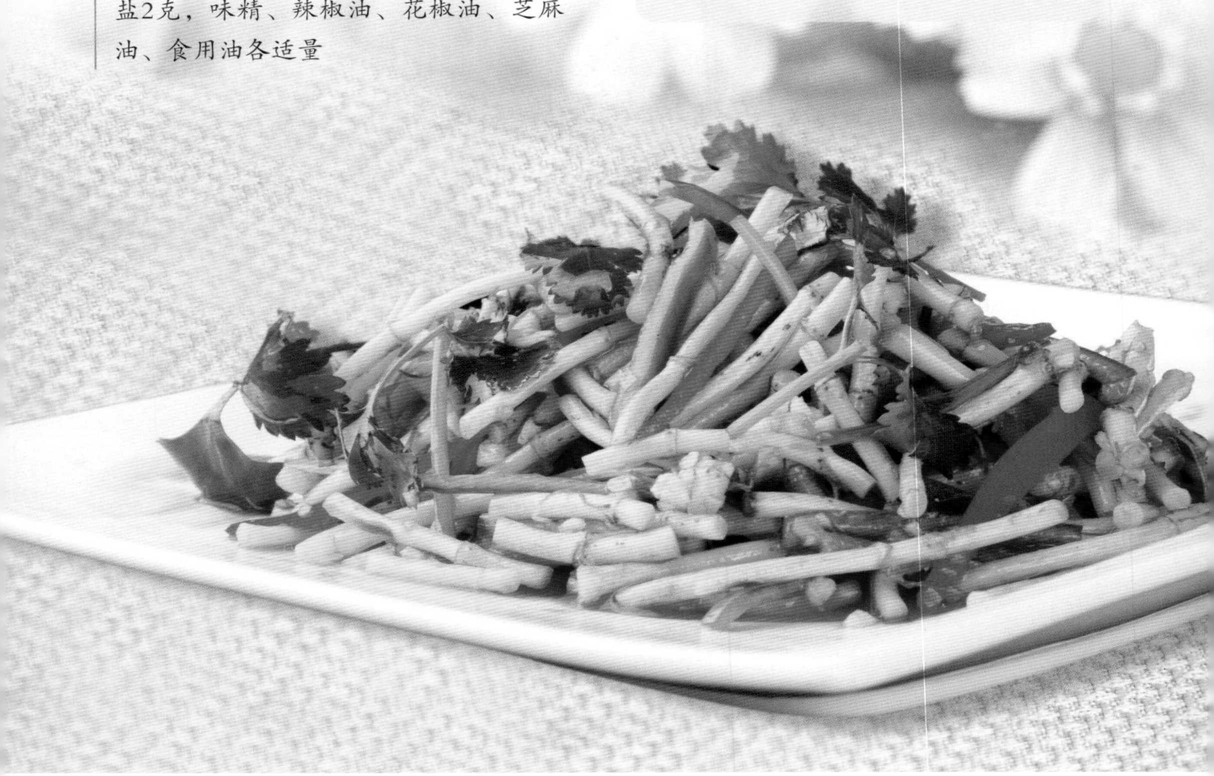

做法

1. 将鱼腥草洗净，再切成段，待用。

2. 沸水锅中放入盐、食用油、鱼腥草段，煮沸捞出，装盘。

3. 鱼腥草段中加入盐、味精、蒜末、青红椒丝、香菜叶拌匀。

4. 加辣椒油、花椒油、芝麻油，拌匀腌制10分钟即可。

干锅娃娃菜

烹饪时间 Time 3分钟

◉难易度：★★☆ ◉功效：清热解毒

原料

娃娃菜500克，干辣椒10克，蒜末少许

调料

盐3克，辣椒酱、鸡粉、蚝油、高汤、猪油、辣椒油、食用油各适量

做法

1.洗净的娃娃菜切条。2.锅中倒水、盐、食用油煮沸，倒入娃娃菜条，焯熟后捞出。3.锅中放入猪油，煸香干辣椒、蒜末，倒入辣椒酱、高汤，烧开。4.加娃娃菜条、盐、鸡粉、蚝油、辣椒油拌匀。5.将娃娃菜条盛入干锅，倒入适量汤汁即成。

酸辣芹菜

烹饪时间 Time 3分钟

◉难易度：★☆☆ ◉功效：降低血压

原料

芹菜200克，红椒丝15克，蒜蓉10克

调料

辣椒油、陈醋、盐、味精、白糖、芝麻油各适量

做法

1.芹菜洗净切段。2.锅中注水烧热，加入盐，大火煮沸。3.放入芹菜段，焯煮至断生，捞出。4.芹菜装盘，加入红椒丝、蒜蓉。5.加入盐、味精、白糖，淋入辣椒油、陈醋、芝麻油拌匀，装入盘中即成。

麻婆茄子

◉难易度：★★☆　◉功效：保肝护肾

原料

茄子200克，牛肉100克，朝天椒30克，姜片、蒜末、葱花各少许

调料

豆瓣酱15克，料酒10毫升，盐3克，鸡粉2克，花椒油5毫升，水淀粉、食用油各适量

烹饪小提示

茄子的肉感松软，在炸之前可以先裹上一层生粉，这样炸出来的茄子口感更佳。

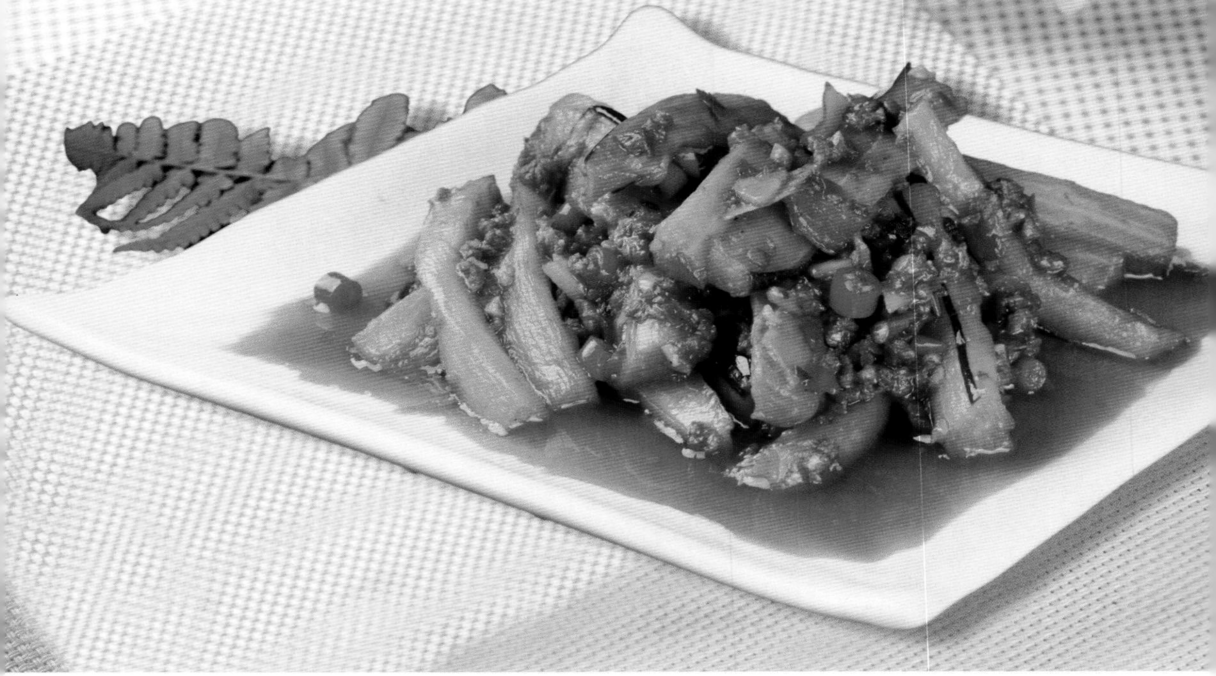

做法

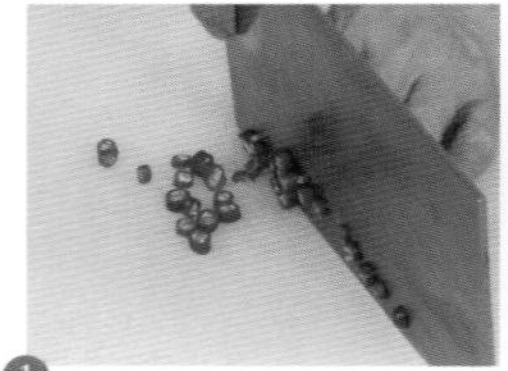

1. 朝天椒洗净，切圈；茄子去皮洗净，切条；牛肉洗净，剁末。

2. 将茄子条炸熟捞出；锅留油，爆香姜片、蒜末，放入牛肉末炒香。

3. 倒朝天椒圈、豆瓣酱，炒匀，加料酒、水煮沸。

4. 加盐、鸡粉、茄子条稍煮，加花椒油、水淀粉炒匀，撒葱花即可。

做法

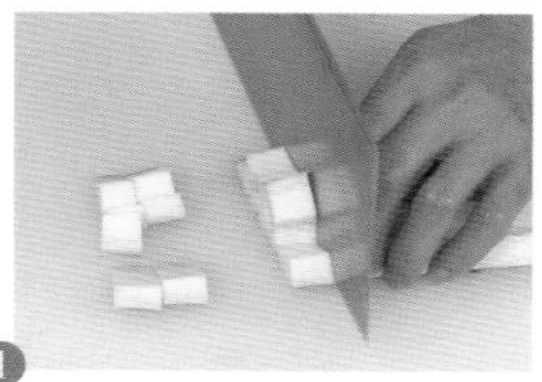

1 茄子洗净去皮切丁；大葱洗净切丁；花生加盐煮熟。

2 花生米炸熟捞出；茄丁裹生粉，炸至金黄色捞出。

3 锅留油，爆香姜片、蒜末、大葱丁和干辣椒。

4 倒入茄丁，加入盐、味精、豆瓣酱和料酒，翻炒均匀。

5 加入适量清水，倒入水淀粉勾芡，放入花生米炒匀，盛盘即成。

烹饪时间 Time 2分钟

宫保茄丁

◉难易度：★★☆　◉功效：防癌抗癌

原料

茄子150克，花生米50克，干辣椒10克，大葱、姜片、蒜末各少许

调料

盐2克，味精、豆瓣酱、料酒、生粉、水淀粉、食用油各适量

烹饪小提示

在炸茄子时，维生素P会大量流失，若将生粉和蛋液调成糊，将茄子挂糊后再炸，能减少维生素P的损失。

辣炒茄丝

◉难易度：★★☆　◉功效：清热解毒

原 料

茄子300克，干辣椒10克，蒜末、葱段各少许

调 料

盐3克，鸡粉2克，辣椒酱10克，生抽、料酒、水淀粉、食用油各适量

烹饪小提示

茄子在洗净切段后，可先放入水中浸泡，这样能泡出茄子中的涩味，同时让茄子吸饱水分，炒制的过程中少吃油。

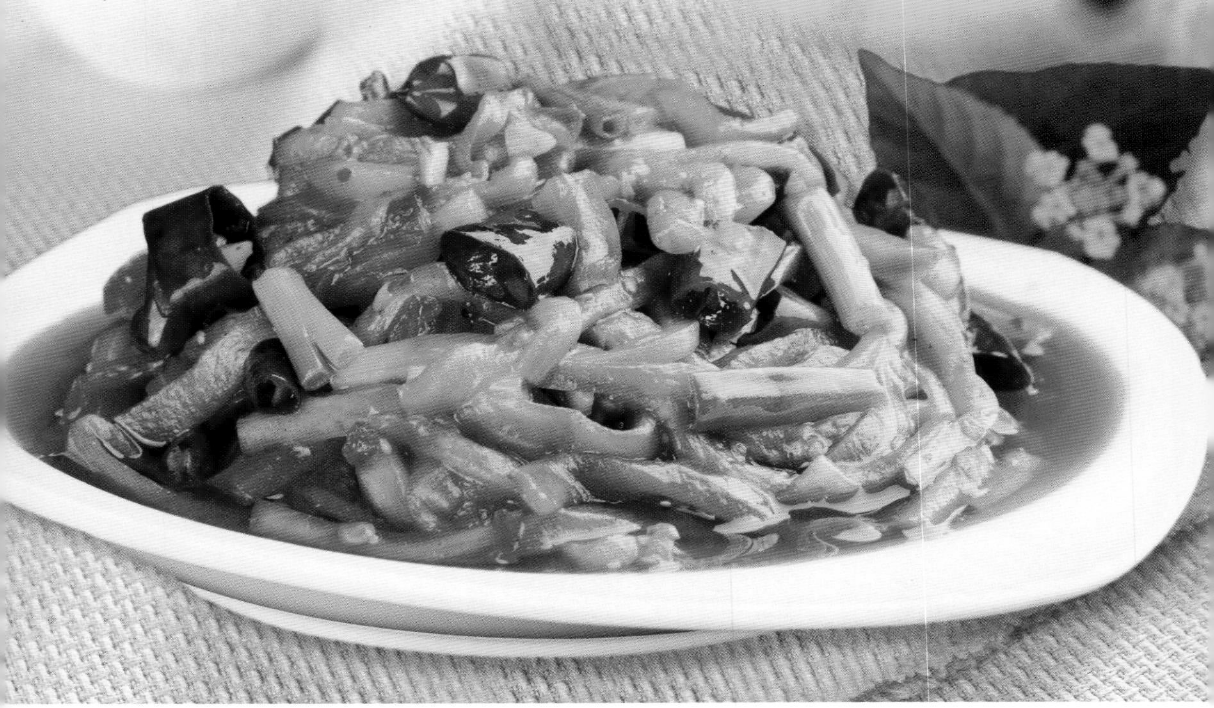

做 法

1. 茄子去皮切丝；干辣椒洗净；沸水锅中加油、茄丝煮断生，捞出。

2. 起油锅，放入蒜末、干辣椒、茄丝炒匀。

3. 加入辣椒酱、料酒、盐、鸡粉、生抽，炒匀提味。

4. 淋水淀粉，炒匀，撒上葱段，炒熟，盛出装盘即可。

鱼香茭白

◉难易度：★☆☆ ◉功效：清热解毒

原料

茭白200克，莴笋100克，竹笋80克，水发木耳50克，红椒15克，姜片、蒜末、葱白各少许

调料

盐5克，鸡粉、白糖、豆瓣酱、陈醋、水淀粉、食用油各适量

做法

1.水发木耳切块；竹笋、莴笋、茭白均切片；红椒切块。2.沸水锅中放入盐，倒入木耳、竹笋，煮1分钟捞出。3.起油锅，加入姜片、蒜末、葱白爆香，倒入木耳、竹笋、茭白、莴笋和红椒炒匀。4.加入清水、豆瓣酱、盐、鸡粉、白糖、陈醋炒匀，加入水淀粉勾芡即可。

油焖茭白

原料

茭白150克，五花肉200克，红椒15克，姜片、蒜末、葱白各少许

调料

盐10克，蚝油3克，老抽、料酒、味精、水淀粉、芝麻油、食用油各适量

做法

1.茭白去皮洗净切片；红椒去蒂，切开，去籽，切块；洗净的五花肉切片。2.水烧开，加入盐、食用油、茭白片，煮沸捞出。3.起油锅，放入五花肉、老抽、料酒、姜片、蒜末、葱白、红椒、茭白片、蚝油、盐、味精煮片刻。4.加水淀粉勾芡，淋上芝麻油炒匀即可。

香辣花生米

◉难易度：★☆☆ ◉功效：提神健脑

原料

花生米300克，干辣椒8克，辣椒油10克，辣椒面15克

调料

盐、食用油各适量

烹饪小提示

花生红衣营养丰富，具有补血止血的功效，烹制花生米菜肴时，不必将花生红衣去除。

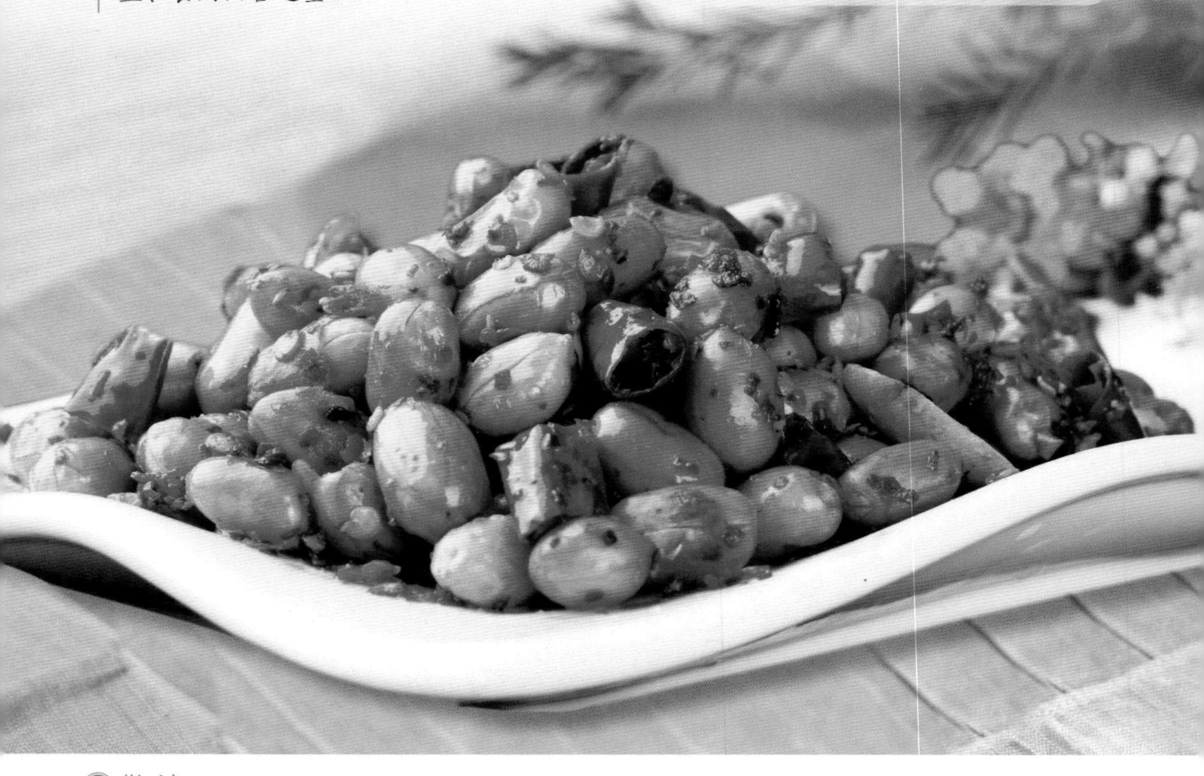

做法

1. 锅中加水、花生米、盐，煮约3分钟，捞出沥水。

2. 另起锅，注油烧热，倒入花生米，炸2分钟捞出。

3. 锅底留油，倒干辣椒、辣椒面、花生米、辣椒油，翻炒。

4. 再加入少许盐，炒匀入味，盛出食材，装入盘中即可。

做法

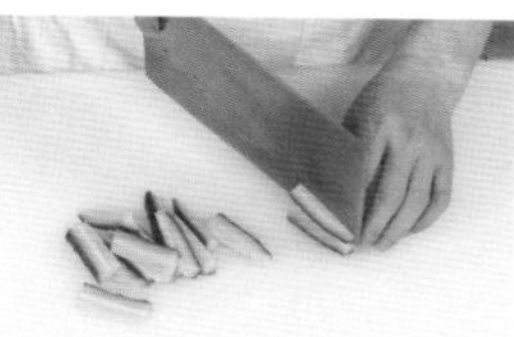

1 黄瓜洗好切条；红椒洗净去籽切丝；泡椒去蒂切开。

2 沸水锅中加食用油、黄瓜条，煮1分钟捞出。

3 起油锅，爆香姜片、蒜末、葱段、花椒。

4 倒入红椒丝、泡椒，快速翻炒均匀。

5 放入黄瓜条、白糖、辣椒油、盐、白醋，炒匀即可。

烹饪时间 Time 2分钟

川味酸辣黄瓜条

◉难易度：★☆☆　◉功效：增强免疫力

原料

黄瓜150克，红椒40克，泡椒15克，花椒3克，姜片、蒜末、葱段各少许

调料

盐2克，白糖3克，辣椒油3毫升，白醋4毫升，食用油适量

烹饪小提示

焯过水的黄瓜下锅炒制的时间不能太长，否则不够爽脆。

醋熘黄瓜

◉难易度：★☆☆　◉功效：增强免疫力

原 料

黄瓜200克，彩椒45克，青椒25克，蒜末少许

调 料

盐2克，白糖3克，白醋4毫升，水淀粉8毫升，食用油适量

烹饪小提示

黄瓜不宜炒制过久，以免破坏其所含的维生素。

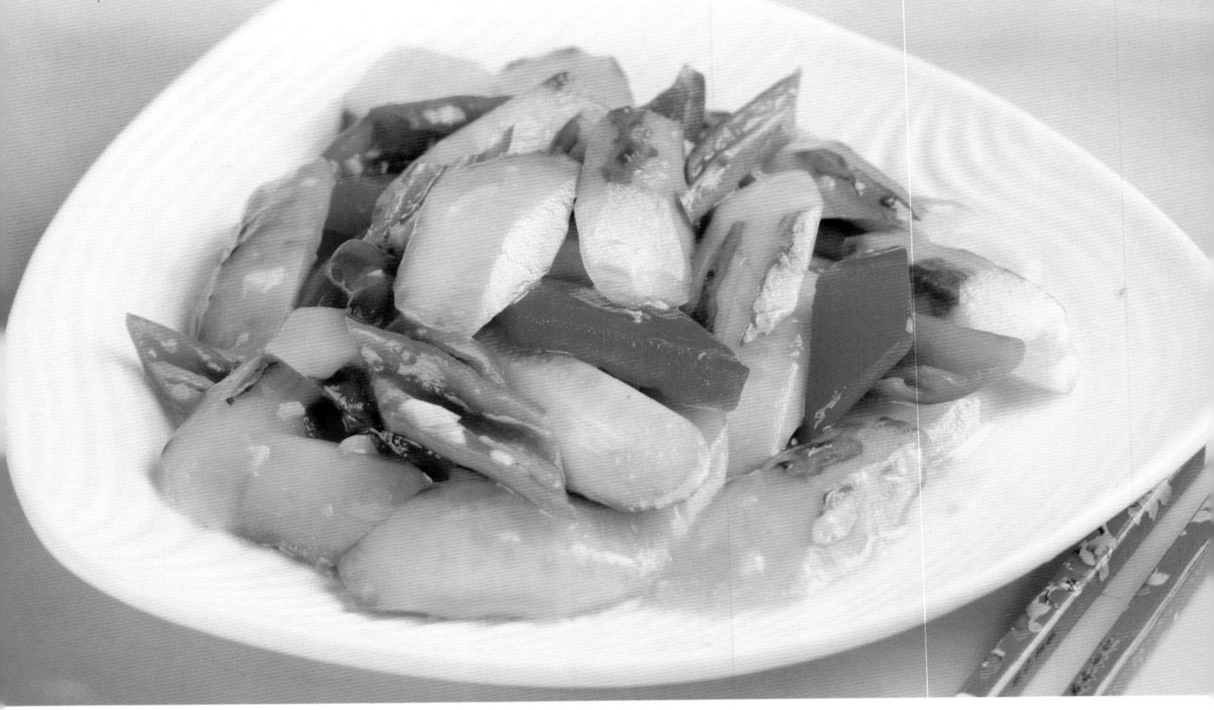

做 法

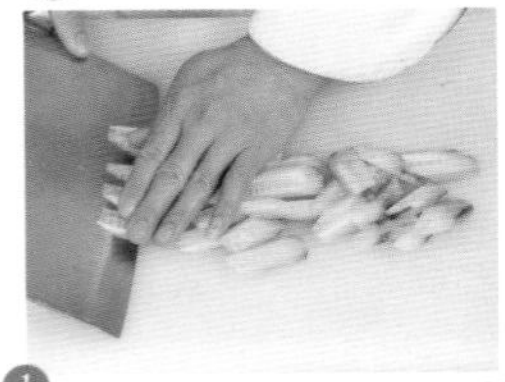

1. 洗净的彩椒、青椒均去籽切块；洗净去皮的黄瓜切块。

2. 起油锅，放入蒜末，爆香。

3. 倒入黄瓜块、青椒块、彩椒块，翻炒至熟软。

4. 放入盐、白糖、白醋，炒匀，用水淀粉勾芡即可。

口味黄瓜钵

◉难易度：★☆☆ ◉功效：防癌抗癌

原料

黄瓜300克，朝天椒13克，干辣椒、姜片、蒜末、葱白各少许

调料

盐2克，豆瓣酱、黄豆酱各20克，味精、鸡粉、水淀粉、食用油各适量

做法

1.洗净的黄瓜切片；洗净的朝天椒切成圈。2.锅中加食用油烧热，炒香干辣椒、姜片、蒜末、葱白、朝天椒圈。3.倒入黄瓜片、豆瓣酱、黄豆酱炒匀。4.加少许盐、味精、鸡粉，翻炒调味。5.用水淀粉勾芡，炒入味，盛入煲仔中即成。

豆腐丝拌黄瓜

◉难易度：★☆☆ ◉功效：提神健脑

原料

黄瓜150克，豆腐皮100克，胡萝卜丝、蒜末、葱花各少许

调料

盐、味精、鸡粉、花椒油、辣椒油、芝麻油、食用油各适量

做法

1.黄瓜、豆腐皮均洗净切丝。2.锅中注入水，加入少许食用油烧开，倒入胡萝卜丝、豆腐皮丝焯熟，捞出。3.将胡萝卜丝和豆腐皮丝装入碗中，倒入黄瓜丝。4.加入蒜末、盐、味精、鸡粉、花椒油、辣椒油、芝麻油。5.用筷子拌匀，放入葱花即成。

干煸苦瓜

◉难易度：★☆☆ ◉功效：清热解毒

原 料

苦瓜250克，朝天椒25克，干辣椒、蒜末、葱段各少许

调 料

盐、鸡粉、老抽、食用油各适量

烹饪小提示

苦瓜焯水后干煸可去除苦瓜的部分苦味，干煸时不用放油，只需把水分炒干至表皮微微发蔫即可。

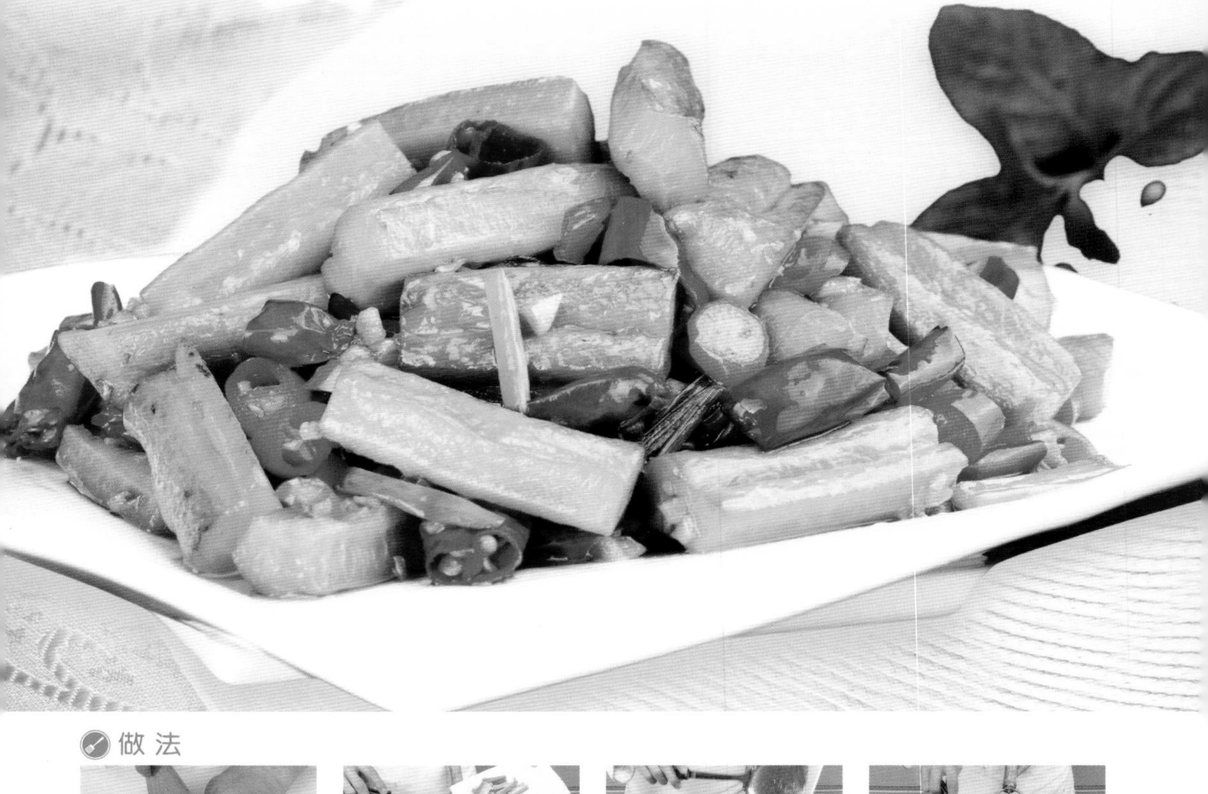

做 法

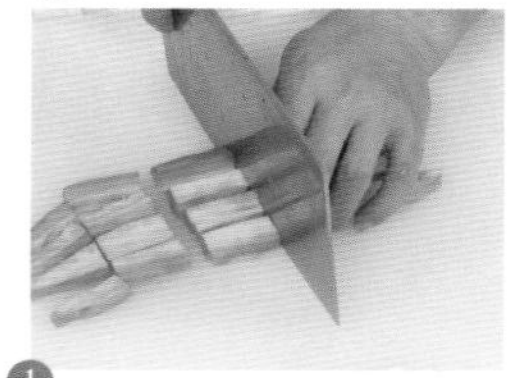

1. 苦瓜洗净对半切开，去籽，再切条；朝天椒切圈。

2. 用油起锅，倒入苦瓜条，滑油捞出。

3. 锅底留油，倒蒜末、干辣椒、朝天椒圈、苦瓜条炒匀。

4. 放入盐、鸡粉、老抽翻入味，撒上葱段拌匀即可。

做法

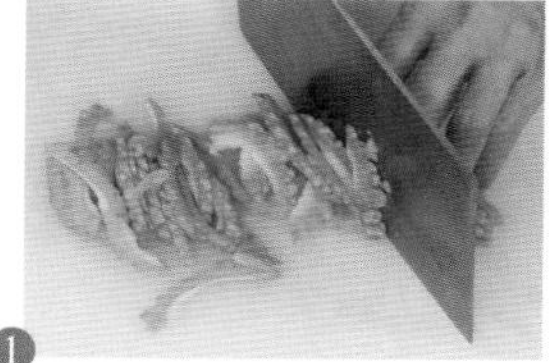

1 苦瓜洗净去籽切片；红椒洗净去籽切块；苦瓜片加盐抓匀。

2 苦瓜片洗净；锅中加油烧热，放入蒜末、红椒块炒香。

3 再倒入苦瓜片，翻炒至断生。

4 倒入咖喱、老干妈酱、辣椒酱、叉烧酱炒匀。

5 加入鸡粉、盐、白糖，炒入味，盛出装入盘中即可。

烹饪时间 Time 1分30秒

怪味苦瓜

◉难易度：★☆☆　◉功效：清热解毒

原料

苦瓜150克，红椒20克，蒜末少许

调料

盐5克，鸡粉、白糖各2克，咖喱、老干妈酱、辣椒酱、叉烧酱各15克，食用油适量

烹饪小提示

炒制此菜时，辣椒酱和老干妈酱不宜放太多，以免过辣，影响苦瓜本身的鲜味。

酸辣藕丁

◉难易度：★☆☆　◉功效：清热解毒

原料

莲藕300克，青椒片、红椒片各10克，姜片、蒜末各少许

调料

水淀粉、白醋、味精、辣椒酱、食用油各适量

烹饪小提示

炒藕片时可边炒边加少许清水，这样不但好炒，而且炒出来的藕片又白又嫩，口感也好。

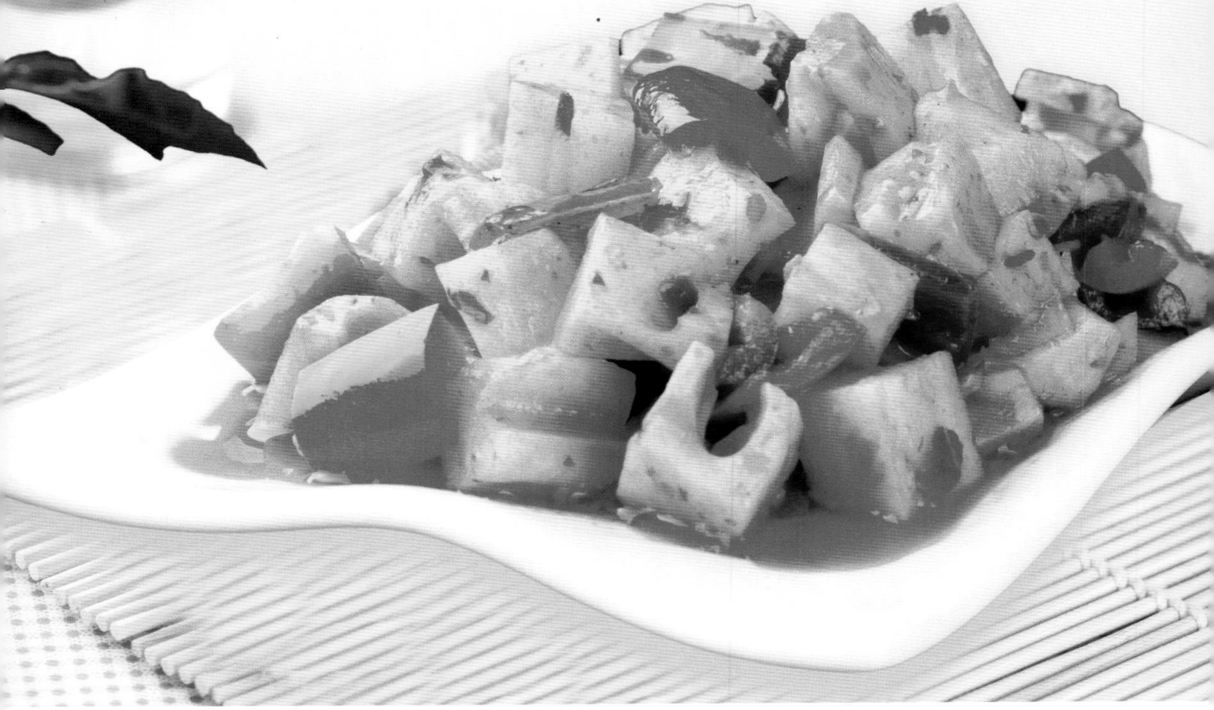

做法

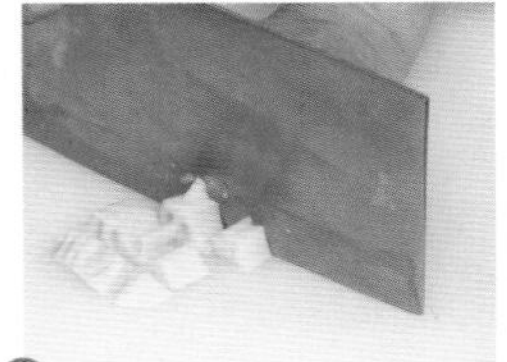

1. 将去皮洗净的莲藕切成丁，待用。

2. 锅中注入水烧开，加白醋、莲藕丁、盐煮熟，捞出。

3. 起油锅，爆香姜片、蒜末、青椒片、红椒片，倒入莲藕丁翻炒。

4. 加入辣椒酱、盐、味精、白糖、白醋、水淀粉，炒匀即可。

粉蒸莲藕

◉难易度：★☆☆ ◉功效：益气补血

原 料

莲藕250克，蒜蓉、葱花各少许

调 料

盐2克，鸡粉3克，蒸肉粉35克，白醋10毫升，食用油适量

做 法

1.去皮洗净的莲藕切片，放入清水中。2.锅中注水煮沸，加入白醋、莲藕片煮熟捞出。3.莲藕加蒜蓉、蒸肉粉、鸡粉、盐、食用油拌匀。4.取蒸盘，放入莲藕片。5.蒸锅上火烧开，放入蒸盘，蒸25分钟。6.取出莲藕片，撒上葱花，浇上烧热的食用油即可。

香麻藕条

◉难易度：★☆☆ ◉功效：开胃消食

原 料

莲藕300克，干辣椒10克，花椒、葱段各少许

调 料

盐、鸡粉、水淀粉、食用油各适量

做 法

1.将去皮洗净的莲藕切条，装入盘中。2.锅中注入水烧开，加入食用油、盐、莲藕焯烫捞起。3.炒锅中注入食用油烧热，放入干辣椒、葱段、花椒爆香。4.倒入莲藕条炒匀，加入盐、鸡粉调味。5.加入水淀粉勾芡，翻炒片刻至熟透，出锅即可。

麻辣藕丁

◉难易度：★☆☆　◉功效：益气补血

原 料

莲藕350克，青椒20克，干辣椒、花椒各2克，姜片、蒜末、葱白各少许

调 料

盐3克，鸡粉2克，料酒、白醋、豆瓣酱、辣椒油、花椒油、水淀粉、食用油各适量

烹饪小提示

莲藕入锅炒制的时间不能太久，否则莲藕就会失去爽脆的口感。

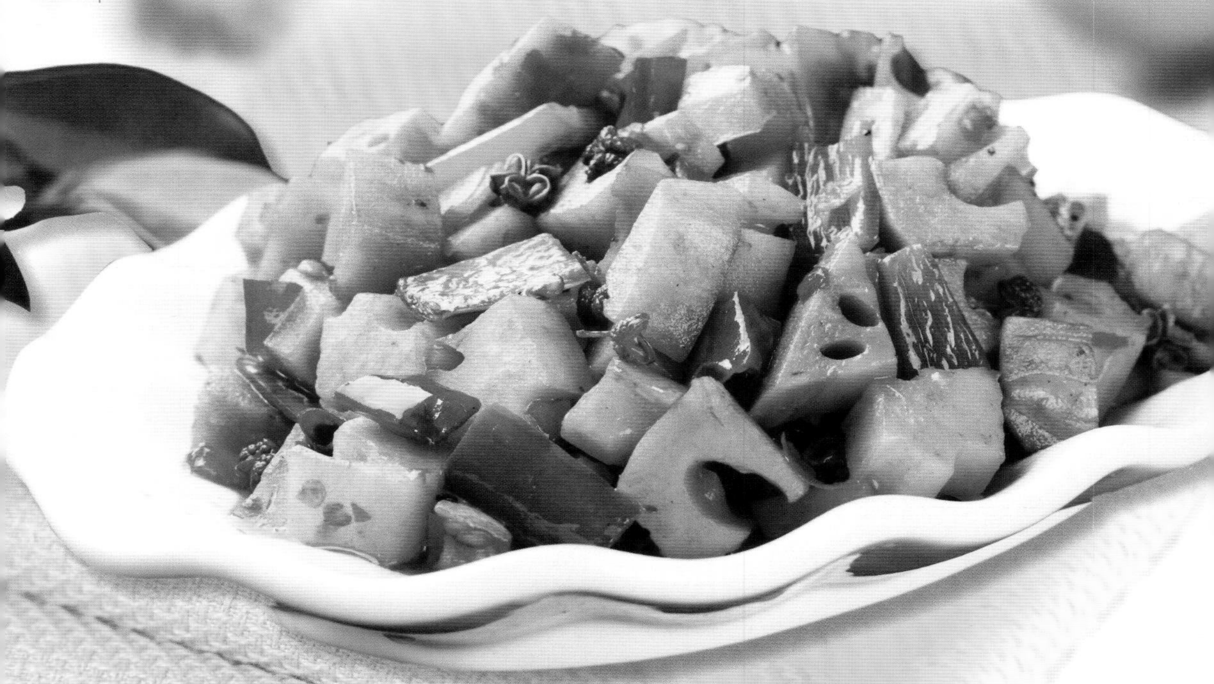

做 法

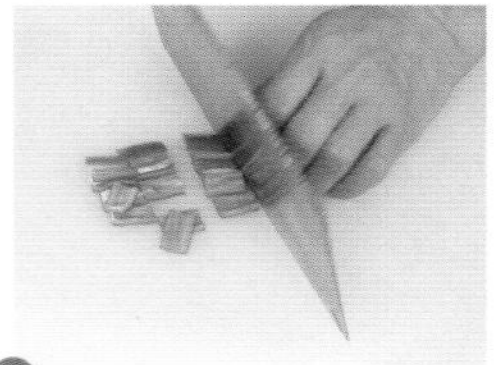

1. 莲藕去皮洗净切成丁；青椒洗净，去籽切成块，装碟。

2. 水烧开，加白醋、莲藕丁，焯熟捞出；热油爆香葱白、姜片、蒜末。

3. 放葱白、干辣椒、花椒、藕丁、青椒、料酒、豆瓣、盐、鸡粉。

4. 加水煮片刻，加入辣椒油、花椒油炒匀，加入水淀粉勾芡即可。

做法

1 冬瓜切块；部分姜片切末；红椒切粒；部分葱条切葱花。

2 起油锅，倒入冬瓜块，滑油捞出；锅留底油，爆香葱条、姜片。

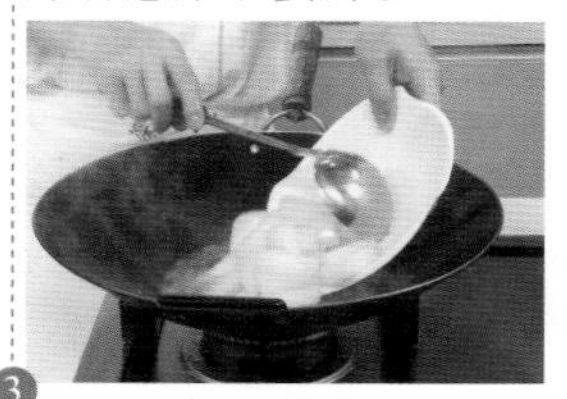

3 加入料酒、清水、鸡粉、盐、冬瓜煮沸捞出。

4 冬瓜入蒸锅蒸约3分钟；热油炒香红椒粒、姜末、葱花、冬瓜。

5 倒入芝麻酱炒匀，盛盘撒上葱花即可。

烹饪时间 Time 6分钟

麻酱冬瓜

◉难易度：★☆☆ ◉功效：瘦身排毒

原料

冬瓜300克，红椒、葱条、姜片各少许

调料

盐2克，鸡粉、料酒、芝麻酱、食用油各适量

烹饪小提示

蒸冬瓜时，时间和火候一定要够，不然蒸出的冬瓜太硬，影响口感。

口味土豆条

◉难易度：★☆☆ ◉功效：开胃消食

原料

土豆200克，红椒15克，蒜末、葱段各少许

调料

盐5克，豆瓣酱10克，鸡粉、水淀粉、食用油各适量

烹饪小提示

土豆切好后，放入清水中浸泡片刻再烹饪，这样炒出来的土豆条更爽脆。

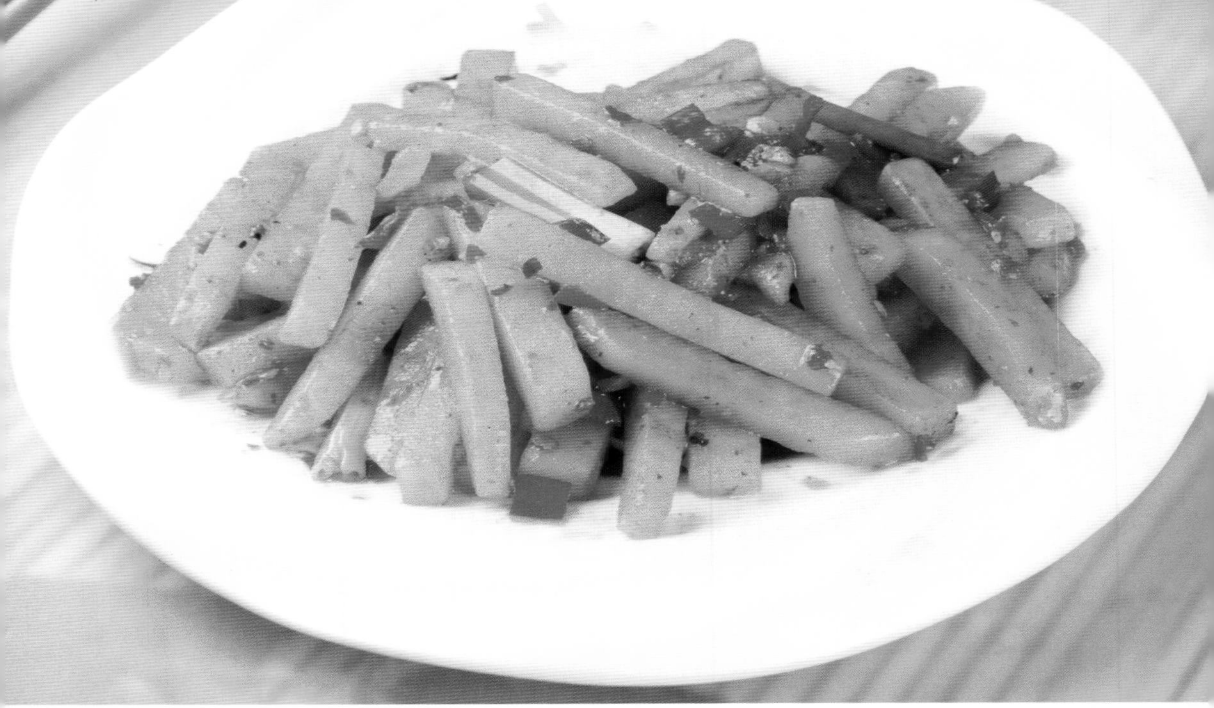

做法

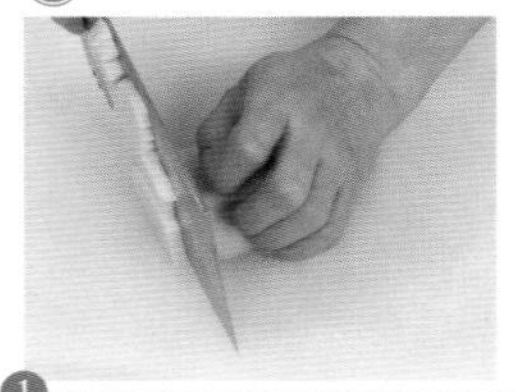

1. 土豆去皮，洗净，切条；红椒洗净切开，去籽切丁。

2. 锅中注入水烧开，加入盐、土豆煮至食材断生，捞出。

3. 起油锅，爆香蒜末、红椒丁，倒入土豆条、豆瓣酱、盐、鸡粉。

4. 加适量水煮约1分钟，收汁，加水淀粉勾芡，撒上葱段炒匀即成。

鱼香土豆丝

◉难易度：★☆☆ ◉功效：瘦身排毒

原料

土豆200克，青椒40克，红椒40克，葱段、蒜末各少许

调料

豆瓣酱15克，陈醋6毫升，白糖2克，盐、鸡粉、食用油各适量

做法

1.将洗净去皮的土豆切成丝；将洗好的红椒、青椒去籽，切成丝。2.用食用油起锅，放入蒜末、葱段爆香，倒入土豆丝、青椒丝、红椒丝，快速翻炒均匀,加入豆瓣酱、盐、鸡粉。3.放入少许白糖，淋入适量陈醋炒均至食材入味。4.关火后盛出炒好的土豆丝即可。

椒盐脆皮小土豆

◉难易度：★☆☆ ◉功效：瘦身排毒

原料

小土豆350克，蒜末、辣椒粉、葱花、五香粉各少许

调料

盐2克，鸡粉2克，辣椒油6毫升，食用油适量

做法

1.热锅注油，烧至六成热，放入去皮洗净的小土豆，用小火炸约7分钟，至其熟透，捞出。2.锅底留油，放入蒜末，爆香,倒入炸好的小土豆，加入五香粉、辣椒粉、葱花，炒香。3.放入适量盐、鸡粉，淋入辣椒油。快速炒匀调味。4.关火后将锅中的食材盛出，装盘即可。

辣拌土豆丝

◉难易度：★☆☆　◉功效：开胃消食

原料

土豆200克，青椒20克，红椒15克，蒜末少许

调料

盐2克，味精、辣椒油、芝麻油、食用油各适量

烹饪小提示

将土豆切成细丝，焯水的时候容易断生，而且用于凉拌时，更易入味。

做法

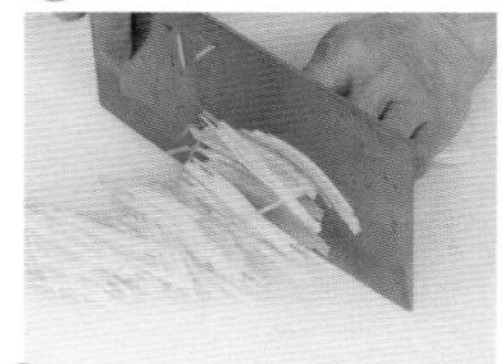

1. 土豆去皮洗净切成丝；青椒、红椒均去籽，切丝。

2. 锅中注水烧开，加食用油、盐、土豆丝，略煮。

3. 倒入青椒丝和红椒丝，煮2分钟，捞出装入碗中。

4. 加盐、味精、辣椒油、芝麻油，拌匀装盘，撒上蒜末即成。

烹饪时间 Time 3分30秒

凉拌土豆片

◉难易度：★☆☆ ◉功效：开胃消食

原料

土豆200克，红椒15克，白芝麻4克，蒜末、葱花各少许

调料

盐4克，鸡粉2克，辣椒油、芝麻油、食用油各适量

做法

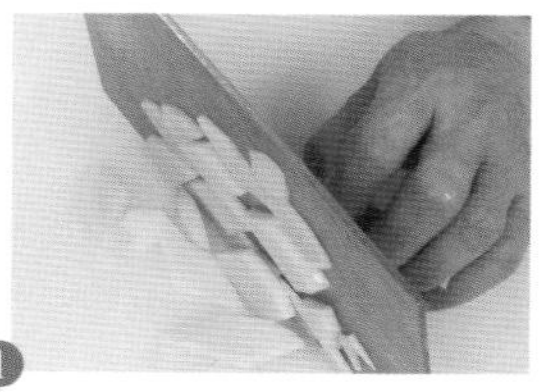

1 土豆去皮洗净，切片；红椒洗净，去籽切块。

2 锅中加水烧开，加入盐、食用油、土豆片，煮2分钟。

3 加红椒片煮片刻，捞出装碗，放蒜末、葱花。

4 加入盐、鸡粉、辣椒油、芝麻油，拌匀。

5 拌好的土豆片盛出，撒上少许白芝麻即可。

烹饪小提示

土豆切好后，可放入清水中浸泡片刻，以免发黑。

麻辣小芋头

◉难易度：★★☆　◉功效：清热解毒

原料

芋头500克，干辣椒10克，花椒5克，蒜末、葱花各少许

调料

豆瓣酱15克，盐2克，鸡粉2克，辣椒酱8克，水淀粉5毫升，食用油适量

烹饪小提示

芋头炸之前可先入蒸锅蒸熟，这样能缩短煮制的时间。

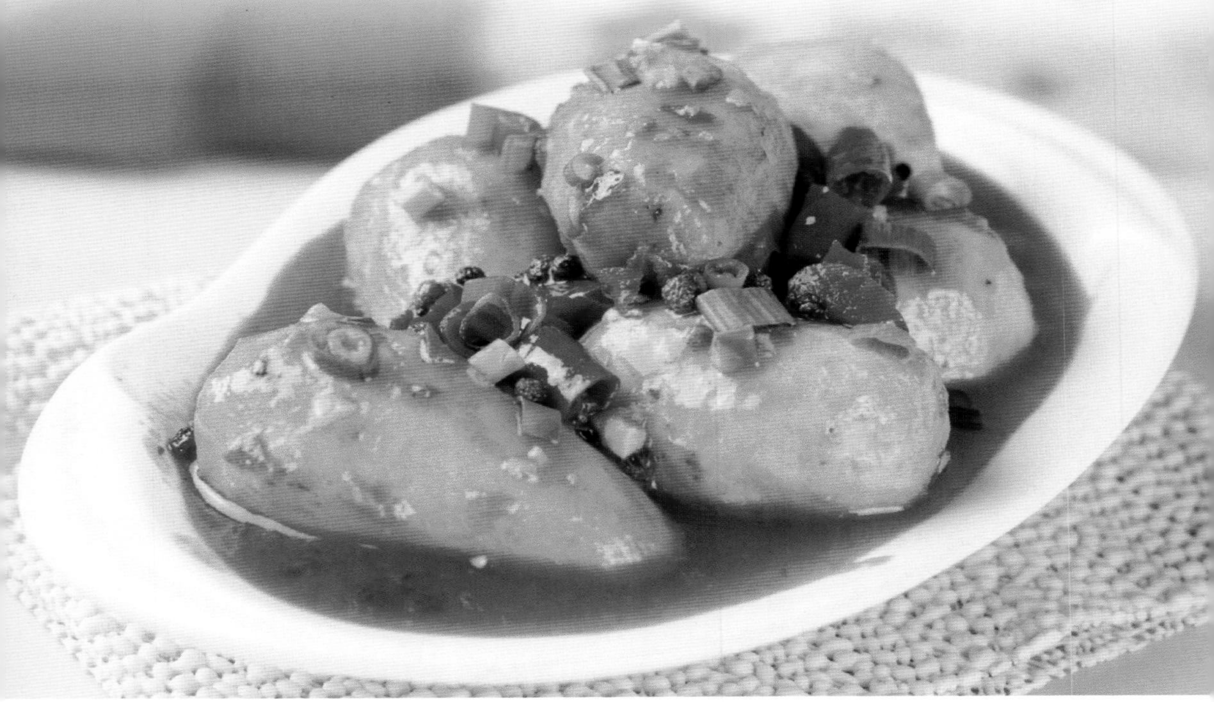

做法

1. 锅内注食用油烧热，倒入去皮的芋头炸1分钟捞出。

2. 锅底留油烧热，倒入干辣椒、花椒、蒜末，爆香。

3. 放入豆瓣酱、芋头、水、盐、鸡粉、辣椒酱搅拌匀。

4. 烧开后焖煮熟，大火收汁，用水淀粉勾芡即可。

做法

1 白萝卜去皮洗净，切成丝，备用。

2 热锅中注入食用油，放入葱白爆香。

3 倒入白萝卜丝，翻炒至熟，加盐、鸡粉炒匀。

4 倒入红椒丝，加入适量白醋翻炒至食材入味。

5 倒花椒油炒匀，用水淀粉勾芡，再加葱段拌炒匀即可。

烹饪时间 Time 4分钟

酸辣萝卜丝

◉难易度：★☆☆ ◉功效：防癌抗癌

原料

白萝卜300克，葱白、葱段、红椒丝各少许

调料

盐、鸡粉、白醋、花椒油、水淀粉各适量

烹饪小提示

若觉得太辣，可在萝卜丝入锅前，用盐先腌5分钟，以减少辣味。

川味烧萝卜

◉难易度：★☆☆ ◉功效：清热解毒

原 料

白萝卜400克，红椒35克，白芝麻4克，干辣椒15克，花椒5克，蒜末、葱段各少许

调 料

盐2克，鸡粉1克，豆瓣酱2克，生抽4毫升，水淀粉、食用油各适量

烹饪小提示

萝卜丝应切得粗细一致，这样煮好的白萝卜口感更均匀。

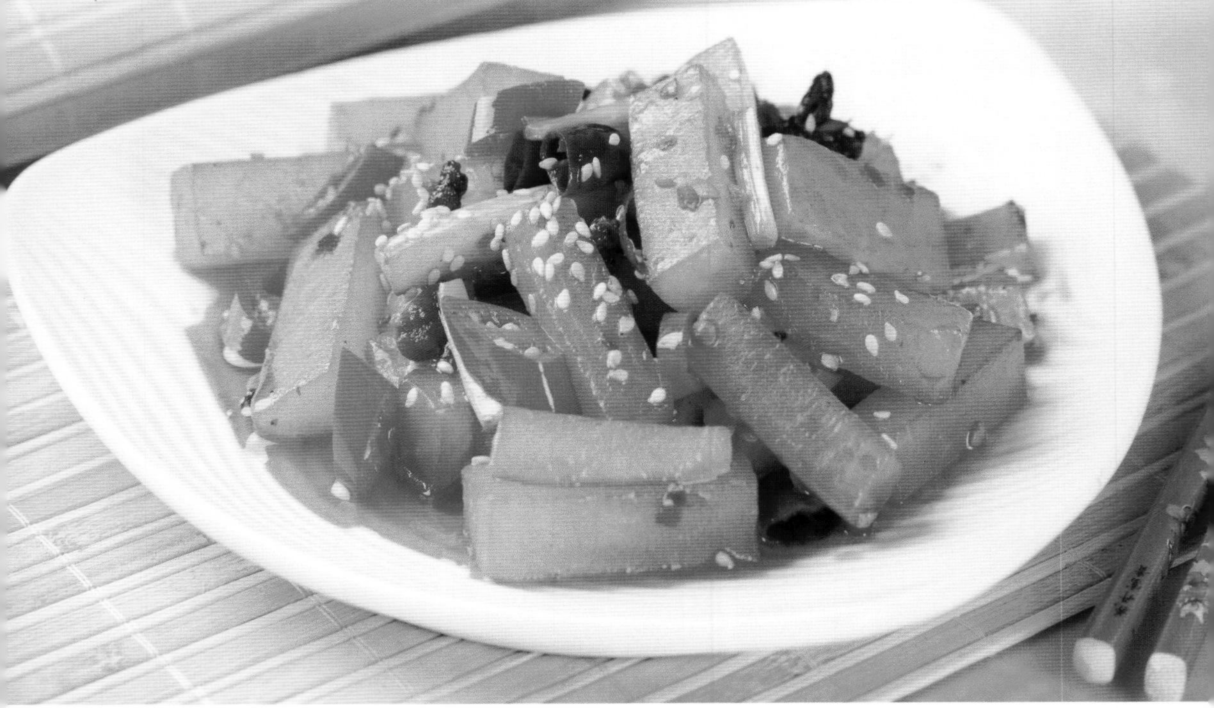

做 法

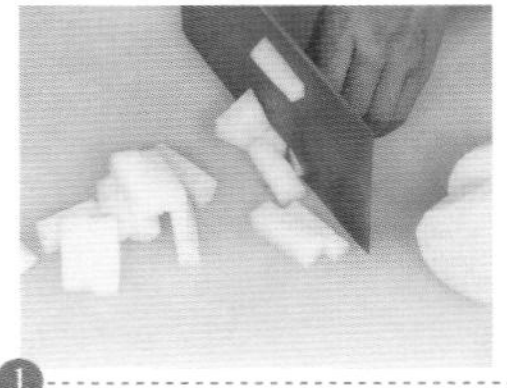

1. 白萝卜洗净，去皮，切条；洗好的红椒斜切成圈。

2. 起油锅，加入花椒、干辣椒、蒜末、白萝卜、红椒圈炒匀。

3. 加入豆瓣酱、生抽、盐、鸡粉、水拌匀，烧开后用小火煮10分钟。

4. 倒入水淀粉，放入葱段炒香，盛出撒上白芝麻即可。

豉香山药条

◉难易度：★☆☆　◉功效：健脾补胃

原 料

山药350克，青椒25克，红椒20克，豆豉45克，蒜末、葱段各少许

调 料

盐3克，鸡粉2克，豆瓣酱10克，白醋8毫升，食用油适量

做 法

1.洗净的红椒、青椒切粒；山药洗净，去皮，切条；沸水锅中放入白醋、盐、山药条煮1分钟捞出。2.起油锅，倒入豆豉、葱段、蒜末爆香，放入红椒粒、青椒粒、豆瓣酱炒匀，放入山药条，炒匀。3.加入盐、鸡粉翻炒入味。4.关火后盛出，装入盘中即可。

麻婆山药

◉难易度：★☆☆　◉功效：降低血压

原 料

山药160克，红椒10克，猪肉末50克，姜片、蒜末各少许

调 料

豆瓣酱15克，鸡粉、料酒、水淀粉、花椒油、食用油各适量

做 法

1.红椒切段；山药去皮洗净切滚刀块。2.起油锅，倒入猪肉末炒匀，撒上姜片、蒜末、豆瓣酱，炒匀。3.倒入红椒、山药块，炒透，淋入料酒，注入清水。4.大火煮沸，放花椒油、鸡粉，拌匀，煮5分钟，最后用水淀粉勾芡，盛出即可。

鱼香笋丝

◉难易度：★☆☆ ◉功效：开胃消食

烹饪时间
Time
2分钟

原 料

竹笋200克，红椒5克，蒜苗20克，红椒末、葱花、姜末、蒜末各少许，豆瓣酱10克

调 料

盐2克，鸡粉2克，白糖3克，陈醋4毫升，水淀粉4毫升，食用油适量

烹饪小提示

竹笋不要切得太粗，否则不易入味。

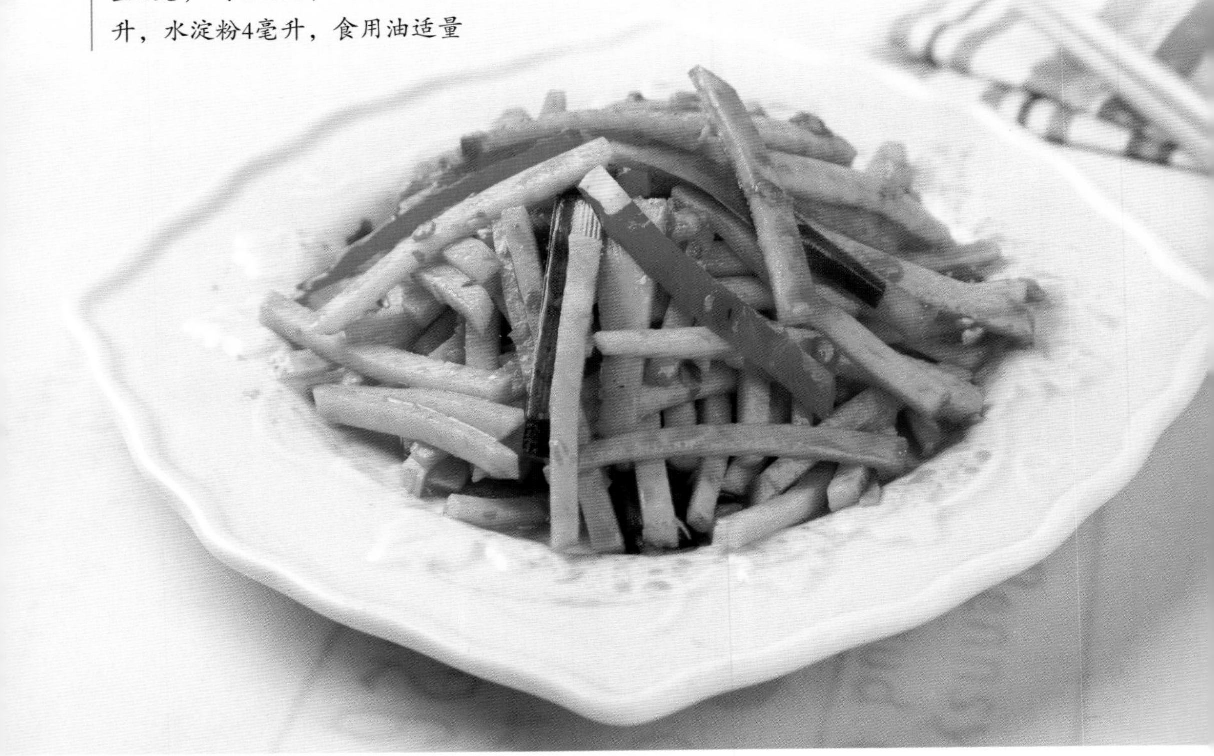

做 法

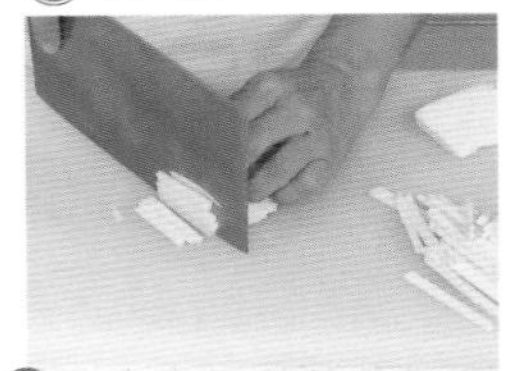

1 洗净去皮的竹笋切条，焯水；洗好的蒜苗切成段；洗净的红椒切条。

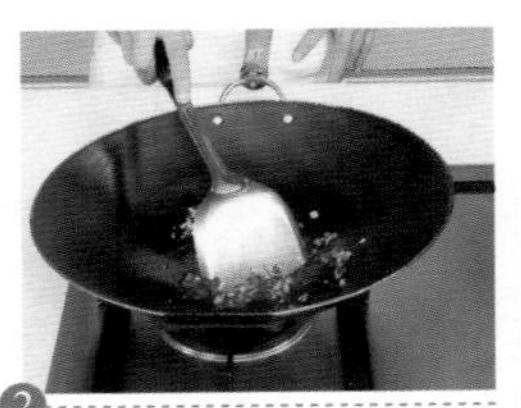

2 起油锅，爆香蒜末、葱花、姜末、红椒末，加入豆瓣酱炒匀。

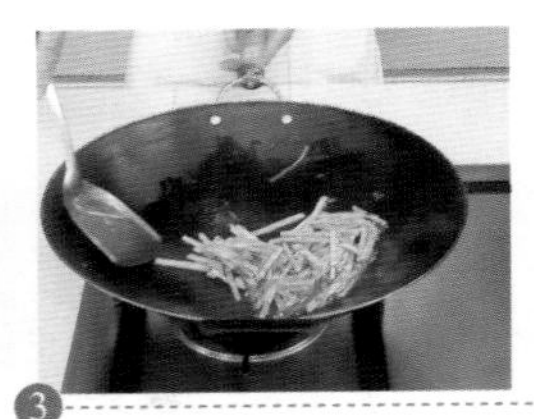

3 放入备好的红椒、笋条，翻炒均匀，撒上蒜苗。

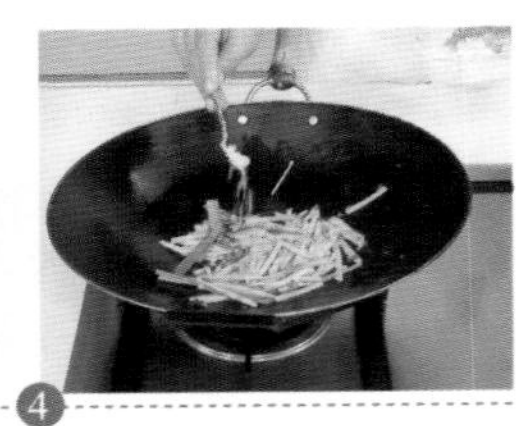

4 加入少许盐、白糖、鸡粉、陈醋、水淀粉，翻炒均匀至食材入味。

油辣冬笋尖

◉难易度：★☆☆　◉功效：开胃消食

原料

冬笋200克，青椒25克，红椒10克

调料

盐2克，鸡粉2克，辣椒油6毫升，花椒油5毫升，食用油适量

做法

1.洗净去皮的冬笋切块；洗好的青椒、红椒切块。2.锅中注水烧开，加入盐、鸡粉、食用油、冬笋块，煮约1分钟，捞出。3.起油锅，倒入冬笋块炒匀，加入辣椒油、花椒油、盐、鸡粉，炒匀，倒入青椒、红椒，炒至断生。4.淋入水淀粉，炒入味，盛出即可。

葱椒莴笋

◉难易度：★☆☆　◉功效：降低血压

原料

莴笋200克，红椒30克，葱段、花椒、蒜末各少许

调料

盐4克，鸡粉2克，豆瓣酱10克，水淀粉、食用油各适量

做法

1.莴笋洗净，去皮切片；洗好的红椒去籽切块。2.锅中注水烧开，倒入食用油、盐、莴笋片煮1分钟捞出。3.起油锅，放入红椒块、葱段、蒜末、花椒爆香，倒入莴笋片翻炒均匀，加入豆瓣酱、盐、鸡粉炒匀调味，淋入适量水淀粉快速翻炒均匀。4.关火后盛出，装入盘中即可。

双笋煲

◉难易度：★★☆　◉功效：清热解毒

原料

竹笋200克，莴笋300克，红椒20克，干辣椒、姜片、蒜末、葱白各少许

调料

盐4克，味精、鸡粉各2克，豆瓣酱、辣椒酱、料酒、辣椒油、水淀粉、食用油各适量

烹饪小提示

鲜竹笋质地细嫩，不宜炒制过久，否则会影响成品口感。

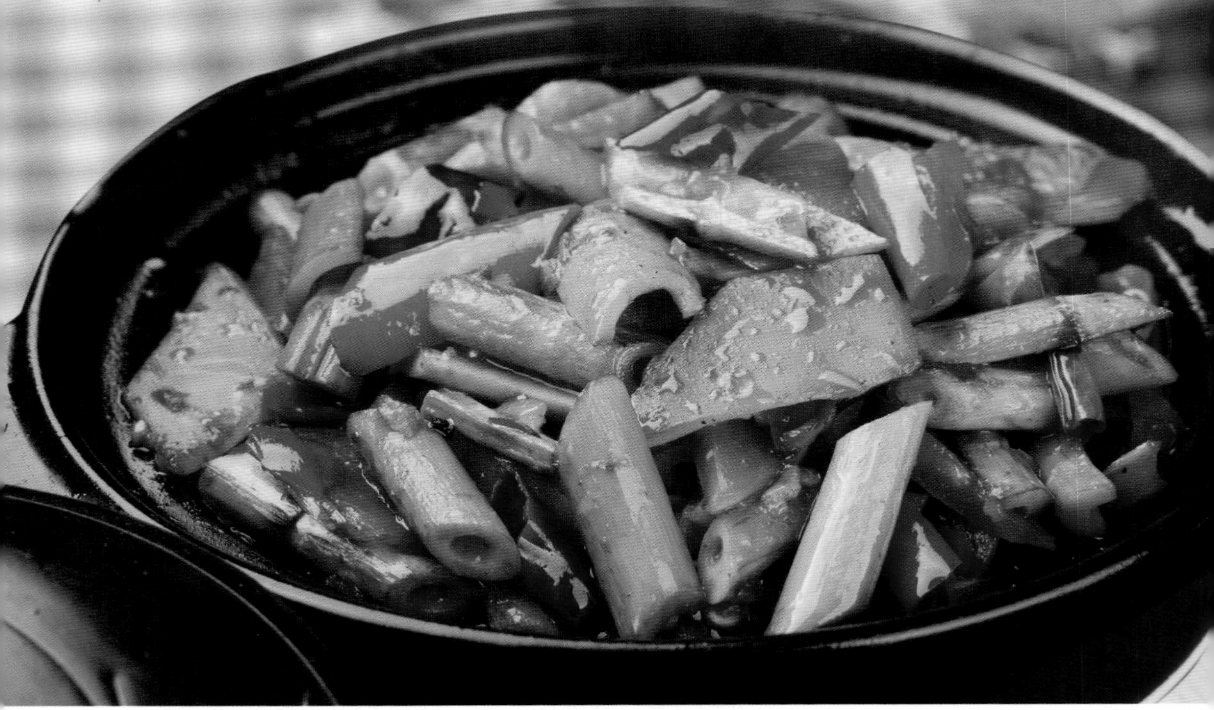

做法

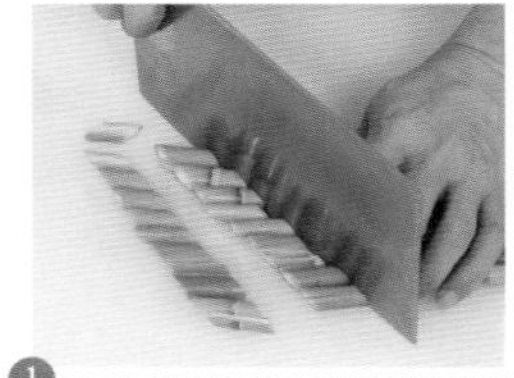

1. 竹笋洗净切段；莴笋去皮洗净，切片；红椒洗净切块。

2. 沸水锅加盐、食用油、竹笋段煮沸，放入莴笋片，煮熟捞出。

3. 起油锅，放姜片、蒜末、葱白、干辣椒、莴笋、红椒、竹笋炒匀。

4. 加剩余调味料、水稍煮，将锅中材料盛入煲仔中即可。

烹饪时间 Time 1分钟

麻辣香干

◉难易度：★☆☆ ◉功效：开胃消食

原料

香干200克，红椒15克，葱花少许

调料

盐4克，鸡粉3克，生抽3毫升，食用油、辣椒油、花椒油各适量

做法

1 洗净的香干切条，洗净的红椒去籽，切丝。

2 锅中注水烧开，加入食用油、盐、鸡粉、香干条，煮熟，捞出。

3 将香干条装碗，加入切好的红椒丝。

4 加入盐、鸡粉、辣椒油、花椒油、生抽。

5 撒上准备好的葱花，用筷子拌匀即可。

烹饪小提示

香干不可煮太久，否则会影响成品的口感。

麻辣香干炒莴笋

◉难易度：★☆☆　◉功效：开胃消食

原 料

香干150克，莴笋100克，红椒20克，葱段、姜片、蒜末各少许

调 料

盐2克，鸡粉2克，豆瓣酱10克，料酒、辣椒油、花椒油、水淀粉、食用油各适量

烹饪小提示

莴笋入锅炒制时间不能太长，以免影响其脆嫩口感和成品的外观。

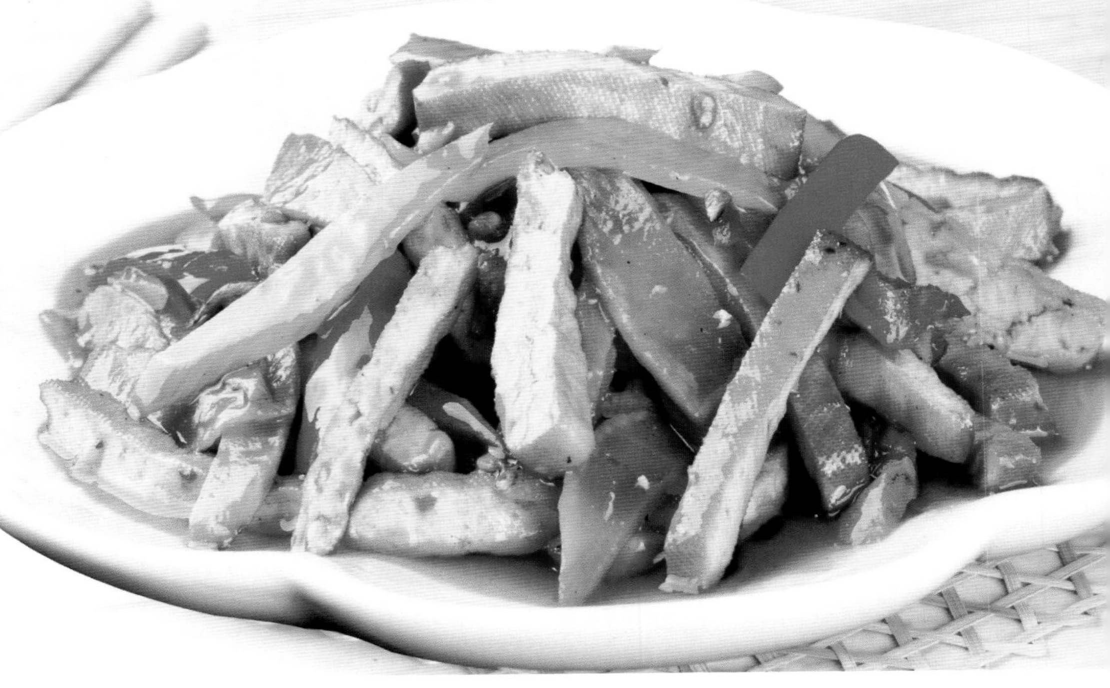

做 法

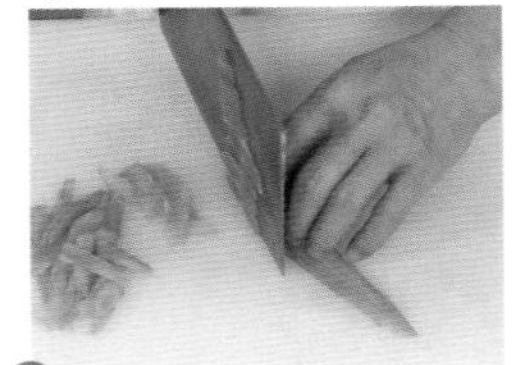

1. 莴笋去皮洗净，切片；红椒洗净切段；香干洗净切条。

2. 起油锅，爆香葱段、蒜末、姜片，放莴笋片、红椒段、香干条炒匀。

3. 加入料酒、豆瓣酱，炒香，放入适量盐、鸡粉。

4. 淋辣椒油、花椒油、清水炒匀，用水淀粉勾芡即可。

做法

1 泡小米椒切段，红椒洗净切圈，豆角洗净切段，均装盘。

2 沸水锅中加食粉、豆角、盐，煮熟捞出，装碗。

3 放入红椒圈、泡小米椒段，加入适量盐、鸡粉、生抽。

4 淋入芝麻油，用筷子拌至入味。

5 将炒好的食材盛出，装入盘中即成。

烹饪时间 Time 3分钟

风味豆角

◉难易度：★☆☆ ◉功效：清热解毒

原料

豆角250克，红椒15克，泡小米椒35克

调料

盐3克，鸡粉2克，食粉、生抽、芝麻油各适量

烹饪小提示

豆角煮好后要迅速过凉水，以保证成品的色泽翠绿。

川香豆角

◉难易度：★☆☆　◉功效：益气补血

原料

豆角350克，蒜末5克，干辣椒3克，花椒8克，白芝麻10克

调料

盐2克，鸡粉3克，蚝油、食用油各适量

烹饪小提示

炒豆角时火候不要太大，过大容易把豆角榨干。

做法

1. 将洗净的豆角切成段，备用。

2. 用油起锅，倒入蒜末、花椒、干辣椒，爆香。

3. 加入豆角炒匀，倒入少许清水，翻炒约5分钟至熟。

4. 加入盐、蚝油、鸡粉炒入味，盛出，撒上白芝麻即可。

干煸豆角

◉难易度：★☆☆ ◉功效：保肝护肾

原料

豆角300克，朝天椒20克，干辣椒15克，花椒3克，大蒜8克

调料

盐、味精、陈醋、食用油各适量

做法

1.豆角洗净切段；大蒜洗净切末；朝天椒洗净切圈。2.锅中注油烧热，倒入豆角段，拌匀。3.用小火炸约1分钟至熟捞出。4.锅留底油，倒入大蒜末、干辣椒、朝天椒圈煸香。5.倒入滑好油的豆角段。6.加入盐、味精、陈醋翻炒至熟透，盛入盘中即成。

椒麻四季豆

◉难易度：★☆☆ ◉功效：防癌抗癌

原料

四季豆200克，红椒15克，花椒、干辣椒、葱段、蒜末各少许

调料

盐3克，鸡粉2克，生抽3毫升，料酒5毫升，豆瓣酱、水淀粉、食用油各适量

做法

1.洗净的四季豆去除头、尾，切段；洗好的红椒去籽，切块。2.锅中注水烧开，加入盐、食用油、四季豆段焯煮软，捞出。3.起油锅，倒入花椒、干辣椒、葱段、蒜末爆香，放入红椒块、四季豆段炒匀。4.加入盐、料酒、鸡粉、生抽、豆瓣酱炒匀，加入水淀粉勾芡味，盛出即可。

干煸四季豆

◉难易度：★☆☆　◉功效：开胃消食

原 料

四季豆300克，干辣椒3克，蒜末、葱白各少许

调 料

盐3克，味精2克，生抽、豆瓣酱、料酒、食用油各适量

烹饪小提示

四季豆滑油前，应沥干水分。滑油后的四季豆用大火快速翻炒至入味，这样炒出来的四季豆口感更佳。

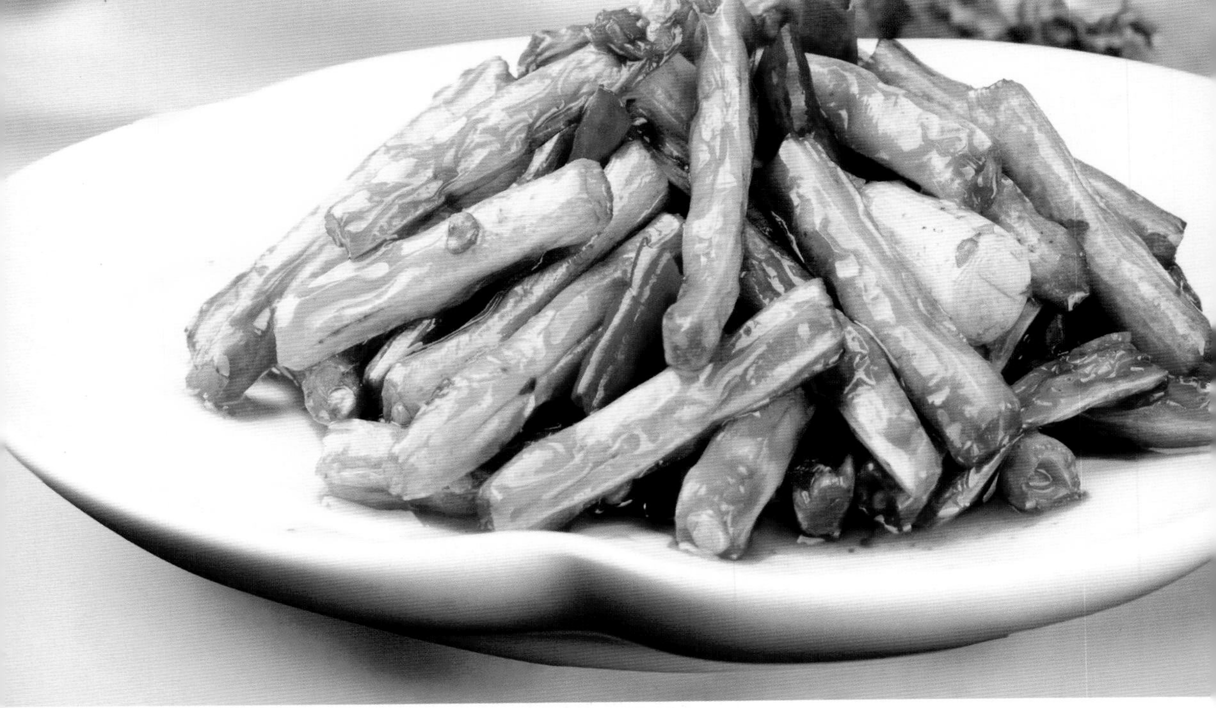

做 法

1. 将四季豆洗净切成段，待用。

2. 热锅中注油烧热，倒入四季豆段，滑油片刻捞出。

3. 锅底留油，放蒜末、葱白、干辣椒爆香，倒四季豆。

4. 加入盐、味精、生抽、豆瓣酱、料酒，炒入味即可。

烹饪时间 Time 4分钟

鱼香脆皮豆腐

◉难易度：★☆☆　◉功效：开胃消食

原料

日本豆腐200克，生姜15克，大蒜5克，葱3克，灯笼泡椒20克

调料

陈醋、辣椒油、白糖、味精、盐、生抽、老抽、生粉、水淀粉、食用油各适量

做法

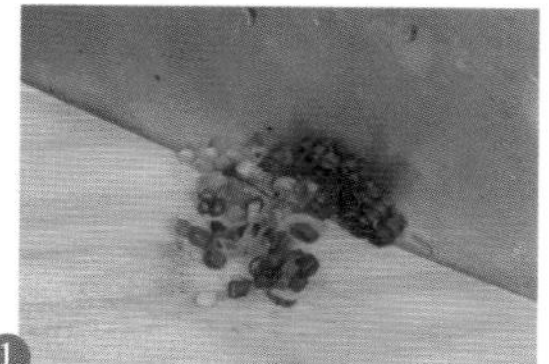

1 葱洗净切葱花；生姜、大蒜、灯笼泡椒均洗净切末。

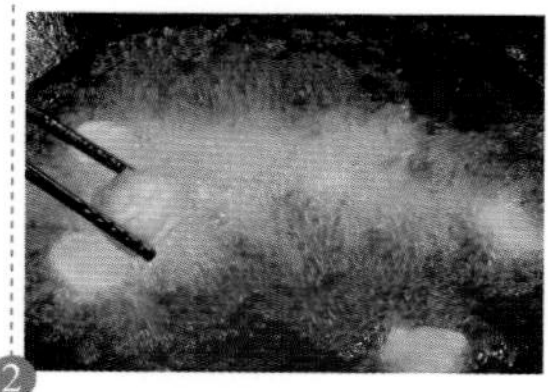

2 豆腐切段，加生粉，入油锅炸黄，捞出装盘。

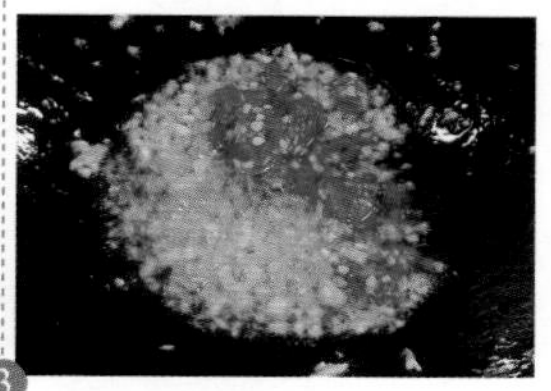

3 锅留油，爆香大蒜末、生姜末，加入灯笼泡椒末。

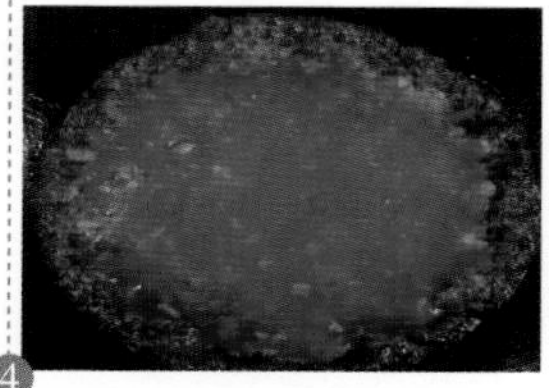

4 倒水、陈醋、辣椒油、白糖、味精、盐、生抽、老抽。

5 加水淀粉调成稠汁，放豆腐煮入味，装盘浇汤汁，撒上葱花即可。

烹饪小提示

炸日本豆腐时一定要用大火，并用勺子在锅中慢慢搅动，这样可以避免豆腐块在炸的时候粘在一起。

麻辣牛肉豆腐

◉难易度：★☆☆ ◉功效：开胃消食

原 料

牛肉100克，豆腐350克，红椒30克，辣椒面20克，花椒粉10克，姜片、葱花各少许

调 料

盐4克，鸡粉2克，豆瓣酱10克，老抽、料酒各5毫升，水淀粉8毫升，食用油适量

烹饪小提示

在焯煮豆腐时，加少许盐，这样煮的豆腐不会散。

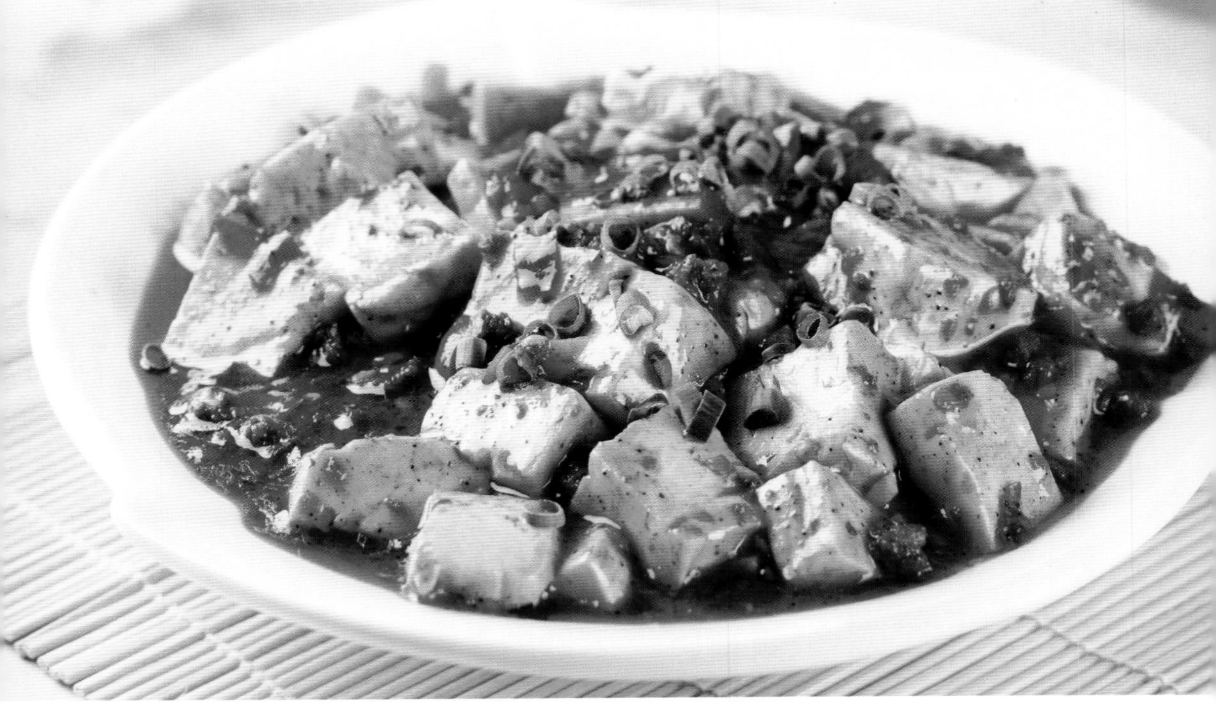

做 法

1 豆腐切块；红椒切粒；牛肉剁末；豆腐放入沸水锅，加盐焯水捞出。

2 起油锅，爆香姜片、牛肉末、红椒粒、料酒、辣椒面、花椒粉。

3 加入豆瓣酱、老抽、水、豆腐、盐、鸡粉，煮熟。

4 倒入水淀粉勾芡，盛出装盘，撒上适量葱花即可。

香辣铁板豆腐

◉难易度：★☆☆ ◉功效：防癌抗癌

烹饪时间 Time 3分钟

原料

豆腐500克，辣椒粉15克，蒜末、葱花、葱段各适量

调料

盐2克，鸡粉3克，豆瓣酱15克，生抽5毫升，水淀粉10毫升，食用油适量

做法

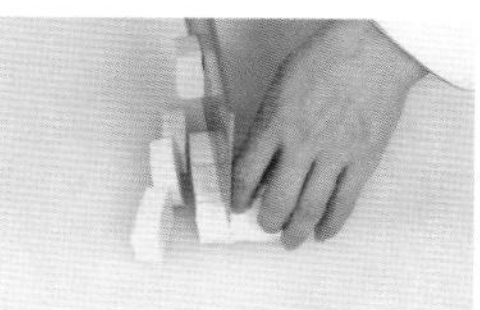

1 洗好的豆腐切厚片，再切条，改切成小方块。

2 锅中注油烧热，倒入豆腐炸至金黄色，捞出。

3 锅留油，加辣椒粉、蒜末、豆瓣酱、水煮沸。

4 加生抽、鸡粉、盐、豆腐块，煮沸后煮1分钟。

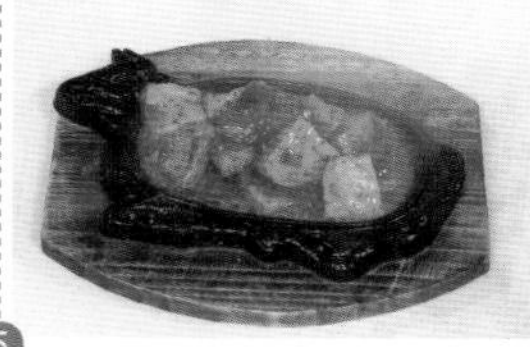

5 用水淀粉勾芡，取烧热的铁板，淋热油，放葱段、豆腐、葱花即可。

烹饪小提示

在铁板上也可以淋入热油，这样菜肴会更香。

宫保豆腐

◉难易度：★☆☆　◉功效：增强免疫力

原料

豆腐、黄瓜、红椒、酸笋、胡萝卜、花生米、姜片、蒜末、葱段、干辣椒各适量

调料

盐4克，鸡粉2克，豆瓣酱15克，生抽、辣椒油、陈醋、水淀粉、食用油各适量

烹饪小提示

翻炒豆腐时不要太用力，以免将豆腐炒碎。

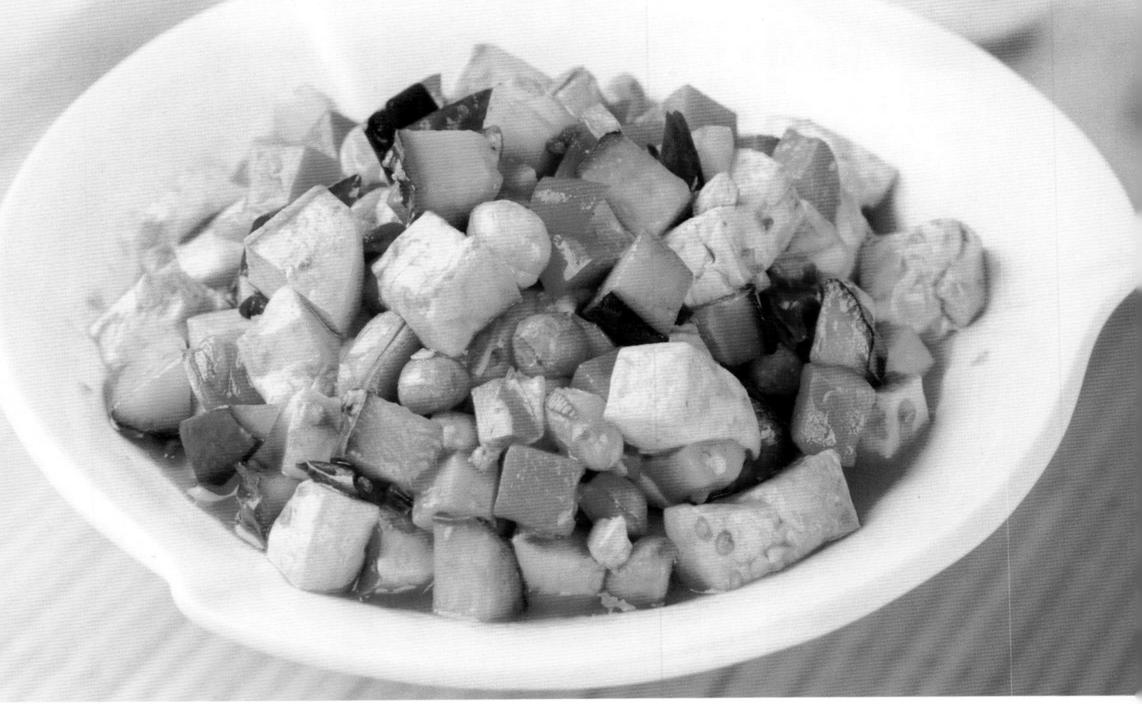

做法

1. 黄瓜、去皮胡萝卜、酸笋、红椒均洗净切丁；豆腐切块，焯水捞出。

2. 将酸笋丁、胡萝卜丁焯水捞出；倒入花生米煮熟捞出，炸黄。

3. 热油翻炒干辣椒、姜、蒜、葱、红椒、黄瓜、酸笋、胡萝卜、豆腐。

4. 加豆瓣、生抽、鸡粉、盐、辣椒油、陈醋、花生米、水淀粉炒匀即可。

做法

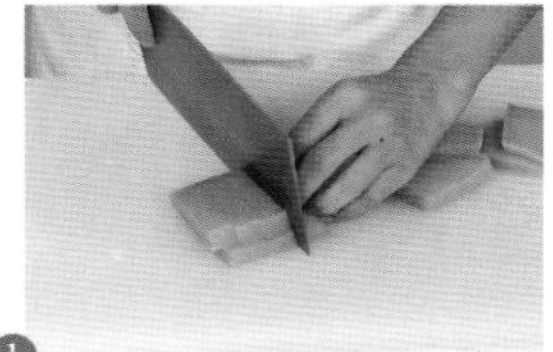

1 魔芋豆腐切粗条，焯水；竹笋切条，焯水；彩椒切丝。

2 起油锅，爆香蒜末，加入剁椒，注水略煮。

3 倒入魔芋、竹笋炒匀，加料酒、盐、鸡粉、生抽，焖约12分钟。

4 倒入彩椒丝，加陈醋、水淀粉、辣椒油炒匀。

5 盛出炒好的食材，撒上葱花即可。

烹饪时间 Time 15分钟

酸辣魔芋烧笋条

◉难易度：★☆☆　◉功效：瘦身排毒

原料

魔芋豆腐260克，竹笋60克，彩椒10克，葱花、蒜末各少许

调料

剁椒30克，盐3克，鸡粉少许，生抽、料酒、陈醋、水淀粉、辣椒油、食用油各适量

烹饪小提示

竹笋焯煮的时间可以长一些，这样菜肴的口感更佳。

鱼香金针菇

◉难易度：★☆☆　◉功效：防癌抗癌

原料

金针菇120克，胡萝卜150克，红椒30克，青椒30克，姜片、蒜末、葱段各少许

调料

盐2克，鸡粉2克，豆瓣酱15克，白糖3克，陈醋10毫升，食用油适量

烹饪小提示

可以将切好的金针菇撕开，这样更易熟透。

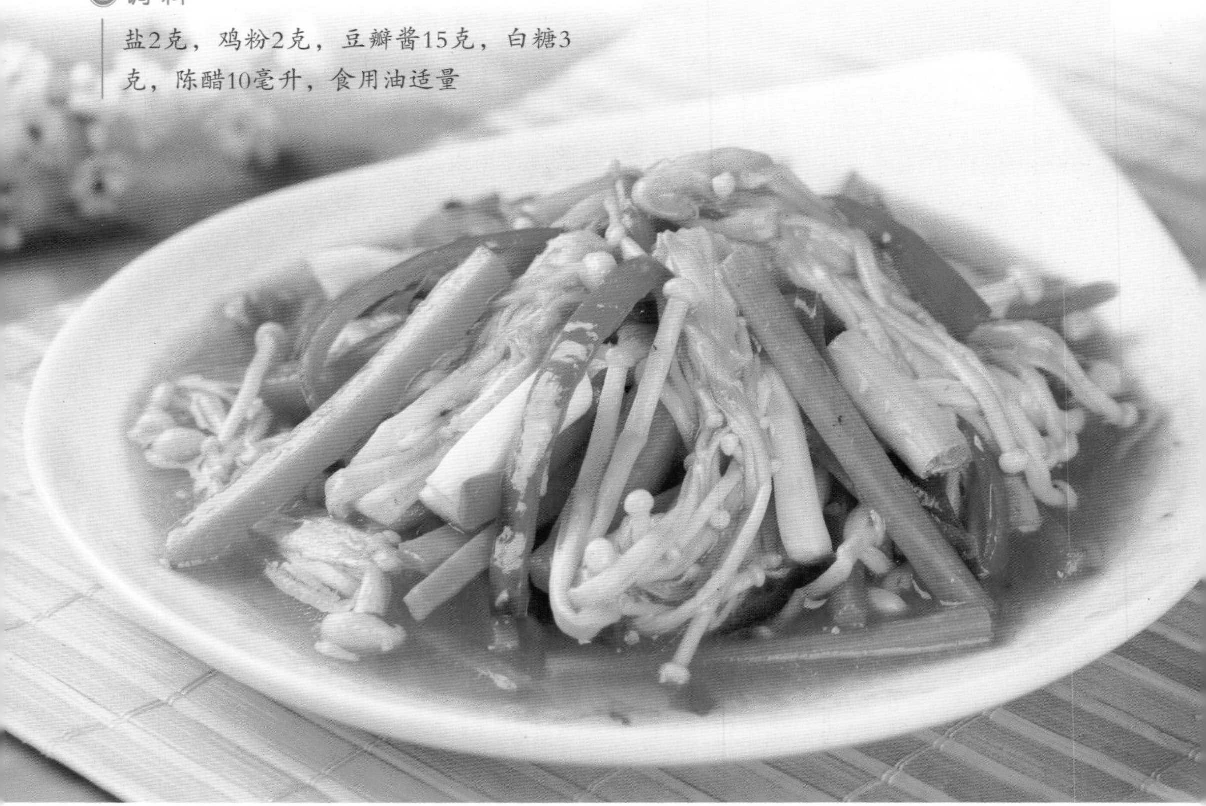

做法

1 洗净去皮的胡萝卜、青椒、红椒均切丝；洗好的金针菇切去老茎。

2 用食用油起锅，放入姜片、蒜末、胡萝卜丝炒匀。

3 放入金针菇，加入切好的青椒丝、红椒丝，翻炒均匀。

4 放入豆瓣酱、盐、鸡粉、白糖、陈醋，炒匀即可。